逆袭力
把握生命的转折点

[英] 弗雷德里克·阿诺德 著　孔谧 译

中国出版集团

现代出版社

图书在版编目（CIP）数据

逆袭力：把握生命的转折点 /（英）弗雷德里克·阿诺德著；孔谧译.
—北京：现代出版社，2016.10
ISBN 978-7-5143-4230-7

Ⅰ. ①逆…　Ⅱ. ①弗…　②孔…　Ⅲ. ①成功心理—通俗读物
Ⅳ. ①B848.4-49

中国版本图书馆CIP数据核字（2016）第228699号

逆袭力：把握生命的转折点

作　　者	［英］弗雷德里克·阿诺德
译　　者	孔谧
责任编辑	崔晓燕　曾雪梅
出版发行	现代出版社
通讯地址	北京市安定门外安华里504号
邮　　编	100011
电　　话	010-64267325　64245264（传真）
网　　址	www.1980xd.com
电子邮箱	xiandai@vip.sina.com
印　　刷	三河市南阳印刷有限公司
开　　本	710mm×1000mm　1/16
印　　张	15
版　　次	2016年10月第1版　2016年10月第1次印刷
书　　号	ISBN 978-7-5143-4230-7
定　　价	35.00元

谨以此书献给切尔滕纳姆市海德雷劳恩区的

亨利·威尔莫特先生

　　亲爱的威尔莫特，请允许我奉上拙作，作为我在海德雷劳恩度过的美好时光的纪念。在这里我受到您的热情关照、体恤同情、真挚友情和盛情款待。拙作试图倡导所有基督教民珍视最高目标，不足之处万望您批评。

您永远的

弗雷德里克·阿诺德

目　录

讲述人生的道德法则，说明人绝不是随意做出人生重大的决定的，在很大程度上是受以前发生的事情的影响的，所谓的偶然事件也不过是狭义上的。上帝决定了人生的各种境遇。文学史和科学史上也有转折点。此外，从道德和宗教方面探讨了人生转折点这一主题。

习惯决定了人是容易碰上坏事还是碰上好事。不会利用机会的人有机会也没有用。年轻时代养成的习惯会影响人的后半生。本章还讲述了习惯法则，讨论了从上辈人继承来的习惯和习得的习惯，返祖现象以及如何控制习惯和如何改变习惯。

人生有许多转折点，每个转折点都是新的起点，有些决定虽然显得突然但实际上是酝酿已久的。从一些艺术界和教育界的例子，像科顿的例子，到所谓运气不过是技术和精力累积的结果。本章还论述了人生中的最高道德标准和精神境界，并回顾了一些人物的重要人生时刻，像十分钟的故事和贝克威斯将军的故事。

对于很多受过教育的人来说，大学生涯是特殊阶段。在大学不断壮大的过程中，大学对人的影响也日益加深。人们对大学生涯的看法不同。大学教师的命运也是不确定的。本章还谈到了牛津大学和剑桥大学的区别。还讲到莫里斯先生、金斯利先生和泰恩先生的故事，以及普通教育和大学教育的关系。

本章谈到从事各种职业需要的都是实干而不是要小聪明。本章还说到宗教问题，讲到有些部门不同意宗教改革。圣·奥古斯丁对职业有着自己独特的看法。律师职业耽误了有些人的发展，但给了很多人出人头地的机会。当律师也要讲职业操守。本章还谈到医生职业、学术职业、公务员职业、陆军以及海军职业。有经济基础和有空闲时间的人能够从容地从事薪酬低、任务重的工作。无论人们做何种职业都是向上帝尽忠、向他人尽善。本章还讲述了爱德华·登申的故事。我们每个人在求职的道路上都需要上帝的指引。

本章讲了几位名人的故事，谈到如何谋生，以及在宗教界就职的过程。文章的后半部分引用了老教士给年轻人的一封信，这个年轻人想步入宗教界，老教士给他提出一些个人看法。

本章开头讨论了包办婚姻的好与坏。讲了霍尔主教的故事，

还讲述了席勒对婚姻的哲学观点。和什么样的人结婚决定了婚姻能否幸福。本章还引用了圣保罗对婚姻的看法以及杰里米·泰勒的寓言故事。人们往往小事过于慎重而大事欠考虑。本章还讲述了歌德的婚姻、休·米尔的婚姻、乔治·埃利奥特的婚姻。阿伯丁公爵在女儿婚礼上的致辞，情真意切。本章的结尾处，杜潘路普主教谈了他对婚姻的看法。

到国外旅行也能使人生发生转变。旅行能够传播宗教。我们还要切记"入乡随俗，入国问禁"。旅游会带给我们无数联想，会使我们激动兴奋。在国内旅行也能提高我们的爱国热情。旅行对宗教的意义非常重大。

无论从事何种职业都要辛勤工作，文学界、艺术界、科学界莫不如此。名家都是从早年就开始努力获得成功的，像米开朗琪罗、去世的麦克莉斯、帕斯卡在青年时代甚至是少年时代就展露天才。牛顿正是因为幼年时的发现成年后才提出了万有引力定律。查尔斯·贝尔爵士、解剖学家古德赛也是这样。《帕尔默公报》的引文也论证了这一点。已故的亨斯洛教授曾在白金汉宫讲学，他死时对死亡的理解完全超脱了。布鲁内尔的一生也是奋斗的一生。本章的结尾引用了席勒的话说明只有坚定信念才能有所发现、才能有所成功。

历史上有许多伟大的律师，如威廉·格兰特爵士、斯托厄尔

勋爵、彭伯顿·利、里兹代尔勋爵等。英国法律有其自身的特点。本章讲述了坦特登勋爵的一生中的各个转折点及其教益。本章还讲述了布勒法官的故事。

- -

英国的商业铸造了一批伟大的基督商人。基督商人赚钱后会捐献给宗教和国家。基督商人的标准就是既会索取又能积极奉献。本章还讲述了切利布兄弟、乔纳斯·汉韦、乔舒亚·沃森和威廉姆·科顿的故事。

- -

本章讲述了如何看待飞黄腾达。单靠运气是不能功成名就的。有人因为会外语而成功了。但一切事实表明，自助者天助。本章还讲述了几大家族的发家史——诺曼底、兰斯登和贝尔普家族的发家史。那些为真、善、美而奋斗的人是能拥有幸福感的。要想成功就要学会耐心等待。在成功之前任何人都要遭受挫折。皮特、瓦尔特·斯科特爵士、坎贝尔、大仲马和伏尔泰莫不如此。本章结尾还引述了霍尔海姆家的墓志铭。

- -

伟大的政治家创造了历史的转折点。皮特和福克斯一生中充满了转折点。皮特后来的不幸也许是他的报应。本章还引述了罗素伯爵的观点，简单描绘了乔治·康沃尔·刘易斯的一生以及克莱伦登公爵遭贬谪的经历。

- -

本章讨论了具有决定性的战役，如马拉松战役、滑铁卢战役以及佛朗哥和普鲁士之间的战争。也许正是船员观察到飞行的一群鹦鹉才发现了美洲。历史上也有很多"如果"，如果这些事件发生，历史就会截然不同。玛丽女王如果晚点去世，英国的历史也许就会不同。世界教育我们，历史总是不断重复的。拿破仑一世一生战功卓著，但终不能改变其失败的命运。1814 年的战争和 1870 年的战争有着惊人的相似性。本章还讲述了马尔伯勒公爵被捉又被放的传奇故事。

年轻人中有句俗话叫"废了"。很多年轻人就是因为做错了事"废了"。有时不幸是不可避免的。有些人一发财就给毁了，有些人在绝望中希望着。也许遭受痛苦是为了自己的最终救赎。

人总是有意无意地构建了自己的人生观。他们的行为以道德为基础。信还是不信上帝是宗教的根本问题。本章引用了帕尔格雷夫先生和谢普教授的话论证了这个问题，还论述了赫胥黎先生的理论、马修·阿诺德先生的理论、歌德和莎士比亚的哲学理论，引用了坦尼森《艺术宫殿》中的一段话。人在世界末日来临之际究竟会怎么做呢？小说家在小说中坦率地描绘了理想的生活。人生命运是由上帝安排的。本章结尾还引述了科普尔斯顿博士和谢普校长的话。

第一章
导语：人生充满了转折点

当你步入这样一个人生阶段——回忆多于希望、追思多于展望之时，你总会情不自禁地回首过去。人的一生就像戏剧一样，围绕着你一幕幕展开，情节错综复杂、跌宕起伏，而你却能始终像个旁观者一样怀着一种对人生的极大兴趣，热切地关注、欣赏。我想，此时的你就能理解"转折点"背后的真正含义。毫无疑问，无论是人类历史还是个人生涯都充满了重要的转折点，像炮声隆隆的战役、轰轰烈烈的革命和开天辟地的发现、每种艺术探索、每项科学研究莫不如是。无数的转折点贯穿了个人生命的始终。这些转折点绝非简单的人生事件，它们对所有人都具有道德和教育意义。

人们所想象的偶然事件的发生往往是必然的，是注定要发生的。所谓的转折点不过是前期诸多事件发生的必然结果。机遇只留给那些有准备的人。比如说，如果厄斯金没有做好充分准备，即便他有机会公开展示他的辩论才能，他也不能一举成名。否则，即使给了他机会也只不过会使他当众出丑。他能做多少前期的准备工作，机遇就能使他实现多大价值。

再有，偶然发生的事情都在上帝的掌控之中。这种想法很难理解，但道理非常清楚，上帝才是宇宙万物的主宰。像孩子接受父亲的教诲，我们每个人，包括全世界的每个人也都接受上帝的教诲。上帝将世界交给人类，就是让人类去征服、去掌控世界。世界就是人类施展智慧和热忱的舞台。我们可以期冀万能的上帝会在关键时刻帮助我们，以便能让我们有资格在死后升入天堂。在尘世走一遭就是接受世间的洗礼、等待机遇的惠顾。生命诸事莫不如此，生生世世莫不如此。

　　每个人的一生都充满了至关重要的转折点。转折点的出现使人生就此大不相同。上学、做生意、交朋友、谈恋爱、遭遇意外和死亡，对我们来说可能都是重要的转折点。更不用说计划落空、失去机遇、出现错误或绝望痛苦等这样的危机时刻。每个普通人都会遭遇到这样或者那样的危机，无论是在干惊天动地的大事之前，还是在失败挫折之后。我们需要做的是将影响控制个人生涯的各种因素明确分类。道德世界和物质世界一样有章可循。我们会看到勇气、精力、事业心、信仰、善良终究会善有善报。很多事情很多时候都是"山重水复疑无路"，忽而"柳暗花明又一村"。也许人生的境遇多半是跌宕起伏、灰暗无边的，但要相信这都是上帝的安排，一切将终成善果。也许不借助超自然力或参阅别人的生活无法从大处着眼理解此生此世。即便是那些为人类作出了杰出贡献、塑造了完美高尚人格的人也难免会在失意时挣扎于内心的自我矛盾和惶惑当中。也许必须超越此生才能修成正果。此生此世的我所遇见的人们龌龊、肮脏，也许只有在天国彼岸才能成功地获得幸福。

　　让我们竭尽全力，努力实现理想吧！

　　人有了自知之明和自我洞察力，才能冷静地回顾自己的一生。比如，人在刚下棋的时候并不知道哪着下错了，很多时候盲目冲动。只有在快输的时候，才知道哪着错了。虽然本可以赢，但这时已经没有了机会。打仗也是如此，一个合格的将军不允许出丝毫的差错，否则注定打败仗。

　　著名的政治家罗素伯爵〔译注：John Russell, 1st Earl Russell, 1792—1878 年，活跃于十九世纪中期的英国辉格党及自由党政治家，曾任英国首相，于 1861 年以前以约翰·罗素勋爵（Lord John Russell）为其通称。他的孙子伯兰特·罗素是著名的哲学家、1950 年诺贝尔文学奖得主〕和已故的詹姆斯·格雷厄姆爵士（译注：Sir James Robert George Graham，1792—1861年，英国辉格党、自由党政治家，曾任英国内务大臣和海军大臣）在其政治生涯中做过许多迫不得已的事情。他们在弥留之际，能公正地忏悔自己曾做过多少错事、造成了多大损失，感人至深。如果不能平静地反省自己，就很难正确地理解他人、公正地对待他人，更谈不上设身处地地为他人着想。每个人至少在与世界告别之时，需怀着一颗恻隐之心、一颗赞赏之心，忘却竞争和宿怨。只有道德和智慧都达到更高境界的人才能做到这一点。人要达到这种崇高境界还要经历好几个成长阶段。

人有永远无法满足的好奇心和欲望，总想去看、去听、去尝试新鲜的事情。不过，人对智慧的追求终会胜过好奇心的。人们希望了解主宰人类物质世界和精神世界的法则；想要得到很多东西，其中重中之重，我想，就是至高无上的智慧。智慧使人通过学习了解历史、诗歌和对生命的热情。它的道德作用就是赋予人们同情心、进取心、公平心、慈悲心和纯洁心，期冀对所有人全心全意地做好事。

知道自己办了错事，有了这种谦卑的心态就是好的开头。追思过去，人生就会出现重大的转折点。人生的错误和转折点是密切相关的，悔过错误，了解并不完美的人生，知道人生什么是好、什么是坏，人生才能有转机。也许很多错误犯得很奇怪，根本无法解释。撇开人生可以解释的必然行为不谈，人生又有多少偶然性存在啊！偶然即是必然。偶然和必然都是我们生活中的一部分。大自然虽然有规律，春夏秋冬依次交替，但这并不是简单的数学顺序。四季变换，景象万千、丰富多彩。各种事情也不是清晰地按因果关系依次出现的，而是由偶然事件的不断发生造成的。也许人生事件和大自然景象一样有规律可循，可不管有规律可循还是无规律可循，探究起来都是挺麻烦的。糟糕的是，我们只看到了冰山模糊的一角，无法弄清其中的大道理。真理就像转瞬即逝的天上的云一样。毋庸置疑，上帝最清楚这一切，他已经安排好这个奇怪的、充满偶然性的世界最终走向完美，尽管目前我们仍无法理解他的意图。我们迷惘惶惑，就像美国南部的种植园主刚走进北部地区的工厂车间，立刻被复杂机器的轰隆声弄得不知所措一样。

　　既然已经谈到偶然，那就有必要将偶然性和必然性清晰地区分开来。还是借用一下佩利举的那个著名的例子吧，尽管这个例子已经被人用烂了。一个人捡到了一块手表，他也许会归还失主，也许会自己留下。这块手表很贵、诱惑力很大，他可能会揣进自己的兜里。不过，另一个人遇到相同的情况，也许不会觉得这块表怎么样，立刻把它交还失主。实际上，一个人的人格和经历决定了他究竟该怎么做。一个人一旦做出某种决定，就要任由后人评说他是明智还是愚蠢。据说，在危急时刻，人要么会活力四射、敏捷公正，要么会表现得截然相反——萎靡不振、行动迟缓。我根本不想谈危急时刻做事的偶然性，只想谈谈必然性。很明显，人以前的经历都是以后特定时期的特定行为的铺垫。水手因为醉酒被船长解雇了，这个惩罚可够重的，但是醉酒并非偶然事件，醉酒背后肯定还有很多低俗行为。一个女人跟男人私奔了，在她忘记一切文明和优雅的信条、做出这惊世骇俗之举以前，她一定经历过内心和道德的不断沉沦。一个男人在法庭上被指控有罪，而很多证人不相信他犯罪，因为他是那么的温文尔雅。但是，他的内心其实早就处于犯罪的边缘，突然做出违犯法律之举也毫不奇怪。环境暂时掩盖、粉饰了事实，看起来是太平盛世，但却使事实更糟。所以切记，诸事皆须审慎。坦普尔主教曾就此论题布道，我听了他的布道，也听了他的崇拜者就同一论题的布道，不过他们的解释并不令我十分满意。谨慎小心有时会让人觉得很讨厌、很烦闷、很琐碎。有些事情对某些人显得一点儿都不重要，但对其他人来说却重要得很。谨慎小心是良知这座城堡的最前沿哨所。当前沿哨所一个一个地沦陷，良知这座城堡的防御能力也就尽失。良知的城堡已经四面楚歌，沦陷是必然结果。这个比喻适用于万事。有因就有果，偶然皆出于必然。

　　因此，人生的各个转折点毫无疑问都带有偶然性的特点。偶然皆出于必然。人在危急时刻必须做出抉择，这个抉择有时会影响一生。结婚或不想结婚，就业或不想就业莫不如此。在人的一生中，这样的转折点总会时不时地出现。先哲告诉我们，事实就是如此。莎士比亚曾说人生如潮涌，小水波亦能变成滔天巨浪。人可能成就惊天动地的伟业，也可能是悲剧结尾。总有船会被潮水掀翻触礁。大海涨潮了，饥饿的海水泡沫攀爬狂舔着落水人的双脚、膝盖、腰身、胸膛和嘴唇。他忍受着忧虑、痛苦和死亡。突然潮水退去，涨潮又变成了落潮。他突然转危为安，但没人为那些已经死去的人竖碑凭吊。生活又何尝不是如此呢？屡战屡败之后，一切经历似乎又变成金子般宝贵。曾几何时"拔剑四顾心茫然"，现如今"彩旗飘飘凯歌还"。不过万事皆如扬基牧师说的那样："一切皆归于尘土。"

有时，偶然事件改变了人生，使人生增色不少。我刚刚读过两个这样的故事。那天我在一座很宏伟壮观的图书馆里看书，找到一本用牛皮纸包得厚厚的大部头书籍。我满怀喜悦地翻开这本书，读到一段精彩的殉道士贾斯廷和泰佛的谈话。贾斯廷向他偶然遇到的朋友泰佛讲述了他一生中许多极为真实、奇异的故事。有一天，贾斯廷在海边沉思，一位和蔼慈善的长者上前和他搭话，很冒昧地问他在思考什么。贾斯廷回答说在思考一些哲学家的理论。长者问他是否知道什么是预言。接下来的谈话改变了贾斯廷以后的人生境遇。也许我们中没有什么人有机会和哲人谈话，如果有机会和他们谈话就好像芝麻开门一样会使我们茅塞顿开，否则我们将终生蒙昧无知。戈登夫人的小册子里满怀崇敬之情谈到她杰出的父亲大卫·布鲁斯特爵士。他刚开始着手伟大的科学实验就失明了，很可能要摘除眼球。看不见东西，世上一切美好的东西都毫无意义了。著名的外科大夫本杰明·布罗迪爵士根据他的病情给他开了一个特殊的药方。主要是一个很简单、很普通的鼻烟。他用了，病很快痊愈。几年之后，布鲁斯特爵士再次遇到本杰明爵士，对他说了很多感激的话。但本杰明爵士感到很意外，说药方根本不是他开的。他只不过是给了他没有任何医疗作用的鼻烟。也许是名医名药的心理暗示治好了布鲁斯特爵士的病。

我们再举一些生活中的例子。理论是生活之屋的支柱，例子是能让光照射进来的窗子。

毫无疑问，在家庭会议上讨论上哪所中学或上哪所大学，对孩子来说是人生的重要转折点。人一冲动就能做出决定，可牵一发以动全身啊！更不幸的是，许多家庭往往错误地处理了问题。对一些孩子来说，上公立学校（注：英国的公立学校，实际是私立学校，相当于重点中学）就意味着一切，尤其是有些孩子从本质上已经被完全改造，迎合了英国公众社会的评判标准。他们的思想为社会所塑造、行为为社会所影响。也只有这样，他们才能工作顺利、高朋满座，继而财源滚滚、声名显赫。但是，还有些孩子只适合家庭教育或高尚的海外教育。他们的性格之花、情感之蕊如此娇脆，只能在阴凉处绽放，耀眼的阳光只会使他们枯萎。考珀在威斯敏斯特大教堂悲思感怀，不是因为他天性颖悟，而是因为他敏感伤情。我由衷地喜爱伊顿公学的学生。可他们年满十八岁，仍然愚钝无知。他们从未得到过他们应得的个人关怀，晃悠悠地一年又一年地升学。天晓得他们根本就没有达到升学标准。上伊顿公学的好处根本谈不上，不过有一点可以保证的是，学生还是有所得的，他们变得非常谦恭和善，彬彬有礼。伊顿公学的学生都这样，像一个模子刻出来的似的。但是，学生早期生活被不可救药地全盘毁掉了。他们变成了俗之又俗的人，接受的细心、耐心的教育也是任何一个小可怜接受的全部教育。但是如果他还能参军，还能过普通的家庭生活，这也是他所受教育的唯一好处。

上大学也是一样，孩子上这所大学，可能是因为他的父亲上了这所大学，也可能是因为他的叔叔在这儿有故交，再有可能因为这所大学给了他家乡一笔微不足道的奖学金。剑桥的老师会说："他就应该上三一学院！"牛津的老师会说："他就应该上基督教堂学院！"或"他就应该上巴里奥学院"！（注：三一学院、基督教堂学院和巴里奥学院都是剑桥和牛津的学院）为什么一个刻苦的学生只上一般的埃克塞特学院，而一个懒惰散漫、衣着考究的学生却可以上巴里奥呢？为什么一位真正的绅士只能去坏大学念书呢？在那儿，他除了和别人一样酗酒、抽烟什么也不做。为什么不可以让那些摇摆不定还没有完全定性的孩子接受更好的大学教育呢？全世界到处都有上错花轿嫁错郎、拜错花堂娶错妻的事。莱斯利·史蒂芬先生说三一学院连同不知名的小学校一样总有些稀奇古怪、离经叛道的人，"但是，他们仍然是上帝的孩子"。他也许上了你在大学城住了十多年听都没听过的学校。但他喜欢它、维护它，把它当作人间天堂，正如牛津学生维护基督教堂或巴里奥学院，剑桥学生维护三一学院和圣约翰学院一样。

我们再看看社会生活中的转折点吧。在职场生涯中有很多成功的事例，而且它们绝不只是动听的故事。伦敦的一位副牧师像往常一样在小礼拜堂里一坐一天，担当社会救济员的角色。他们每周一天在小礼拜堂用一个小时的时间发放免费药票、餐券和服装券，记下悲苦不堪的人的名字准备去登门拜访。你如果想和副牧师们进行五分钟的交流，你知道在什么时间、什么地点去找他们。只要在那个特定的工作时间，轻轻地敲一下小礼拜堂的门，就会听到副牧师喊："请进！"你完全有理由相信里面还坐着一位爱尔兰乞丐。一天，突然有位绅士到小礼拜堂造访，他走进门问尊贵的修道院院长是否在家。副牧师说院长出城了，但他本人很乐意为访客做任何事情。那位绅士支吾了一会儿，说明了来由。他打算捐笔钱，赞助牧师们过上好日子，可他哪个牧师也不认识，不知道该如何捐钱。他来是想问问院长看看最应该赞助哪位牧师。我们那位正在当差的副牧师可不是傻子。人生的转折点来了、机会来了，就要抓住。那位副牧师说他知道有个人，完全有资格过好日子，不过不方便说出他的名字，其实这个人就是他自己。副牧师顾不上害臊，举出大量例证说明"他"工作兢兢业业、勤勤恳恳。那位副牧师过上了好日子，但院长并不高兴这个结果，他更愿意把好事让给自己的亲信。还有另外一件机缘巧合的事，讲的是一位牧师偶遇上议院的大法官。大法官不是现任的哈瑟利勋爵，而是他的前几任。那位牧师是牛津大学的老师，和大法官一样是喜欢早起的人。他们碰巧到同一个乡间别墅游玩。一大清早，当整个世界还在呼呼酣睡，他俩在书房相遇了。共同早起的习惯使他们攀谈起来，竟然发现二人的兴趣和情感还有很多相似之处。后来大法官给了他机会，让他过上了舒适的生活。每个大法官的秉性脾气都是不一样的。像韦斯特伯里勋爵那样的大法官就不喜欢给小教堂发放赞助金，甚至还通过一项法律免除了小教堂的赞助金。其他的大法官更是抠门得很，如果能用"抠门"这么个不好的字眼的话。事实上，国家根本不应该让大法官掌管教会的赞助金。大法官要想竞选获胜或是解决棘手的法律问题，也不见得非得取消赞助金不可。

读过坎贝尔的《大法官的私生活》一书的人，都觉得它一派胡言，因为满篇讲的都是很多律师突然一下子就功成名就的故事。很多律师都充分利用第一次人生机遇，就好像有老婆、孩子拽着他的衣角，求他竭尽所能一样。几乎所有的医生都有怀才不遇的时候，但运气来了挡都挡不住，一下就成了名医。有人只不过因为在卡尔顿的门口偶遇了一位大人物，就此成了国会议员。这个人想代表巴夫（注：一个政团）参加市竞选，他想让另一个口才更好的巴夫成员和他一起联合竞选，费用他全承担。后来两个人都当选了。不知道你相不相信约翰逊博士（注：编撰第一部英国权威字典的人）对天才的定义，反正我不信。他说天才就是以前默默无闻的天才巨星突然转向某一特定方向发展，以后的人生脚步至此彻底改变。所谓天才就是天生的才子。偶然事件改变了那位突然受到捐赠的牧师的命运，也决定了赫伯特·马什主教的命运。如果你不太了解马什主教，那就看看大英博物图书馆他的典藏书籍。梅厄先生为圣约翰学院珍藏的贝克手稿做了大量的学术注释，其中也多次提到马什主教，你在那里也许会了解更多。赫伯特·马什的德语就像母语一样纯熟。1800 年，他用德语写了一部史书，书中写道："英国和法国的政治历史就是英国政府一直想努力保持和平的历史。"这部史书以翔实的史料证明法国而不是英国才是战争的始作俑者。这部书的出版为我国提供了标志性的证言。皮特认为英法战争是荣誉之战，而很多无知的历史学者坚持认为皮特的理论大错特错，毫无价值，马什主教再次终结性地证明了皮特的观点。我只能建议徒有虚名的历史学家再好好看看书，好好学学真实的历史。皮特找到了马什，答应每年送他五百英镑资助他搞研究，后来马什给他个主教的职位。另一位杰出的英国人凭借欧洲的邪恶天才拿破仑获得了财富。这个自私、残忍的怪物被囚禁在了柏勒罗丰岛。他乘坐的那艘船停泊在普利茅斯港口。在那个值得记忆的七月末，也就是英国美妙的仲夏季节，有位年轻的画家查尔斯·伊斯特雷克日复一日坐着小船，在他的船周围游荡，尽可能一睹这位囚犯的容颜。

每天晚上大约六点，拿破仑都会出现在船舷，向成千上万想来看他的人鞠躬致意。有理由相信拿破仑猜到并应和了画家的意图。这样查尔斯·伊斯特雷克为拿破仑画了一张很棒的素描，继而画成拿破仑的巨幅油画。拿破仑给了他一千英镑，并送他去罗马学习，使他后来成了皇家学会的会长。

婚姻毫无疑问是人生的转折点。不过婚姻不应该是盲目的转折点，虽然还是有人盲目草率结婚。每个人都记得拜伦勋爵是如何投币决定该不该向米尔班克求婚的。格兰特先生讲了一个故事，说有位至今还活着的英国公爵，当他还是侯爵的时候，写信给一位已经约好一起去长亩（注：地名）视察火车的朋友。在信中他写道："也许明天你看不到我了，你自己去长亩视察火车吧。我从我的公爵父亲大人今天说的话里可以听出，我就要结婚了。"侯爵不但让他的公爵父亲为他挑选妻子，还让他全权负责准备婚礼的一切事宜。公爵父亲正式暗示他已经为他挑选好了侯爵夫人，而他却表现得整件事情和他毫不相干一样。我想聪明的绅士不会这么随随便便地选择妻子的。要选择一份职业，尤其是选择一份神职更是如此。很多绅士迄今为止都在拼命地摆脱神职的束缚。他们的借口是太年轻、没经验，他们有更喜欢的职业，应该自由地做出其他选择。我对这个解释不想妄加评论。不过有必要指出，在做出婚姻承诺之前也要有同样的顾虑。米尔顿在他的一篇作品中宣称法律也不应该超出这个界限，这么率性而为。

纵观历史、文学和科学历史，我们会发现很多著名的历史转折点。我们会弄清楚为什么一个小小的手镯丑闻或禁止举办宴会就能引发一场革命、颠覆一个朝代。读读文学或科学传记吧。克拉布小心翼翼地叫埃德蒙·伯克读他写的诗。我毫不怀疑伯克当时肯定很忙。但他只是匆匆地一瞥，就知道眼前站着一位天才诗人。向来慷慨大方、爱教人的伯克下决心要帮助他。当克拉布不再需要伯克的教导、离开伯克之时，他已经是一名真正的诗人了。再看看法拉第的故事。他原本只是个穷书商的儿子，辛辛苦苦、勤勤恳恳地在书店工作，但他并不喜欢他的工作，而对电学有着强烈的求知欲。他想尽办法到皇家学院听著名的化学家汉弗莱·戴维的课，怀着颤抖的激动的心情，交给戴维上他课时记的笔记。后来法拉第在皇家学院获得了一个职位，为他仁慈、光辉的事业打下了基础。回想很久以前，哥伦布在西班牙的骄阳下休息，向女修道院主要了一杯水，这杯水竟使他的一生发生了翻天覆地的变化。哥伦布喝完水，女修道院主和他聊了起来，他的外表给她的印象不错，后来他的精辟思维更给她留下了深刻印象。女修道院主将他引见给皇帝，这正是他日思夜想的。后来的故事大家都知道了，哥伦布为西班牙国王找到了新世界。

当伟大的思想、伟大的发现在脑海中模糊呈现，人生的转折点也随之出现。这比看起来更重要、更荣耀的国家大事更精彩。休·麦克米兰的一部杰作讲述了这样的光辉时刻。十七年前的一个下午，在海拔四千英尺（1英尺=0.3048米）的内华达山脉，一位猎手追踪猎物来到了森林里人迹罕至的山坡上。在那儿，他意外地发现一大片三四百英尺高的深红色树木直插云霄。它们如此高大使周围的树木黯然失色。当黑暗已经降临到周围的矮树上，它们的树冠仍然在夕阳的照耀下发出夺目的红光。就这样，加州惠灵顿巨树被发现了，这是那个时代博物学的精彩一页！你可以要么步行，要么骑马穿过已经倒下的大树。那些活着的树也有两到三千年的历史了。而那些倒下的树应该也活了几千年，并且横卧在那儿几千年了。猎人看了后匆匆地离开了，并着了魔一样，到处讲述这个神奇经历。人们刚开始并不相信，直到反反复复看过好多遍，测量过好多次才信了。

美国人不喜欢自己的树叫惠灵顿这个英国名字，就叫它华盛顿巨树。树木专家给它起了个更科学的名字美洲巨杉。一位著名的美国作家认为有两件事在人类的智慧史上占有异乎寻常的重要地位。一件事是伽利略第一次用第一台天文望远镜观察星象。在观察完金星的相位和木星的卫星以后，他喃喃地说，地球之外还有很多和地球一样的星球，大千世界层出不穷啊！另一件事是垂垂老矣的布冯检验面前堆积的大量化石和贝壳。令他惊叹的是，这些化石和贝壳竟属于地球上的未知生物！这位老人突然间茅塞顿开，认为时间是无限的，人类的创造只是其中的一部分。届时已年逾八十的老者，满怀崇敬之情，公布了他的发现。怀着神圣的激情，他说未来将会是多么伟大！并且预言未来新科学是多么壮丽！只是他太老了，恐怕没有机会再去追寻了。那天，我们几个人一起对科学做了一次精辟概括。查尔斯·金斯利先生说这一概括会开创生物学的新纪元。卡彭特博士在他的《闪电挖泥行动报告》中说地壳泥不单由白垩成分组成，而且是白垩成分的延续和发展，可以说我们还生活在白垩纪。活着的微生物一层又一层地铺在新大陆上，我们只是看不见而已。这是一种很崇高的思想。他的更有意思的发现是权威性、终结性地提出在地壳下很深的地方仍然有大量生命存在，虽然所有哲学家都认为他的科学研究结果是根本不可能的，但哲学家们毕竟衷心学到一课。作为科学工作者必须多方听取意见才能解决问题，把一切假设和结论都当成暂时的而非绝对的。如果有的科学家或多或少能诚实一点儿，不那么教条，他们一生的科学研究将会迎来重要转折，对英国协会各项发展也是一件幸事。

意外事件也是转折点，意外事件的出现会使你突然驻足不前，惶惑不知所往。还有很多能使人丢掉性命的意外事件，从人性的角度来说，如果平静地接受或许能够避免。比如说，我特别希望能统计一下为赶火车而疾病突发倒地死亡的人数。那天当地的一家报纸报道了一件奇事，有人竟然参加了自己的尸检。一群验尸官组成的陪审团给一位逝者验尸。其中一位验尸官出门晚了。他本来约好和别人在公共大楼碰头。从旅店出来就一直赶时间，甚至还跑起来。突然摔倒在地。人们赶紧跑过去一看，他已经毫无生命迹象了。这样验尸官们就得为两个人做尸检。那个可怜的验尸官在死后一两个小时，别人给他做了尸检。

让我们再回到主题的道德意义上吧。古希腊的诡辩家普罗迪卡斯十分鄙视格罗特先生，他借色诺芬（注：一位希腊将军，约公元前434—前355，历史学家，著有《长征记》一书）之口讲述了赫拉克勒斯（注：古希腊神话中的大力神，宙斯与阿尔克墨涅之子，是力大无比的英雄，因完成赫拉要求的十二项任务而获得永生）的抉择的故事。这个故事以多种形式、多种语言广为流传。这个故事也在坦尼森（注：1809—1892，英国诗人，其作品包括1850年《悼念》和1854年《轻骑兵的责任》，反映了维多利亚时期的情感和美学思想。1850年他获得"桂冠诗人"的称号）先生的笔下优雅再现。他描绘了孤独幽怨的俄诺涅（注：特洛伊王子帕里斯初娶的山林水泽中女神），帕里斯抛弃了智慧的雅典娜（注：智慧与技艺女神），继而投入爱意融融的阿佛洛忒（注：希腊神话中爱与美女神，罗马神话中叫维纳斯）的怀抱，古典神话给了他无限的灵感源泉！毕达哥拉斯将字母"Y"作为人类生活的象征。字母的下半部分象征着人格还没有形成；右侧的枝杈更美好，象征着真、善、美之路，而另外一侧则是假、丑、恶。正如一位评论员所说："古代人非常叹服这个比喻！"你的人生中也有转折点。在第一章我只是稍稍触及了这个主题。在后面的书页中，我会提出一些基本原理。本书抛开偶然事件和突发事件不谈，是合情合理的，是我个人人格的真实写照。机遇并非机遇，上帝早已塑造好了每个人的人生，变成了人生宏伟的画卷。

让我再次引用已故主任奥尔福德的话："短暂的瞬间也许比数年更有价值。时间的重要性和价值不是按比例分配的，我们对此无能为力。病人要一连数周不知疲倦地到大夫那儿看病，可就因为有一次没去就病死了。就差这一次五分钟的诊断，就造成了天人永隔。人生转折点是极为重要的，它和人生在时间上根本不成比例，人生的转折点啊！什么时候会降临到我们头上呢？要学会运用我们的聪明才智才能将它紧握手中！"

第二章
习 惯 的 力 量

　　一提到人生转折点，首先想到的就是偶然事件和突发事件。它们在人生旅途中像璀璨的星星一样，改变了人生的发展轨迹。每个人的一生中，都会出现这样的事，我们无法否认它们的存在，也无法夸大它们的重要性。在这些偶然事件中习惯起了决定性的作用。人生到了一定阶段，人的个性已经形成，该经历的事已经经历过了，即便是天时、地利、人和全部具备，偶然性也不具备改变人生的能力。不过到了这个人生阶段，更要好好考虑考虑偶然性的重要性。

　　年轻人就喜欢冒险，以极大的热情试图在伦敦开辟一片新天地。认为伦敦的街道上铺满了黄金和财宝。正如有位"桂冠诗人"所写：

　　　　期待着未来带给我们激动人心的时刻，

　　　　像个孩子一样满腔热忱离开了故土，

　　　　夜晚走在昏暗的马路上，伦敦越来越近了，

　　　　他的灵魂早已飞到了伦敦，

　　　　借着路灯，他看见一大群人向伦敦蜂拥而去。

习惯是人生偶然事件发生的舞台，伦敦和其他地方相比更是充满了偶然性、刺激性和挑战性。

让我们以手无缚鸡之力的小说家的浪漫奇遇为例。一位贵族小姐的马惊了，载着她一路狂奔。这匹马很可能会跳下悬崖或跑上火车道被火车轧过去。即便是项羽再世，如果他不懂怎么降伏马，眼不明、手不快，不沉着、不冷静、不机智、不勇敢，机会还是不会垂青他。偏巧，这位小说家这些优点全具备。结果可想而知，贵族小姐以身相许，小说家成了她家的乘龙快婿。一座豪华别墅的财富史可以追溯到另一个英雄救美的故事，准确地说是学徒救美。一个学徒工跳进泰晤士河救起了他家美丽的小姐。他后来娶了她，又成了岳父的生意伙伴。这幢豪华别墅就是他后来盖的。在他勇敢地英雄救美之前，他一定有游泳的好习惯。如果他没做生意，没有生意头脑，没有好习惯投资扩大再生产，他也就没钱盖这么豪华的别墅。

一位演说家耐心地等待着机会。机会终于来了，他的妻子、孩子拽着他的衣角，求他竭尽全力好好抓住机会。他的演说极为圆满精彩，财富和名誉来了。埃尔登勋爵，早年名不见经传，那时他还叫约翰·斯科特。在阿克洛伊德和史密森一案中，他激情辩护，一夜成名。事后，审判长非常高兴，却竭力用平和的语气说道："年轻人，从此吃穿不愁了。"果然，这个年轻人后来成了国王的掌玺官。

只要有天时、地利、人和，好运就会突然从天而降。所谓时势造英雄，但时势未必能造出英雄。如果人无力利用机遇，那么机遇又有什么用呢？律师很多，但能成名的案子来了，却只能两手一摊告诉主审官，没有领导他们没法处理这件案子。只有一位律师站出来处理了这件很棘手的案子。不消说，他出名了。大夫必须经过长期的准备，当机会摆在他面前的时候，他才能很熟练地应对急诊。这是才能展示的关键时刻，但机遇不能瞬间创造才能。所以有人即便有机会，也不能充分利用。有准备的人会自然而然地抓住机遇，走上了前台。有才能，没机会，也不过是暂时性的，机会一到，他们成名是迟早的事。

如果你期盼生命中出现机遇，就要时刻做好准备等待机遇的出现。

　　积习是由一个个特定行为形成的。我曾经看过一条大河，非常宽广，足以容下整个海军驻扎停泊。这么大的河是很难渡过的，不过你却可以很容易地跨过一条小河沟。不积跬步，无以至千里。习惯绝非一天之内就形成的。习惯的力量难以控制，习惯一旦形成就无可阻挡。习惯是无数次地重复小动作形成的，也许在习惯形成初期我们还能有所作为。生活的目的就是要让督导人生的伟大动力沿着正确的方向发展。用《圣经》的话来说就是不注重细节最终会一点儿一点儿地走向死亡。《圣经》教导我们要一条一条地学习规矩，一项一项地遵守规则，一点一点地塑造我们的人生准则。《圣经》上还说，一个人在小事上忠心，在大事上也忠心；小事上不忠心，大事上也不忠心。

　　我们参观过北方的大工厂，听着齿轮转动的嗡嗡声，机器相撞的当当声，看着工人们驾轻就熟地工作。那种工作就是孩子们熟练以后也能干。工人们敏捷地运用机器工作，灵巧地摆弄着丝线。很明显，他们干这活儿已经轻车熟路、想都不用想了。这就是习惯，习惯成自然。我们养成了习惯，但却不知道习惯是怎么养成的。习惯越是根深蒂固，越是不知不觉地按照习惯去做，也越容易看清为何事情的本质是这样的。如果做每一件事都慢条斯理地考虑，就根本没时间做完既定工作。是习惯使我们动作敏捷、行为迅速的。我们无法分析每个行为的道理，探究每个行为的原因。但是，习惯一旦根深蒂固，我们还是能分析出行为产生的原因的。行为是习惯的结果，而习惯是规律的结果。正如豪森主任说的那样："那些总是不自觉地习惯于快乐服从的人是受到上帝保佑的。他们全心全意、心甘情愿地为上帝效劳。日出而作，日落而息，每天干着该干的活，安逸地生活。"

　　如果我们遵从打破砂锅问到底的信条，事事都探究一下本源，就会明白习惯的养成并非一朝一夕。几乎所有的哲学家都讨论过何谓"习惯"。他们将习惯定义为熟练地做某事，或者倾向于做某事。习惯不单是反复做某些事的结果，也是根本不做某些事的结果。懒惰的习惯是由于不去做该做的事情养成的。自觉的行为变成了不自觉的行为，有意识的行为变成了无意识的行为。亚里士多德指出，想改掉既成习惯是很痛苦的。道德学家客观地评价习惯，认为习惯既有普遍性也有特殊性。读者刚开始有点儿糊涂，很快就能明白其中的含义。当读者们抵制了习惯的诱惑，没有实际去做什么坏事的时候，他们就错误地认为恶习的影响力减弱了。实际上，他们得当心这种满足心理，坚决地改掉恶习。坚持养成习惯，坚持也可以改掉习惯。也许有时日久生厌，没有坚持改掉坏习惯；有时没有条件满足习惯要求；有时改掉了一个坏习惯，又养成了另外一个坏习惯。哲学家们还讨论过是不是只有动物才有习惯。植物的环境适应性是不是也是一种习惯呢？根据现代科学研究，动物和人没有非常大的区别，人类驯服动物是不是也是一种习惯呢？习惯和本能的关系、习惯和群体的关系都是很有趣、很重要的课题。另一个重要问题就是，祖先的习惯到底对我们产生了多大影响，我们又能对后代产生多大影响。要好好想一想，我们的习惯对别人的道德和生活到底能产生多大影响。这个课题就是返祖现象。例如，百分之五十的疾病具有遗传特征。也许你要问，什么是返祖现象？返祖现象就是后代具有远祖特征的倾向性。这个课题属于遗传学大课题中的一个小课题。达尔文先生多次著书阐述，达尔文的追随者们也反复就此课题著书立说。达尔文的《论动植物的驯化》举出了很多返祖的例子。他以三色紫罗兰、玫瑰、桑蚕、杂交动物、猪、鸽子、人和狗为例进行了说明。他还讲到奥地利皇帝们的相似性，并引用了尼布尔对古罗马皇室的评论。这两个皇族都有很奇怪的病，估计是种遗传病，就是孩子都会得父亲像他们那么大时得的病。佩吉特先生说，年龄刚好一样时得病的比例大概是十分之九，十分之一得得要早一些。这是很让人头疼的返祖现象。如果人只继承祖先的优点就好了。沙夫茨伯里勋爵一站在祖先的肖像画下，你会一眼看出二者的惊人相似之处。他就好像他的祖先从画里走出来的一样。伦敦以前有个人，据说是詹姆士二世的直系子孙。他看起来根本不像现代人，而像十七世纪的骑士。高尔顿先生在他那部名作中也证明聪明是可以遗传的，这也是为什么天才会反复出现的原因。这样的返祖现象还比较招人喜欢。具有预见性的医学理论提出，父母在某一特定年纪突发遗传病，医生就要特别关注到了这个年纪的孩子，因为他们也很有可能在此时得上遗传病。

尽管现代医学已经能够治愈神经痛，但仍无法解释为什么父母和孩子都会得上这种病。双目失明也是种可怕的遗传病，在一个病例中一个家族中有三十七人都是盲人。还有个家族有很厉害的头痛病，不过一到一定年龄就会不治而愈。

返祖现象还有很多重大的实际问题。一个重要的实际问题就是，表兄弟姐妹、堂兄弟姐妹是否可以结婚，他们当然想要得到肯定的回答。还有一个重要问题就是肺结核病患者可不可以结婚，很多例子证明他们可以。查尔斯·威廉姆斯大夫很诚恳地说："他咨询过很多肺结核病患者，他们过得都很幸福。"大夫和朋友们是反对肺结核病患者们结婚的，认为将来孩子也会遗传肺结核病，但肺结核病患者们可不管那一套，他们只在乎他们的爱情。这也正印证了那句老话"爱是自私的"。至于说到遗传病，我们也很奇怪地发现，遗传病家族中有的成员能终生健康、颐养天年，而有的成员却得了结核病等遗传病早早死去了。这说明了很多问题，问题之一就是我们的肺病知识还十分粗浅，还有很多疑问。

赫伯特·斯潘塞先生精辟地论证了返祖现象。他谈到了人类为什么那么喜欢自然风光的问题，这也许不单是品位和看到美景能产生丰富美感的问题。"这个问题很深，我们现在还不十分清楚，是多种因素共同影响的结果。喜欢自然风光的情结可以追溯到野人时代，那时人类只在山中、林间和河旁快乐生活。也许就是从那时候，产生了这种情结。看到美景所产生的激动心情实实在在、真真切切。"廷德尔教授非常支持斯潘塞的理论，如果我也能理解斯潘塞的理论，那么返祖现象学说必将进入到新阶段。达尔文接受了伍尔纳的理论，认为人耳部结节和猿猴祖先一样，是返祖现象。斯潘塞先生继而认为喜欢美丽的自然风光遗传了野人喜欢冒险的品质。人类在发展过程中也吸收并包含了不同阶段人类的特征。

生理学家没有触及返祖现象的另一方面，我想就此说一两句。道德品质也会有奇怪的返祖现象。几辈子保持休眠状态的精神和道德品质突然在后代身上觉醒了。乔治·埃利奥特（注：1819—1880，英国女作家，其小说大都描述十九世纪现实主义传统，作品有1859年《亚当·比德》，1861

年《织工马南》和 1872 年的杰作《米德尔马齐》）在她的《西班牙的吉普赛人》中谈到了这个问题，这首诗和生理学所谈到的问题一样：

> 我透彻理解了一项记载，
> 鼻孔和嘴巴的特征能遗传数代，
> 而体内的灵魂，像永生永世的上帝，
> 悸动、焦虑、溶化、枯萎
> 没有任何记载留世，像伟大的历史一样
> 没有记载。人一定要遗传给后代子孙
> 他们奇特的兴趣爱好吗？
> 为掩饰敬畏而颤抖，
> 因深感懊悔而慢慢流下眼泪，
> 衷心信仰上帝，虔诚地为他耕作。令人欣喜的
> 圣餐，这些都会消逝吗？
> 像风吹过水面，毫无印记吗？
> 弯弯的睫毛会留下来吗？
> 放在神龛里的上帝雕像不会使我们战栗、敬畏吗？少女的血
> 像美洲豹一样野蛮、不敬。

正如你会将头发、眼睛和嘴唇的特征遗传给下一代，你也可以将多疑、多思或易怒的性格遗传给下一代。不但是鼻子和嘴唇的特征，还有多思和虔诚的品格遗传给了下一代。很多父母悲叹错误又重演了。爷爷比爸爸更加注意孩子的行为特征。根据返祖现象，会发现孩子很多地方都像他。很奇特的道德返祖现象发挥了作用。

有些错误是家族错误，一代又一代反反复复地犯。同一家族的人要么有火一样的激情，要么贪婪，要么撒谎。一次又一次，人类丑恶的本性反复出现。再看看其他有关联的例子吧。不知你注意过没有，有时同样的厄运始终困扰着同一家族。要么是子嗣稀少，膝下荒凉，数代单传；要么是

没有子孙，头衔和土地只得由旁支继承；要么是孩子早夭；要么是长期奋斗仍然一贫如洗；要么是痨病缠身。这样的家族，似乎很难说他们倒霉不幸是因为道德败坏。比方说，没有后代和贪得无厌有关系吗？如果承认宇宙间道德的主宰力量，那么有理由相信没有孩子的痛苦是对其道德败坏的惩罚和矫正吗？我们无力探究二者的必然联系，但二者肯定有联系。在道德主宰的世界里也有返祖现象。一辈人所做的善恶隔数辈才能有报应。数辈之后又做了同样的恶事，又会招致同样的报应。这个课题太模糊、太深奥，但我们似乎已经能模糊地理解道德规则了，就是恶有恶报、善有善报，不是不报，时候未到，时候一到，立刻报销。

人经常将一切行为都解释为从小养成的习惯，这有些宿命论的味道。人们认为一切都是必然的。早年形成的习惯，力量太强大了，谁也改变不了。但人有时需要靠理智和良知而不是本能的习惯去做事。恶习是人们沉重的负累，散漫随意、毫无戒备的青年也坦然接受恶习，就在恶习的奴役下日益堕落。对于这种人来说，只有先加倍努力地战胜自我，才能成功地战胜恶习。

人的人生观有悲观、有乐观，也许二者不分伯仲都偏离了真实。也许某个人早年遭遇不幸，由于个人疏忽或者他人疏忽，弄断了一条腿，从此只能一拐一拐地走了。乐观地说，他运气太好了，把腿都弄断了，可以不用上前线打仗了。但这句话听起来实在太荒谬。同样，如果总是挂着拐杖，唉声叹气也很可笑。情况既已如此，只能尽可能地使它变好。大自然都能经过无数次的改造，精确地弥补损坏的和浪费的东西，人也能如此。也许每个人都应该尝试着做一个乐观的人，不过也不要天真地以为任何事情都会变好（我个人也认为这不符合宗教教义和万事常理），而是要坚信我们有力量能使事情变好。基督教徒相信万事皆从善，一切美好的事物都会变得更好。

被恶习击倒的人道德沦丧，看着叫人心痛。亚里士多德把没有自制力的人比作病入膏肓、无药可救的人。不过，偶尔也有满身恶习的狂热者最后成功了，受到人们尊敬的事例。这些人原本像着了魔一样，根本不可理喻。修昔底德（注：希腊历史学家，曾被认为是远古时代最伟大的历史学家，著有一部关于伯罗奔尼撒战争的批评史）曾记载在雅典瘟疫流行时期，其他流行疾病都消失了，只剩下瘟疫了（如果还有其他疾病，也归到普通病症里了）。同样道理，一个恶贯满盈、罪大恶极的人往往没有其他的小恶习或小毛病，他们温文尔雅、魅力四射、和蔼可亲、知识渊博。但是，有一天，我们会突然看到他彻底堕落，就像一个巧妙伪装成心智健全的疯子一样，很多时候甚至能迷惑敏捷的辩护律师，让人产生可怕的错觉。无助的人奋力摆脱恶习的纠缠，但他美好的天性只是徒劳地反抗恶习，毫无胜算。下面让我们听听天才作家的语言，它们是多么悲哀难过呀，当他讲到抹大拉的马利亚（注：《圣经》中从良的妓女，后追随耶稣），那位可怜的诚心悔过的女人！

> 她坐在那儿哭泣，头发凌乱，
> 她虔诚地擦耶稣的双脚，感到万分荣幸，
> 耶稣为她拆除绝望的围栏
> 从她美好的心灵，因为她如此敬爱上帝，
> 我有罪，满腹疑惑和恐惧，
> 让我成为卑微的爱和眼泪的信徒。

当恶习经过无数次的斗争成为至高无上的主宰，这是人生多么令人敬畏的转折点啊！当好习惯再次在你心中觉醒，这是多么神圣的时刻啊！精神和道德疾病和身体疾病一样需要敏锐的诊断和仔细的治疗。只有不断鼓励好习惯，系统坚持好习惯，才能战胜和根除恶习。有一条神圣法则：戒恶从善。做好事也有积极和消极两个方面。要坚决禁绝做坏事，即便是有机会做坏事，也不能去做，必须要经受和抵制这种诱惑，必须鼓励人们做好事，做好事就是要坚决抵制做坏事，只做好事。将道德败坏的人放到新环境中，使他们不受坏影响，只受好影响。从前有位高官，因为做了一件坏事，触犯了刑律，作为惩罚，他失去了财富和健康。他为人极为张狂放

纵，因为酒后狂怒刺伤了人而获罪受刑。牢狱中的苦活使他禁绝了诱惑，渐渐养成了好习惯，又重新获得身体健康和道德健康。出狱后，他重获财富，还找到了一位贤妻，成为一名很活跃的地方官。经过观察，大家都认为是长期徒刑而不是短期徒刑将罪犯改造好了。

但是他们随时有故态复萌的危险，这是没有规矩约束后的不可避免的反应。就像肮脏的灵魂离开房间后，就不知道该由谁来打扫和装点一样。只有坚强、纯洁的灵魂才能够抗拒诱惑。一个医学例子会帮助我们理解。医生说病情加重时，病人身体的抵抗力也被全部激发出来。我们在学校学的就是弃恶从善，毕业后面对诱惑也不为所动。

病态的灵魂无法找到解救自己的良方，必须在别处才能找到医生和药物。恶习出现的时刻也是人生最重要的转折点。那时祈求上帝给予我们帮助吧！这时候，灵魂比其他任何外在的东西起的作用更大。热情的年轻人凭空想象着人生中会出现的光辉转折点，美梦总有一天会成真。在人生某一特定时刻，人生转折点也许会出现，也许不会出现。正是因为养成了良好的习惯，我们才相信好的转折点会出现。可机会一出现就要抓住利用。在不自觉地坚持养成好习惯的漫长过程中，我们已经收获了很多、学会了很多，比幸运的偶然收获要多得多。

第三章
人生的关键时刻

　　人生旅途时不时地、不知不觉地会出现关键时刻，像里程碑一样，令我们充满了压抑和敬畏之情，即便是最信奉上帝和最迷信的人有时候也无法觉察它们的出现。人生的关键时刻往往伪装成最普通、最常见的事，像一个电话、一封信、一次采访、一个偶然的建议、在火车站的一次几分钟的谈话。不过正是因为关键时刻的出现，人生突然凝练成全新的一页，徐徐打开。"您还记得给我写过一封信，给我提出的建议吗？"有个人那天跟我说，"您的那封信是我人生的转折点。那时，有人建议我去苏格兰，这时您给了我建议，我采纳了，它使我的生活从此丰富多彩。"在巴勒姆最近出版的精彩传记中提到有一次他去圣保罗大教堂（注：伦敦著名的大教堂，戴安娜王妃曾在此举行婚礼）的院子里散步，遇到一位朋友，手里拿着一封信。信的内容是要邀请一位乡村牧师代表出席圣保罗教堂的小牧师会。这位朋友猛然想起巴勒姆先生是位合适人选。自然而然，巴勒姆这位伟大的幽默大师加入了都市牧师会。我不太清楚巴勒姆那时是否在家度假。在本章还谈到另外一个幸运儿悉尼·史密斯。他们确实在伦敦找到了好位置，比在乡间当牧师好多了。史密斯时而情绪高亢，时而消沉低落，命运时好时坏，但命运女神还是眷顾他的。巴勒姆粗心大意最终毁了自己的一生，没有什么比他的结局更凄惨的了。还有一个故事讲的是一个小个子年轻人在大英博物馆的阅览室里刻苦读书。似乎他这辈子最好的结果就是在经济学校当个看门人了。他吸引了另一个看书的先生的注意。这位先生介绍他去牛津读书。他在牛津拿到学位后立刻找到了一份年薪一千镑的工作。我很遗憾地说，像他这样聪明的年轻人，这也许并不算是真正的成功。还有个人在山野牧马，邂逅了一位大学时的老同学。那位老同学是个贫穷的副牧师，衣衫褴褛、沮丧悲观，他不想再在英格兰待下去了，打算出国闯荡闯荡。自己在家乡似乎已经根本没有任何升迁的可能性，他听说在欧洲一个偏远的地方有个卑微的牧师空缺。可巧英国大使来到这个小镇上，很欣赏这位副牧师，遂成功地帮他在英格兰优先升了职。

在这些机缘巧合的故事中，习惯起了至关重要的作用。关键时刻像机遇一样悄然而至，那么又该如何对待和利用关键时刻呢？也许关键时刻并不能和机遇等同起来。我们的头脑中是有定式思维的，它是习惯性形成的。当情况突然要求一个人做出决定的时候，他首先会本能地想想过去的事情。他所做的决定一定和他的基本习惯相一致。人要花好多年的时间训练自己如何解决出现的问题，焦急地等待人生机遇并充分地利用它。

那个叫作简·爱（注：英国女作家夏洛蒂·勃朗特笔下的人物，与小说同名）的小姑娘的故事充分说明了这一点。"我越是孤独，越是没有朋友，越是没有生路，我越要尊重我自己。我会遵循上帝的旨意、行为的操守。我会坚持我心智健全而非疯狂痴癫时的理念，正如我现在一样。没有诱惑，我也会同样坚定地执着于信仰；环境再苦再难，我也要坚定信仰，灵魂和肉体绝不会垮掉、倒掉。我的灵魂和肉体是如此执着、纯洁。如果为了个人安逸，放弃信仰，那么信仰的价值又何在？我一直相信信仰是有价值的。如果我不相信，那只能是因为我疯狂痴癫。我浑身热血沸腾，我的心狂跳不已，脉搏混乱。此刻，我坚信我以前的想法、以前的决心，我更加坚定了。"

习惯的作用很大，此刻就是唯一的机会、无价的机遇。人生中的每个行为都会遵从一定的原则。当关键时刻悄然到来的时候，我们认为它来得正是时候。

> 停下，让现在停下吧，
> 在它的翅膀上打下智慧的印记，
> 你要好好掌控，像
> 记载中的仁慈的老族长
> 紧紧抓住飞纵即逝的天使，赐予你幸福！

当一个人第一次结交上挚友，高山流水觅知音，一见如故，他们的友情使两个人的后半生都变得丰富多彩，这是人生多么精彩的华章啊！一般人把爱情看作是人生大事，不过友情也许更恒久、更伟大。当一个人年轻时，脑子里满是活跃、纷乱的思绪，似乎时刻等待着关键时刻的到来，等待着那神圣一刻的感染和升华。当你刚刚从学校毕业，满脑子都是对生活的积极的、知性的追求，偶然的机会结识了位名人，并为他的魅力所吸引。这样，你一生中最精彩的时刻就到来了。你天生艺术品位绝佳，结识了一位艺术家，就此走上艺术坦途。你喜欢写作，有高人名师指导你的兴趣爱好，让你随便阅读他丰富的藏书，从此你成了一名作家。也许你天生喜欢机械发明，有些高级工程师很赏识你，给你解释了机器原理，你后来还真成了机械师。这是高尚的友谊发掘了你的天分，将你领入到新的知识领域，在你事业刚起步的时候形成飞跃性的转折点。谢尔本勋爵谈起他曾拜访年长的梅利斯舍伯："我曾到过很多地方，但我从未像现在这样被一个人深深影响。如果我能在一生中有所建树，那也是因为时时回忆梅利斯舍伯先生，是他鼓舞了我的灵魂。""我总记得，"弗拉克斯曼说，"罗姆尼在我小时候就注意到了我的作品，而且很欣赏。是他引导我走上艺术之路，我很感激他的友谊和帮助。"

早年的学术机遇像其他人生事件一样深深印刻在年轻人的记忆中。当你年轻时，第一次写出一首诗，总会抑制不住地高兴，因为你感受到自己有种新的力量。当你第一次学会游泳、画画，第一次站出来在大庭广众之下发表演说，你同样会难以克制地兴奋。当你回想起第一次读《天方夜谭》《鲁滨孙漂流记》和麦考利的图画书，或狼吞虎咽、如饥似渴地读斯科特和狄更斯的作品，或赶时髦一样读坦尼森的诗歌时，是多么欣喜若狂啊！毫无疑问，喜欢读什么样的作品决定了你是成为艺术家、旅行家还是博物学者。我记得年轻时在牛津读书，学校发给我们三本书，对我们影响很大。恐怕是我自己没有把书读透，没有做到物尽其用，但它们仍然对我帮助很大。我会永远感激教导嬷嬷是怎样指导我看这些书的。阿诺德博士犹豫不决，不知道该让儿子上牛津还剑桥，我也很理解。可爱的"老亚"（注：亚里士多德）帮他做了决定。他不能容忍儿子不去上牛津的哲学课。我粗略读过亚里士多德的书，但印象不深。那时候，我学的只有道德课。但当我第一次读柏拉图的《论共和》，再配上乔伊特先生的课上讲解，一个崭新的无上世界展现在我面前。还有我国作家的两部作品对我的影响也很大，就是众所周知、广泛引用的巴特勒的《论类比》和培根的《新推理法》。如果说牛津没教会学生别的，它至少教会了学生如何仔细地通读书籍。我很高兴将这个临别赠言赠给你们，我聪明、优秀的读者们。你要是读过奥尔福德的希腊语版《圣经》的头两章，将极大地帮助你理解和明白《圣经批评》。一个极端自负的牛津大学生说："普通人生发生的一些大事，像遭遇了大火，在莱茵河里溺水，在山间迷了路，发了高烧，坐火车被甩出了车厢，看见女王本人，等等，都不能和在牛津阅读伟人的经典书籍相比，那才是真正激动人心、终生难以忘怀呢！"

灵魂与灵魂碰撞会擦出火花，虚心学习的人遇到悉心教导的人会产生丰硕的成果。也许没人能像阿诺德博士那样对年轻人产生如此巨大的影响。新近出版的《主教科顿的一生》中讲到他曾在大城市拉格比当副校长的事。在《汤姆·布朗的校园生活》一书中，他被称为"年轻的校长楷模"。该书的传记作者说："这次任命对他后半生的影响难以估计。其中对他影响最大的当推他的导师阿诺德博士对他人格的影响和教育。阿诺德博士对科顿的影响是无与伦比、空前绝后的。后来，科顿自己经历的事情也越来越多，他的思想也在不断发展。其他人或其他学校的思想魅力也渐渐淡化了阿诺德博士对他的影响，但阿诺德博士的影响始终存在。"这也确实说明了阿诺德博士的影响力正在下降。不过科顿是在自己的世界观形成后，并且还没有受其他什么影响前就接触到阿诺德博士的。弗朗西斯·威廉姆·纽曼先生在他的《信任的阶段》一书中，极为生动、有趣地描述了他碰见过的各种各样的人，是他们帮助他形成了个人观点。有一次，纽曼动身去巴格达（注：伊拉克首都），很显然，他的目的是要皈依异教徒。可结果是异教徒使他放弃了自己的信仰。这件事是纽曼一生的转折点。他说："在阿勒颇（注：叙利亚西北部一城市，位于土耳其边界附近）的时候，有一天，我和一个伊斯兰教的木匠谈起宗教问题，他给了我很深的印象。我想做的事情很多，最想做的就是让他和周围的人放弃他们信仰的宗教，让他们相信他们虔诚信奉的福音书不过尽是些胡编乱造的东西。我觉得自己虽然尽了全力，但很难说得清，但那个木匠听得却很认真。渐渐地，我有信心说服他了。他耐心地听着，直到我全部讲完，然后他开了口，大意是这样：先生请让我告诉您，事情到底是什么样的。上帝给了你们英国人太多的恩惠。大船是你们造的；小刀是你们做的。你们还能纺出棉花做出漂亮的衣服；你们有富有的绅士和勇敢的战士；你们能书写、会印刷，很多知识书籍，像字典和语法书。这一切都是上帝的恩惠。但有一样东西上帝没给你们而是昭示给我们，那就是什么是真正的宗教。只有真正的宗教才能解救人们于苦难。他完全不理会我的观点（也许我的观点对他来说是对牛弹琴），简单明了地反驳了我，让我无话可说，但又觉得挺有意思。可是，我想得越多，越觉得他说的话有意义。他就像一个卑微的基督徒对不信宗教的哲学家说话那样跟我说话，也许更准确地说是早期的传教士或犹太教预言家在跟一个有教养、聪明的，却略带狂傲的异教徒在说话。"

将弗朗西斯·纽曼那样的人同他的哥哥约翰·亨利·纽曼那样的人相比挺有意思。著名的《歉意》一文中说，每个人一生中都有转折点。无独有偶，宗教历史亦是如此。

"当我一个人独坐的时候，我猛然想到宗教观的形成不是靠很多人，而是靠了少数人的努力。宗教不是死去的人总结的，而是活着的人提出的。"我嘴里重复着在学校期间经常说的那句话"在前人的基础上我继续努力"。这句话听起来特别亲切。此刻，我曾经特别喜欢的那首骚塞的诗《莎拉巴》又出现在我的脑海中，我想此生我是负有使命的。我在给朋友写的很多信中表达了这种想法。如果那些信还在的话，你不妨看看。当我向梦溪诺赫·怀斯曼道别的时候，他礼貌地说希望我们能再次到罗马来。我很严肃地说，在英格兰我们还有好多工作，恐怕再也来不了了。我随即动身去了西西里（注：意大利南部一岛屿，位于意大利半岛南端以西的地中海）。那种宗教使命感越来越强烈，我要为我的使命而工作，我再也回不到这个地方了。我来到小岛的腹地，在里昂芳登（注：西西里的一个地名）发烧病倒了。我的仆人还以为我会死掉，求我留下遗言。我照他希望的那样留下了遗言。不过我说的是："我不会死！"我又重复了一遍："我不会死！只有违逆光明犯罪才会死，我从未违逆光明犯罪！"我是说了这么句话，但至今我都不明白我自己说的话。

我又去了卡斯特罗·乔瓦尼（注：意大利一地名），在那儿整整病了三个星期。5月底才动身去帕勒莫（注：意大利一地名），休息了三天。在5月26日早上，或27日早上要动身的时候，我坐在床上伤心地哭起来。我的仆人一直像护士一样照顾我，问我哪儿不舒服。我只能回答说："我在英国还有工作要做，我得回去。"

我太想回家了，但是没有船。我只得在巴勒莫滞留了将近三个星期。我到处游览教堂，观光能平息我焦躁的心。不过我没参加当地的宗教仪式，对于这儿的基督教圣餐礼我一无所知。最后，我坐上了一条去马赛（注：法国东南部一港口城市）的船。在伯纳法奇奥海峡航行的一星期中我的心终于平静了。那时，我写下了"引导我吧，仁慈的光明"这句话后来成了名言。整个航程我一直都在写诗。到达马赛后，我又动身去英国。因为无法承受旅途的劳累，我又在里昂（注：法国中东部一城市）滞留了好几天。当我再次动身，日夜兼程赶回到英国，回到我母亲的家乡。我的哥哥比我提前几小时从波斯（注：西南亚国家，大致是现在的伊朗）回来。那天是礼拜二。在礼拜天，也就是 7 月 14 日基布尔先生在大学布道坛上发表了立法训诫。立法训诫后来被命名为"全国教义"出版。我从没想过，也没把那天当成 1833 年宗教运动的开始。

《主教科顿的一生》讲了件人生中突然出现的转折点，科顿的整个命运瞬间完全改变了。当威尔逊主教死于印度兵变的消息传到英国，他的伟大的朋友泰特博士（注：时任伦敦主教）立刻想能不能为马尔伯勒的校长——科顿博士谋到这个职位。泰特博士用尽他所有的人格力量，向时任政府陈述了科顿的优势。因为担心科顿博士太谦虚，会推辞这个位置，所以并没有征求他的个人意见。由于一些这里不便说出的原因，这件事最后没办成，也就搁置了下来。直到有一天，有人突然通知泰特博士，如果科顿愿意的话，他还可以赴任。确实机不可失啊！当时印度政府政权更迭，在产生新的首相之前，时任印度国务卿的弗农·史密斯先生也就是现在的里威登勋爵代为掌权。伦敦主教用电报给马尔伯勒的校长发出了邀请。这对科顿平静的生活来说无疑是晴天霹雳，太意外了。他惊得电报稿都从手里掉到了地上。他匆匆忙忙地从学校赶回家，又赶到伦敦。这是必须做出抉择的关键时刻，很多人都会犹豫不决。从一个旁观者的角度来看，科顿并没有一点儿激动不安，这多少有点儿让人惊奇失望。在一切场合他都希望自己能像事不关己一样非常平静和冷漠，这也使他能简单地接受别人对他的评价，默默地接受他并不熟悉的情感和习惯变化。第二天，他见到了印度国务卿。国务卿的话简洁明了，却指出了他的机遇和责任。"我相信任命你为主教，是我为印度的利益、英国国教的利益和基督教的利益所做的最大贡献。"这句话深深地印刻在科顿的脑海中，他把它作为主教的职责来激励自己。公平地说也正是这句话证明了他没有辜负主教之职。一个朋友跟我讲，有一天他在锡兰（注：印度以南一岛国，现名为斯里兰卡）的咖啡屋里喝咖啡，两个人走了进来和他共进餐饭。两个人的打扮看起来不像教徒，但和他们吃饭很愉快。我的那位朋友碰巧提到政府想在印度的哥伦布教区建一个大都市。要建大都市就得有教堂，有教堂就得有主教，而他就想当主教。那两个人中的一个人就自我介绍说自己是加尔各答主教，他可以帮忙。咖啡店是一个很奇怪、很蹩脚的会面地点。我的朋友那时还只是个传教士，他认为加尔各答主教既聪明又仁慈，可能会帮上忙，结果还真是这样。

我们也许还记得科顿的离奇死亡。他从花车上失足落水后，尸体一直没找到。可有位军官图章、戒指掉进河里后，立刻在那个地方立了个杆儿，雇了一个潜水员，把戒指捞了上来。你也许会想尸体比戒指更好捞一些，但事实并非如此。科顿死的那天早上非比寻常，他去过墓地做过祭祀，还在祭祀典礼上说："如果尸体留在了荒野、战场或在其他无法举行葬礼的地方，出窍的灵魂也不会受罪。"这难道是谶语？

当人们回首往事，总能回想起好多次与死神擦肩而过的经历。这样的例子数不胜数。有个奇怪的故事讲，有个人上战场，威灵顿公爵为了他的安全起见反对他上战场，他回答说阁下其实和他是一样的，也是身处危境。"是的，"公爵说，"但我是在履行我的责任。"就在这时一发炮弹击中了这个不幸的人，他死了。这件事似乎告诉我们，生死由命，富贵在天。人是要经历沧桑变化、命运起伏才能成就为人的。人世的沧桑变化、命运起伏也是有规律的，只不过人们肉眼凡胎看不见而已，难免会哀叹命运反复无常，在人生关键时刻发生的变化可以影响人的一生。

还有一些意外碰到好运气的例子。报纸上曾经登过一篇文章，我相信文章说的是真事。说有个老妇人无儿无女，也没朋友，突然决定将她的一大笔财产遗赠给要么是药店老板，要么是水果店老板的孩子，因为那家店一直对她特别好。还有一个故事讲的是在战场上一位绅士向冲他致意的长官鞠躬行礼。碰巧就在这时，一枚炮弹从他的发际飞过，击中了另一个人。这个人白捡了条命。讲礼貌的人到底不吃亏啊！还有一件发生在战场上的故事，我想，也完全是真的。一发炮弹击穿了战士的身体，可他后来不但没死还奇迹般地康复了。这个战士一直有肺痨病，后来更发展成肺结核，被炮弹击中后，他的伤不但好了，肺结核病也好了。也许炮弹正好击中了他的结核病变部位。这样幸运至极的故事真是绝无仅有啊！

我认识个贫穷的康沃尔郡矿工，和邻居一样，被迫移民到秘鲁。他在秘鲁待了很长时间，希望能找到金矿发一笔大财，但过了很长时间他所有的努力似乎毫无结果。正当他绝望地要放弃的时候，突然发现了一块很纯正的银矿。他回到祖国，买下最大最好的一块地。他带我去看他肥美的土地，对我说他的年收入已经达到六万英镑，有能力行善积德了。还给我讲了他的一段传奇的爱情故事。他在移民之前和一个穷人家的姑娘订了婚。回到家乡后，尽管腰缠万贯，但他仍然穿着破旧的劳动服到那位姑娘的破房子去找她。她一点儿没变，热烈地欢迎他回家。第二天，他才告诉她实情，自己已经发财了，她真是喜出望外。结果你能猜到，两个人就此幸福地生活在一起。

没什么比躲开子弹、捡条命更幸运的事了。这个概率很低，但可以用算式计算出来。数学奇才高尔顿说，一个人被子弹击中的概率和他的背影面积成正比，也就是他的身体在远光的照耀下投射在墙上的背影大小成正比，也就是他的身高乘以体宽。一个人的身高和体重数据很容易测出，通过这两个数据就能轻而易举地算出他的背影面积。每个人的身高、体重都是不一样的。没必要非得量他的体宽（比如说胸宽）或体重，再把二者相乘不可。h 等于身高，w 等于体重，b 等于体宽，可以从任何地方量。他的体重等于身高乘以体宽的平方，背影面积等于身高乘以体宽。

英国西部流传着一个耳熟能详的故事。那儿曾经有人持有矿场一千股股份，他靠股份生活，活得很滋润，不必交一分钱、出一份力。靠股份赚来的钱，他还花一万镑买了一份地产，后来又把股份卖了，赚了五十万英镑。当人们在澳大利亚发现金矿时，有个贝克郡（注：英格兰中南部一郡）人正巧在那儿。矿工们拿着金块到当地的银行去卖。可银行主弄不清金块的成色，不敢接这笔生意。碰巧这个贝克郡人喜欢自然科学，懂点儿炼金知识。他做了各种固体和液体实验，很满意金子的成色。他用光了身上所有的钱又尽可能地借了一笔钱，买下所有的金子，只一两天的光景，就净赚十多万英镑。一个人的运气与观察能力和知识是密不可分的。机会一出现，就要充分运用个人的观察能力和知识。他后来买了一片花园，光围墙就有七里长，又对花园重新进行了修饰，使它再次升值。已故的约瑟·修姆就是这么个例子。他年纪轻轻就去了印度，岁数不大就攒下一大笔钱。他懂印度语，可周围的印度人都不大懂英语，所以虽然辛苦但很容易就控制住他们。他的知识为他带来了巨额利润。有一次，英国军队没了弹药，他却想尽办法弄到了一批物资，给军队生产了弹药。当他返回英国之时，已经是才学满腹、踌躇满志，不可同日而语了。他想加入东印度公司董事会，施展自己的改革计划，却没有得到大股东的支持。不过，他赢得了这位大股东女儿的芳心，和她举行了盛大的婚礼。结婚就是他事业的敲门砖，对他来说没有什么比结婚更幸运的了。

早年的亨利·巴林，也就是已故的阿什伯顿勋爵，到美国去旅行。那不是随随便便的旅行，而是像现在的米尔顿勋爵那样深入蛮荒之地去旅行。他碰巧遇到了迷路的狂热的自然主义者宾厄姆小姐，宾厄姆小姐和阿什伯顿勋爵个性很相像，二人共结连理，这使巴林家族在美国的生意如虎添翼。从国际角度看，这桩婚姻是成功的。多年以后，他缔结了《阿什伯顿条约》。当年轻的塞西杰放弃了海军学校的学习，很多朋友都说他这辈子毁了。但当他成了塞尔姆福德大法官以后，就没人那么说了。有人在国家到处是机遇的时候，成了一名贵族，不过当时，他并不认为上天是如此地垂青于他。格雷厄姆先生是位娴静、快乐的乡村绅士，他家境富有、品位卓绝、财产丰厚、夫人貌美。关于他的妻子流传着一个骑士般的故事。他们去爱丁堡参加一场盛大的舞会。可令她极为懊恼的是，她把首饰盒落家了。爱丁堡离家有六七十英里远，就差几个小时舞会就要开始了。为了取回首饰盒，格雷厄姆骑上一匹快马，向家飞奔而去。他用了很短的时间就跑完了一百五十英里的路程。他的妻子也及时戴上了首饰参加了舞会。当他如此深爱的妻子死去的时候，他悲痛难当。为解除伤痛，他自愿参军，开始了他的军旅生涯，成为惠灵顿手下最骁勇善战的上尉之一。后来他光荣退役获得了养老金和贵族头衔——林多克勋爵。首饰和晚会的故事就是已故的林多克勋爵的人生转折点。

在人生的某些阶段，有些因素联合发力就会直接影响我们的一生，这样的事情不胜枚举。我们还是说说部队的事吧，因为部队的故事太多太多了。让我们讲讲威克姆先生，一位外交官父亲的奇异故事吧。威克姆先生年轻时就是想参军，可爷爷就是不让。他偷偷跑到皮埃蒙特（注：意大利一行政区）参了军。一天，他在亚历山大（注：埃及一港口城市）门口站岗，两位他早就认识的军官向他出示通行证过关。威克姆半开玩笑地行了个军礼。其中一位军官，查尔斯·科顿爵士，立刻认出了他，于是在亚历山大逗留了一整天，好不容易才说服威克姆写信给亲朋好友们，让他们同意他来参军。他的爷爷终于让步了，为他在皇家卫队谋得了一个职位。就这样，也许会作为一名小卒默默无闻死在异乡的威克姆后来成为了令人尊敬的、积极活跃的地方官和乡绅，他的儿子后来还当了外交官，成为人民公仆。科尔里奇的故事更加离奇。他不过是个小兵，随手写了几句拉丁文的诗句，就引起了长官的注意。长官觉得以他的才华当兵可惜了，就让他复员。有时外界的干预会带给我们意想不到的好运气。华盛顿刚当兵的时候，有个敌兵三次想要瞄准杀了他，可他对自己的危险毫不知觉。那个敌兵三次想扣动扳机，可每次都出于不可控制的冲动没扣。约翰·霍金斯的故事带有很明显的因果报应的味道。他是伊丽莎白时代最伟大的水手，也是从事奴隶贸易的英国第一人。他的儿子后来被北非海盗船俘获，他本人后来也伤心抑郁而终。

在一生中，人的内心世界也会经历几次重大转折。有几本书在人们灵魂和精神危机时刻起到了扭转乾坤的作用。有人读了斯科特的《真理的力量》就改变了人生轨迹。一些宗教人物传记记录了很多件因为读了几本书就改变人生的故事。那些恬静的思想者们，一生平淡无奇，没什么可以记述的，是书为他们打开了知识的大门，使他们茅塞顿开，引导他们走上了截然不同的探索人生的道路。人们无法对这些事情准确定位，甚至这些事情发生了也不知不觉。但它们确实是人生灵魂和知性的关键时刻，把握好了，就能创造最美好的人生。

人的一生中，总会受到致命的诱惑，会感到痛苦的猜忌、痛彻心肺的难过。人必须从这些负面情绪中走出来，才能走到上帝面前，祈求他的教诲、帮助和安慰。上帝能给予我们的东西，此生此世无处寻觅。人生中总会有某个庄严时刻，需立下雄心壮志，彻底改变自我，摒除一切恶习，抵制强烈的诱惑。人临终时如果回忆起生命中有这么个时刻，是很有意义的。这一时刻是人生重要的里程碑，它塑造了灵魂、增强了力量。诱惑总是逐渐施展魔力，影响着我们。在影响我们的过程中，它的魔力也越来越大。我们的灵魂也在做着抗争，但越是抗争越显得无力。当诱惑的魔力和抗争的勇气达到平衡点的时候，我们的脑海中就会想起那幅恶魔和人下棋的场面。人输了，恶魔就索要他的灵魂。由于强烈的冲动，灵魂做出了抉择，决不向恶魔低头，尽管我们并不知道灵魂究竟是怎样做出的抉择。在正义与邪恶势均力敌的情况下，一切相关的利益因素也纠葛在一起。人也许会就此跌入万丈深渊，也许会猛地把自己从悬崖边拉回来，平安地待在平坦的开阔地上。这就是我以前提到的习惯改变了人生。在伦敦住久了，难免会逐渐堕落，你是否还能为自己的堕落而伤心难过呢？不过，你也许会摆脱自我束缚的锁链，爬出孤独的地狱。

人的一生中总会有正义和邪恶冲突的激烈时刻，也总会有悠闲、快乐的时刻，内心体会着新鲜和放松，就像徜徉在绿色的草地上，听着潺潺水声一样安逸。以色列国王哈里发（注：伊斯兰教执掌政教大权的领袖的称号，这里指以色列国王）就是这么回忆他童年牧羊的经历的，他度过了十一天的快乐日子。我不晓得十一天是多还是少。这种快乐生活人间少有，但要是时间太长，我们也不再希望。我们很清楚生活能给予我们什么，不能给予我们什么。我们也不再期盼多姿多彩的旅游和冒险生活能让我们体会到它的影响力有多深。对一些人来说，获得知识施展了能力、释放了热情；对其他人来说，获得物质财富施展了能力、释放了热情；而对另外一些人来说，逐渐净化心灵，增强内心力量才能施展了能力、释放了热情。在那个昏暗无光的下午，也许会常常回忆起早年的快乐时光，那时是多么快乐和充满欣喜啊！我们回想过去、展望未来之时，就是人生的转折点。人性就是爱忘掉悲伤、铭记快乐。即便是子弹射入灵魂，人性也会治愈伤痛，只留下纪念性的伤疤。虽然支柱动摇，信念的大厦轰然倒塌。过了许久，在残垣断壁间依然可见袅袅的野花和执着的青苔，美丽依旧能遮掩破败。

　　我不知道我可不可以把自己的故事说给大家听。十年前我记下了我的心路历程和人生转折点，并命名为"星期天的早晨"，因为那时是那么的闲静、神圣，任何希望自己变得聪明的人，都会在那一刻感到十分安详。那一刻，人们往往爱回首往事，勾画未来美好的蓝图。

　　让我衷心地感谢上帝吧！在那愉快的迷人夜晚，我经历了灵魂和心灵神圣历程，那么令人难忘，就像经历了人生中许多重大事件一样。那晚，在渐渐黑去的暮色中，我穿过瑞达尔和格拉斯米尔村（注：意大利边境的村庄名），在卡特琳湖畔度过了美妙的夜晚。金色的夕阳和秋日金色的树叶交相辉映，我漫步走过艾伦岛。那晚，孤独但又充满故事。我从居住的乡间别墅凝望宽广的莱茵河，以及藤蔓丛生的山顶；那晚，我在静静的卢加诺河上泛舟。午夜时分，我看见了庄严的马焦雷湖（注：一个位于意大利北部和瑞士南部的湖泊，它几乎被阿尔卑斯山脉利旁廷山的山峰所包围，是一旅游胜地）。沿着酷墨湖顺流而下，我第一次看见了宏伟的米兰大教堂。那晚，我告别了新浦龙收容所，穿过怪石嶙峋的山谷、瀑布和松林，漂过陡峭的悬崖。那晚，和好友一道漂过威尼斯灰色的奇异宫殿。宫殿是那么可爱，笼罩在广漠的天空下，映衬在亚得里亚海粼粼的水面上。我会记得，永远记得，时时回味，就像守财奴闲来无事常常把玩他的奇珍异宝一样。在甜蜜的沉思中，这些难忘的回忆将我紧紧包围。这些记忆如此宝贵，就像在英国的土地上放牧，就像我写的英国的"星期天的夜晚"一样。

　　就让我这么幻想吧，幻想那两个美好的星期天的夜晚吧。一个是在夏日的乡间，一个是在冬日的城市。

　　那个乡间，在荒漠的沼泽地区，感谢造物主的神奇力量，住了很多人。那儿的景致曾经非常美丽。而今，小路、半遮半掩的小溪、圆圆的山顶和美丽的湖面依旧投射出奇异的美丽。教堂簇拥着灿若星河的玫瑰，门前一片平滑的、绿油油的草地，使这个地方显得更加神圣、可爱。夏末的夕阳渐渐西下，柔柔地照在窗前跪地祷告的村民身上，使他们的头上也罩上了圣人一样的光环。一个浑厚悦耳的声音抑扬顿挫地念道："我们恳求您，照亮我们的黑暗，啊！主啊！"接着全家人一起流利地唱起了一首简短的赞美诗。这就是平淡乡村生活的美好记忆，为后来的日子带来丰富的知识和深沉的智慧。让我再说说在伦敦度过的星期天夜晚吧。我徜徉在宏伟的大教堂附近，和朋友们亲切地交谈了一会儿，道了别，然后穿过静静的回廊，走过小角门，突然一幅壮丽的画面展现在我眼前。从古老的门柱那儿传来欢笑声，成千上万的人汇集到广场中央，嘹亮的音乐声响彻耳畔，回荡在教堂东部昏暗无光的角落里。这是西敏寺星期日晚上第一次礼拜活动。这是永远年轻的英国国教的特点。你也许也记得，但你未必会有我这样丰富的联想。在那样的星期天夜晚，你会忙着回首往事、展望未来。回想起我们逝去的朋友，那些在我们的生活中如此熟悉的人们，离开了我们，而今生活在另一片土地上，另一片星空下。也许关于他们的记忆已被"澳大利亚的海水冲刷"，也许由于缺乏毅力、错误或不幸使我们分离。也许是短暂分离却并未绝情绝义，我们用冰冷的手封住了他们的嘴唇，合上了他们的眼睛。他们走了，但并没带走希望。正如伟大的圣人和诗人乔治·赫伯特的兄弟切伯里的赫伯特勋爵在《怀念》中所说的那样。那首诗韵脚独特，动人心弦：

　　那双眼睛会再次望着你的眼睛，
　　那双手会再次紧握你的双手，
　　再次讲述神圣的快乐，
　　神圣的快乐将永远与我们同在。

　　零零星星的两三个迷失的可爱的人，来到这里。后来人越聚越多，声音越来越嘈杂。就像沙漏里的沙子流向下边的空瓶子一样。我们可爱的朋友离开了我们，他们已不在我们日常交往的名单之列，像影子一样悄无声息溜向鬼魅的营地。朋友们，我们动身的时刻也快到来了。奔波劳累了一天，我们支起帐篷宿营，在回家的旅程上我们又近了一步。大家心里都非常清楚明白。让我们最后一次聆听晚间祷告的钟声，让我们最后一次欣赏夕阳壮丽的美景。而在那遥不可知的未来，我们的朋友也会在此情此景中默默追忆我们，深情地怀念着我们就像我们深情地怀念着先我们而去的朋友一样。

这种怀念是否如此幽怨怅惘？我想，也许并不全是这样。每当想起星期天的夜晚就会使我内心平和，给我希望和安慰。这些美好记忆使我们回首往事无怨无悔，展望未来不会怨尤叹息。如果此时此刻死去的朋友仍会惦记我们、感受到我们，他们一定会永远牵挂我们。如果此时此刻执行上帝意旨的精灵眷顾我们，我们会去倾听天堂的细语。人类永远拼搏的永恒灵魂，将生和死都变成令人愉快的事情，温柔地恳求可怜的、有错的人们在犯罪的边缘悬崖勒马。

这是星期天的夜晚，此刻让我们聆听上帝的声音，朗读几页圣经，圣经里充满希望，能化悲伤为祥和；此刻让我们祈祷，为祖国祈祷，为所爱的人祈祷，为那些默默承受你的悲伤却不希冀你回报的人祈祷，祈祷自己原谅别人，祈祷自己获得力量，祈祷自己有决心像一个基督徒那样平静地生活。在静默和忘我中，让我们再一次排演最后一幕。不，稍稍等一下，让我们拉开帷幕，看看冬日夜幕笼罩下的宏伟伦敦。夜幕下群星璀璨夺目，我们仿佛又听到伯利恒送信的天使（注：这里指耶稣降生时，报信的天使）带来的美妙音乐。我们最后的希望就是回到上帝的身边，《圣经》告诉在天堂我们会有一席之地。

拉蒂默主教布道的时候，总爱在中间打断一下，"我给你们讲个故事吧！"在本章的结尾，我也讲个重要的十分钟的故事，这个故事非常真实。

那是皮卡迪利大街（注：伦敦繁华的大街之一）一天之中最繁华的时刻，时光在伦敦的喧嚣声中逝去。马车、车夫和各种车辆川流不息。海德公园（注：伦敦最大的公园，因常被用作政治性集会场所而著称）的入口，艾普斯里大厦的旁边，车流汇集。人们经过这个地方都会瞥一眼富有历史意义的惠灵顿公爵大厦。人们称他为惠灵顿阁下，就好像除了他再没有第二个惠灵顿公爵了。他的声望无人能出其右，这一点人们是对的。那时惠灵顿公爵还活着，而他的声望也是"天下谁人不识君"。他实行的《改革法案》一直为后人所称道。在准备《改革法案》的骚乱时期，公爵认为有必要将大厦装上装甲百叶窗。现在人们经过大厦时还要瞥上一眼，仿佛是为了追忆、怀念。至今还有一个人——贝克威斯上校天天早上拜访惠灵顿公爵。贝克威斯上校是艾普斯里大厦有名的贵宾，他也有充分的理由受到这样的礼遇。惠灵顿公爵在半岛征战时，他长期在公爵手下任职。后来因公负伤，失去了一条腿，在那场为人民而战、为祖国而战的滑铁卢战役中致残，他以此为荣。

每天早上，艾普斯里大厦的工作人员领着他到大厦的图书室坐下，说惠灵顿公爵很忙，但会立刻接见他。贝克威斯上校恭恭敬敬地等了十到十五分钟，然后离开。天天如此，在这短短十到十五分钟的等待中，许多年过去了，也发生了好多事。贝克威斯上校如果有来世，也会说这短短的十到十五分钟是他人生的转折点。

也许贝克威斯上校听说过拿破仑的那句名言，作为一名老战士，他会坚决履行这句名言。拿破仑过去常常说："一场仗也许会打一天，但通常只需要十分钟就能决定大事。"我们在生活中经常看见这样的例子。几分钟就做好了决定，几分钟就办完了一件事，但这几分钟影响了一生。现在我们的生活中仍然演绎这样的事情。

在继续讲这个故事之前，我必须讲讲这位令人尊敬的老战士以前的经历。不了解他以前的经历，我们就不能明白他后来为什么会那么做。

贝克威斯上校是一名虔诚的信徒，像一名卫士那样单纯执着地信仰宗教。滑铁卢战役中，他失去了一条腿。战后，他在布鲁塞尔疗伤。养伤期间他满怀热情，执着地阅读《圣经》。我们当中有多少人是不能动了以后才开始读《圣经》的啊！那时贝克威斯将被晋升为少将，那是多么幸运啊！正是那个时候，《圣经》将他带到了上帝面前。

贝克威斯上校为什么一定要等上十分钟去见惠灵顿公爵呢？

在惠灵顿公爵还在世的时候，他天天在图书室等着被接见，因此很自然地会去翻翻书。他的目光不经意地掠过那些书籍，随手抽出那本吉利的《韦尔多教派》。一连十多分钟，他完全沉浸在这本书里。一个仆人走进图书室说公爵在会客厅等他。接着伟大的长官和卓越的下属在会客厅里亲切交谈一会儿，然后贝克威斯上校就告辞离去。

回去以后，上校老是想着在十分钟里读到的东西。他十分清楚地记得那本书的名字，就去书店买了一本。作者是英国国教的一位尊贵人物，《圣经》的修订者吉利博士，德拉姆的主任。吉利博士的书激发了他极大的兴趣，读完这本书，他又搜遍了所有他知道的图书馆，读了相关题目的其他书籍。最后他终于彻底了解了那部鸿篇巨制的作者吉利博士。吉利博士和贝克威斯上校彼此倾慕已久，他们是多么希望能坐下来促膝交谈啊！他们后来成了莫逆之交，彼此兴趣爱好相同，对韦尔多教派都非常感兴趣。

有一天贝克威斯上校突发奇想，他为什么不漂洋过海、翻山越岭，亲眼看看韦尔多希斯美丽的景色呢？通过这种方式细细考查韦尔多教派的奇妙历史呢？他是个了无牵挂的人。战争早就结束了，欧洲也不再受拿破仑的威胁和士兵的侵占。他可以自由支配自己的时间和财富，他单身而且又没什么近亲。

1827年的夏天，他第一次去了陶露，看到了韦尔多希斯美丽的景色。因为有事，他只在那儿待了短短的三四天。第二年，他又去那儿，一待就是三个月。第三年，他在那儿待了六个月。他后来就干脆在陶露定居下来。

贝克威斯上校和韦尔多教派亲密无间，完全成了他们中的一员，甚至还娶了韦尔多教派的女子为妻，在那里饱经霜露。我们怀疑阿尔卑斯山的少女和一个英国老绅士、老兵是否般配。用艾萨克·沃尔顿的话来说："人类的永恒爱情会使他们彼此相爱、彼此融洽。"他的妻子是一个出身卑微的农村姑娘，当她的家乡普及教育以后，她也受到很好的教育。在他生命的最后十一年中，他和她生活得很幸福。在他晚年，他对群山的热爱已经完全等同于他对大海的热爱。他非常清楚环境卫生的重要性，适时地换换空气、改变住址。他在加莱（注：法国北部港市）选了一处海滨住址，他经常去那儿待很长时间。我们甚至认为是法国风景如画的海滨把他从皮德蒙特高原的群山拽过来了。可事实并非如此。在他晚年，他对阿尔卑斯山的热爱仍然是那么执着热情。他知道自己将不久于人世，希望自己死在亲人身边。尽管身体极度虚弱，他仍然南下，翻过阿尔卑斯山，死也要将自己的遗骨埋葬在他如此热爱的陶露。

在陶露，他的身体每况愈下，直至归天，至爱亲朋的眼泪和祝福为他下葬。1862 年 7 月 19 日，他离开了人世，人们把他葬在了陶露的墓地里。后代一辈又一辈的人来到他的墓前，缅怀这位匆匆过客。一些英国伟人也一直以这位韦尔多教清教徒为榜样。奥利弗·克伦威尔曾派他的拉丁文秘书约翰·米尔顿规劝萨伏伊公爵（注：萨伏伊，历史上的地区名，是法国东南、瑞士西部和意大利西北部以前的一个公国）实行民主，说贝克威斯上校就是民主的先驱。

国王威廉姆三世和萨伏伊公爵缔结的条约中，也加入条款提出苛刻的条件。但与伟大的护国公（注：这里指奥利弗·克伦威尔）相比，与清教的传播者相比，那片山谷更将记得贝克威斯少将。

他的一生简单、伟大、高贵。当他在艾普斯里大厦的图书室里等待被惠灵顿公爵接见的时候，他利用那短短的时间看了一本书。后来，他常说，一切的一切来了又去了。他看书的那十分钟是多么弥足珍贵啊！是那本书改变了他的一生。

第四章
大 学 生 涯

　　我特别想就大学生涯这个话题多说几句，因为对于无数人而言，大学是他们人生的一个极其重要的转折点。随着大学附属学校的迅猛发展以及取得的卓越成果，大学总体来说比以往而言，更像全国性机构和精神生活中心。我不太相信来自全国各地的三万左右的学生会再次结伴涌向被誉为通向所有知识大门的牛津大学，这样的日子不会再有了，人们已经不再单纯迷信牛津或剑桥大学了。毋庸置疑，大学正处于转型期。因为在过去的十年中，大学建筑物的拆除和重建，新型考试体制的的设立，单身学生的新课程设立，将大学变成了学习艺术与科学的梦想学府，这一切标志着大学正处于转型期。如果放眼展望牛津和剑桥大学的未来，没有人能预见大学将来会变成什么样。来学校参观的老校友已经被大学的沧桑巨变弄得晕头转向了。诚然变化实在太大，这是老校友过去无法想象的。大学过去的变化速度缓慢，而如今变化又太快，不能不让我们留恋它的过去。未来即将发生更大的改变，我们无不希望大学将越变越好。

　　当我们谈及大学生活，话题的中心是什么才算是学术成功。人们的观点不尽相同，但核心内容只有一个，即成功的大学生活是不是实现人生最终目的的途径，或者说成功的大学生活就是人生的最终目的。成功的大学生活意味着上一流的大学和获得高额奖学金，意味着有较丰厚的收入和较高的社会地位。这样的大学生活才是最好的，是值得人们追求的。对某些人来说，不管大学生活有多精彩，它只是通向未来目标的一个台阶。他们的人生努力方向是在教堂、议会或律师界谋得一职。大学生活是否成功预示着后半生能否真正成功。大学生们熟知当今社会的很多名人，这些名人充分证明早期表现出色后期成功的可能性就很大。基督学院就是培养这些成功人士的摇篮。那座古老的学院培养出众多优秀的政治家，他们凭借卓越的学术能力和声望进入了平民院（注：英国国会下议院）。名牌大学学历是未来成功的敲门砖，那些想要获得荣誉的人争先恐后地想上名牌大学。竞争结果之一就是上名牌大学的门槛也更高了，人们年龄稍大一点儿才能上名牌，但他们比同龄人拥有更多的知识储备。剑桥学生过去是有可能在数学和古典文学上同时取得最高成就的，虽然人们公认剑桥的理工科在全世界数一数二。已故的人中俊杰奥尔德森男爵认为现在的考试内容范围太广，文理都考，但几乎没人能够在两个领域同时取得成功，所以进行了考试改革。现在人们经过单科系统学习就能考上牛津或剑桥，不用再两科兼顾了。很多学生常常从苏格兰到英格兰上大学。已经在爱丁堡或格拉斯哥获得文学硕士学位的学生又到牛津或剑桥重新回炉念大学本科。那些稍微了解牛津的巴里奥学院、剑桥的圣彼得学院的人都能明白此举所承载的巨大意义。现如今人才济济，竞争者不但要比拼阅历，还要比拼年龄，年龄稍大一点的竞争者要为人生相对起步较晚付出更高的代价。不过，如果他们在大学的表现令人满意，他们的学术成功将确保他们永远具有竞争力。

一般认为人与人之间的教育竞争、荣誉竞争和利益竞争始于大学。其实这种竞争可以追溯到人更年轻的时候。人们怀疑教育竞争没有什么好处，不希望竞争再进一步加深、拓展，延伸到中学、小学。孩子们只要肯努力，能在公立学校轻而易举地获得高额奖学金。如果在伊顿或曼彻斯特基金会奖学金名单上排到前列，就能获得高额奖学金，就能为家里省去几百英镑。

事实就是这样，我们免不了会担心很多年轻人会因为过早地担心这些事情被弄得压力很大、疲惫不堪。父母肯定会受传统意识所左右的，逼着孩子努力、努力、再努力。我们还免不了疑问，上学时间早是不是比上学时间晚能学到更多的知识和获得更多的智慧。有些早熟的聪明孩子，在中、小学里非常成功，然而在大学却成为了非常普通的人。同样，在大学中表现异常出色的人，在许多情况下后半生却逐渐变成很平庸的人。在一批又一批的大学毕业生中，有许多人算不上是大学精英，但后来也在世界这个广阔大舞台上取得了极大的成功。成功人士毕竟是少数，更多的人做的工作平常、繁复，待遇也较低。在艰苦的工作中，他们逐渐消耗掉了自己的精力。好多人能在大学囊括大公司提供的所有奖学金，但后来的人生与大学的辉煌却不能同日而语，他们不再有青春的拼搏精神和智慧热情。那些一直在学术上墨守成规的人需要一种精神上的稳定性，很难适应从未涉猎的职业，许多积极大胆的尝试最后也以失败告终。这些昔日名人们想在政界或法律界取得大学时的成就，最后却退缩到公用大办公室里，拿着毫不费力得来的工资。毕竟，大学生活仅局限于大学，或许上名牌大学并不值得人那么艳羡，不值得被那些刚刚开始人生竞赛的人顶礼膜拜。

当然，每个人的梦想不同，每个人实现梦想的途径也不尽相同。如果你特别想当主教或学院院长而且当上了，这就是巨大的成功。如果你是名可怜的学者，艰难地战胜困难获得了学院奖学金，同时怀着一颗感恩的心，心满意足地上了好大学，这也是一种成功。你的视野或许狭隘，但你的成功令你自己很满意这就足够了。由于受到个人局限，大学生们做事的时候，往往带有很强的功利心，因此稍遇挫折就会情绪低落。我们不能不说他们的想法有点低俗。我们很难和那些时时刻刻盘算着奖学金、总想着好好学习能否带给他们奖学金的年轻人产生共鸣。在牛津大学，这种事情已经太多了，在剑桥情况则更糟，因为奖学金发放标准体制更差。所有的错都在父母，是父母告诉孩子们必须把大学视为现在和未来生活的经济保障。曾经有这么一件事，父亲给两个儿子提供了可观的津贴，同时告诉他们，取得学位毕业后，他们就一分钱也拿不到了，就得自己维持生计。可以肯定几乎所有的读者都有过类似的经历。在这个故事里，一个儿子疯了，另一个获得了奖学金，但身体状况极差。很自然，从那以后他和父亲之间的关系变得很糟糕。剑桥的教育体系和其他培训各行各业甚至是骑师的体系一样，达到了"完美"的境界。约翰尼安赛马场极其有名，赛马吃的每顿饭、每次休息、每次训练都有精确的安排。学生特别憎恨读书时不让吃饭仅仅因为吃饭会打断他读书。渐渐地，他会变得性格扭曲，他会非常鄙视涉猎文字或沉溺于演讲的人。他不会尽情享受任何一种精神追求，因为这些与他想获得的物质利益无关。只有高尚的精神追求才能让他不那么利欲熏心。他无情地践踏着知识生活曙光中诗一般的理想之花。最终，他获得了所谓的成功——物质成功。我们这里就不要再谈那些所谓的成功事例了吧。在那些故事里，成功是成功了，可除了悲伤失望什么也没有。成功毕业生的名字会进入大学名人录，成了被众人仰视膜拜的对象。人到了这个时候就很难再取得什么进步了，最初的那份激动和喜悦慢慢变成麻木无聊。本科生或许会羡慕那些高高在上的大学名人，但是这些名人却常常羡慕本科生精神饱满、活力四射。年复一年，大学名人发现他们的朋友越来越少，社交圈越变越小，他们或许可以享受出门旅游和参加社团带来的快乐，仍然和母校保持密切的联系，但他们感到日子越来越无聊、越来越不快乐。那些他曾经看不上的写稿和演讲都不怎么样的人，却在大众视野中获得了名望和地位。通常，尽管名人们在大学都风光过，可他现在的境况已经让他丝毫不愿提起那段日子了。

很正常，当一个人获得了大学能够提供给他的一切后，他就会受另一种强烈的甚至有点变态的欲望驱使——想要结婚。必须承认，周围很多事促使他想结婚。他像生活在一个小王国里的国王一样统治着、生活着，所有的物质需求都得到充分满足。每一天，餐桌上都摆满了珍馐美味。他不费力气，食品室和厨房的贵重点心就会时刻为其奉上。他过着奢华而又安逸的生活，绘画、诗歌和艺术包围着他。他个性多愁善感、想象力丰富。很少有大学生不着急要结婚的。他们就像正痛苦地等着遗产分割一样，热切地盼望大学允许他们结婚。目前，这种美妙时代已经来临了，国家已经允许大学生结婚。这种创新，被一些老学究们认为是最扰乱人心的一种创新。当然，大学出现了一幕新的魅力景色，可爱的校园草坪变成了学生的妻子和女眷们的棒球场。迄今为止，只有教授或者那些在收缴学费工作中举足轻重的人才能获得这种特殊奖学金——允许结婚，学生们是想都别想了。在允许大学生结婚以前，他们迫不得已单身生活。或者由于单身或者出于其他原因，大学生们常常感到焦虑不安和失望。依我之见，所谓成功美好的大学生活最终并不比失败和犯错好哪儿去。

谈了大学生活这么多缺点之后，还要说到一种更糟糕的大学生活，这种大学生活实际上是历史的倒退。任何一个大学生都可以在某种任何程度上证明这是一种学术倒退。对很多人来说，大学时期是场严峻的考验，由于迷惘无知，学生能自我毁灭性地寻找毫无价值的邪恶东西。他们会在酒店或糖果店无限制地赊账，毫无限制地满足任何自我放纵的有毒思想，而他们的自我防御和自省能力，通常是微不足道的，毫不起作用。大学导师那个常常被描绘成监督学生规规矩矩地成长、努力督导学生守法向善的人，在真正的大学生活中几乎照不着面。在校生一般都是由门卫或校警照顾。人一旦有学坏的倾向，滑向地狱是极其简单、可能的事。一般社会或家庭对学生会产生较好的影响，但这种影响仅局限于牛津和剑桥大学校园内，学生走到校园之外就不受其影响了。事实上，如果学生生活一旦出现堕落，就能很快熟悉大城市的恶习，堕落得更快。这种大学生活无须赘述，因为已经有很多人写过了。我们已经讨论过这个令人伤心的话题了。每个家族连祖祖辈辈、七大姑八大姨全算上，根本算不出到底有多少害群之马。尽管牛津的信贷制度有其自身的优点，它还是应该为学生的堕落负主要责任。有时候，穷学生一时拿不出钱来买生活必需品，没有必需品就没法读完大学，信贷制度确实帮了不少忙。据说，因为本科生有最高信贷额度限制，商人又有像警犬一样敏锐的商业嗅觉，相对而言，牛津和剑桥学子欠债的人少，只有少数坏账。学校里有很多替人打官司的、给人做代理的和替人收账的，学生的一切偷偷摸摸的行为也都在严密的监视之下，不见得非要诉诸法律不可。然而，我们怀疑，信贷制度本身就是大学生堕落这一社会悲剧的根本原因。大学信贷制度十分愚蠢，造成了不可避免的浪费现象。大学生活一旦扭曲，无论如何再也不能回到正轨，无论如何也不能再在诚实劳作的朋友帮助下重新找回原来的位置。学生一旦偏离大学生活目标，就会完全堕落，那情形就好像台球记分员没了比赛或马车车夫失去了前进方向一样。

可以想象，很多在大学里名誉很高的学生，很可能在将来也会赢得很多名誉。在大学他们已经占据了优越地位，可以很好地发展。他们起点高、进步快，并且具备参与未来竞争的最好武器——名牌大学文凭。他们在大学已经得到了很多，满怀希望地走出校门，全力以赴争取得到更多的东西。一身才学，还有能够获得更多荣誉的机会，确实是件令人开心的事，这一切也促使他们更加努力进取。理论上说，他们将来在职场获得成功是件轻而易举的事，但事实上并非如此。我没有任何想贬低奖学金获得者的意思。我们必须特别牢记，奥瑞埃尔奖学金向全世界学生开放是牛津学院最辉煌的时刻，对牛津大学来说也是辉煌时刻。竞争如此激烈，压力如此沉重，学生们往往为了未来而牺牲现在，忘记了大学生活并不是实现未来美好生活的唯一机会。任何一种大学生活，无论表面上有多成功，还是有欠缺、不完美的，不能说明学生具备所有社会竞争优势。牛津和剑桥大学的荣耀在于他们不仅培养学者，而且培养绅士和普通人。每个人都在学校接受同样的知识教育，有很多方法可以看他是否是个笨蛋。如果你没希望出现在优等生名簿，那你就是个笨蛋，这是学校评判学生的唯一标准。我们可以在大学时代交朋友、锻炼性格，使我们在后半生处于不败之地。我不想就这个话题谈更多。内心修养已经达到一定程度，并且还在学习的人，可以以一种平和的心态去看待物质成功。成功也好失败也罢，他都能保持十分平和的心态。他确实发现了人生观的黄金分割点，过上了一种即使称不上辉煌的，但也至少可称作是快乐和有益的大学生活。

人们常常议论牛津和剑桥两所大学各有什么优点，而且完全能达成共识。但他们根本不能说服牛津和剑桥学子相信对方的学校比自己的母校更好，就像浪漫骑士虽然心里认为只有自己的情人才是举世无双的美人，但口头上还装模作样地声称准备考虑让其他更有魅力的女人竞争美丽女神的桂冠。其实大家都清楚，这不过是做做样子罢了。争论争论没什么不可以，说说牛津、剑桥孰优孰劣也没什么不可以，但如果明明知道争论的结果不止一个还要争论，那就是不真不诚。通常争论都会以非常老套的论断结束：辩论者是对的，但可以建议他们采取稍稍中庸也就是稍稍偏左或偏右的观点，不要那么固执己见、认死理，因为一切事情都不可以一概而论，这样我们下次才好再次辩论。像已故的莫里斯先生这样的出色人才不多，他在牛津和剑桥两所大学都读过书，最有可能给我们提供不带任何偏见的正确的判断。即便如此，哪怕是最富理性的人也难逃个人思想倾向的影响，坚决地做出理性判断。诚然，仔细想想争论的全过程，个人由于出身的大学不同，很难做出公正的判断。就我自己而言，我承认没有能力做出公正合理的判断。我个人能力有限，不敢希望自己能解决大问题，但可以比较令人满意地解决一些小问题。事实上，我们应该争论的不是牛津和剑桥哪所大学更好、哪所大学更具有优势的问题，而是哪所大学更适合学生本人的问题。遗憾的是，有相当数量的人在上大学之前并没有考虑过这个问题。你不应该仅仅是因为你的父亲或叔叔曾经就读于那所大学，或因为你所喜欢的校友在那儿念书，所以你也去那儿。经常有朋友告诉牛津的学生，他本应该去剑桥大学读书的，或是剑桥学生承认根据自己所学，有理由相信牛津应该更适合自己。在选择大学，或更重要的选择工作的问题上，我们应该多方咨询、仔细考虑。

早期的大学生都如父母所愿、如社会所愿选择了一条非常安全的传统路线。一些著名的中小学校和著名的大学之间存在合法的历史联系。伊顿公学和基督教堂学院就存在着千丝万缕的密切联系，有很多伟大的政治家都曾在这两所学校读过书。如果你不一定非得上大学不可，就要像祷告时说的那句"我有责任"那样，公正地思考这件人生大事，问问自己是不是真的想上大学。从你所受的教育性质出发，从你的个性出发考虑这个问题，到底上不上大学。比如说你具有数学天赋，认为数学能力会带给你名誉和好处，那很明显，剑桥更适合你，而牛津就不行。毫无疑问，牛津也有数学精英名人录。不过，牛津的数学和剑桥不可同日而语。你的数学才华在牛津可能是一流，并且和剑桥数学第一名的学生一样优秀，但你几乎不可能达到剑桥数学家所能达到的荣誉和高度。光讨论数学家的问题并不难懂，而当我们更深入讨论的时候，困难就大了。大学发生了巨大的革命性变革，学术突飞猛进。学生毕业几年后，就发现自己很难充满自信地谈自己的学术成就了。牛津的公开考试使那些一直处于不败之地的学术精英分成了三六九等，我们对此深表同情。这是牛津学术腐败的结果。与此同时，公开考试制度刺激了学术向更高层次发展，要求学者们进一步研究古代历史学家、哲学家以及同源文化。公开考试导致的第一种结果是，大多数公立学校的学生将其注意力锁定在牛津大学文学学士学位的第一次考试上。但是我们现在也能时时感受到，第二次统考最为重要，并且具有更大的实质性价值。那些完全投身于语言研究的人第一次考试还行，第二次考试就很难获得什么高分了。值得关注的是，在牛津你根本不用写一行希腊语或拉丁语诗歌，就能在文学学士学位的第一次考试中取得古典文学高分。但在剑桥，你若没有达到炉火纯青的地步，连二等生都评不上。老话说得好，剑桥擅长数学，牛津擅长古典文学。还有一种说法，说牛津学生的知识彻底、精准。在这方面剑桥也不逊色，但永远也不会超过牛津。不过有理由相信，英格兰的文学奖学金绝大多数发放给了剑桥大学的文学荣誉学士，而不是牛津的优等生。事实确实如此，如果你拥有与生俱来的写希腊抑扬格诗或拉丁挽歌的天赋，或对克拉底鲁诗篇有不寻常的鉴赏力，你就会在剑桥大学的文学学士荣誉学位考试中大展身手。但是，又有牛津派声称，牛津正在向一个新的高度挺进，这个高度是剑桥遥不可及、想都不敢想的。牛津以学生语言知识深厚、彻底为荣，关注学生普通学科以及心理学的学习。可以说，牛津在这方面已经远超剑桥。原来声名显赫的剑桥辩论教学法和数学测验，现在已经被完全废弃了，但却被牛津完全复制。在剑桥，除了神学，学生们不再讨论、推理和辩论什么。牛津的期末考试却采用了这种方法。古代的历史学家提出了历史观问题，古代的哲学家提出了伦理学和形而上学问题。这些知识并不烦琐也不空洞。牛津学生学会了亚里士多德的推理法，同时也学会了其他新的推理法，既熟读了《威斯敏斯特》又熟读了康德（注：1798—1857，法国哲学家，以实证主义创始人闻名。他还使社会学成为系统的科学）和米尔（注：1806—1873，英国哲学家及经济学家，尤以其对经验主义和功利主义的阐释而闻名）的论著。因此，就在牛津坚持为其高质量的课程提供更高奖学金的同时，牛津致力于鼓励开放思想、创新研究，培养历史和哲学精神，锻炼培养无上的精神力量，不特别要求学生有多强的记忆力或多高的艺术悟性。通过这种方式，原来的剑桥辩论教学法成为牛津的一种持久力量。这种力量没有在校园消失，反而日益兴盛，并传播到整个社会。牛津从未停止过辩论，自由地讨论所有新思想。人们最近常说：任何一个牛津激烈辩论的题目，几个月内所有英国人都会辩论。值得注意的是，《论改革》一书也是主要由牛津人执笔，只有很少一部分出自剑桥人之手，这就很说明问题。而且很可能，在牛津思想的指导下，会有更多持不同观点的人写出更多、更好的文章，并且更容易地出版。毫无疑问，剑桥的许多学者对思想辩论有浓厚的兴趣，但辩论教学法未纳入大学教学体制中，而在牛津二者已融为一体。牛津特有的学院——法律学院和现代史学院——在培养历史探究精神方面发挥了很好的作用，并且使牛津与现代教育的迫切需要相结合。显而易见的是，基督教堂学院在历史方面的建树更为突出，胜过其他任何学院。剑桥为我们培养校长，而牛津则为我们培养政治家，这么说并不为过。剑桥也有其自身优势，它培养学生工作要有系统性，要准确、要全身心地投入工作，剑桥的学生获得的荣誉也很多。但是就更为广泛、更为深刻的教育理念而言，就真正的教育和高等院校的发展而言，就人文科学这个词表达的真正意义而言，我们有理由相信荣誉当之无愧属于牛津。

我们比较了牛津和剑桥的不同细节，并非没有考虑二者各自的总体价值。牛津的大一新生必须租房在校外居住，到后来才能入住校园内的宿舍。相反，剑桥的大一新生一开始就住学院宿舍，之后才能在外租房。剑桥人说话平实，而牛津人在语言方面则略显庄重。剑桥名人总体上都很矜持，而牛津名人则很坦率、很容易和年轻人打成一片。剑桥的读书人嘴上总挂着个令人讨厌的话题（那些年轻人和知识爱好者这么说很不适合）就是念什么书划算、能挣钱、能有好前程。牛津人也知道，但牛津人却无论如何也达不到风靡的程度。我们喜欢牛津将所有学生名字按字母顺序排列的办法，这比分等级的剑桥体制好，很大度，还能减少竞争带来的不可避免的缺点。金斯利先生也许对牛津有些许敌意，坚持认为剑桥对女士最有骑士风度，而牛津则缺少骑士风度。金斯利先生到底是根据什么事实得出这个结论的我不知道，但我很感兴趣，不过我没找到任何这方面的事实证据。值得注意的一件事是，他的说法对剑桥非常有利。在剑桥，你所遇到的所有学生都是真正学习的人，而在牛津只有不到四分之一的学生是真正学习的。因为在牛津，除了荣誉学位课程，所有的大学课程对那些智力平平的人要求都不高，都不难学，学校要求每个学生都应该在学校里干点儿什么。至于谈到比较实际的费用问题，粗略算的话，牛津导师的花销要比剑桥导师的花销多三分之一，牛津大学的费用要比剑桥大学的费用高三分之一。在某些项目上，牛津是二者中费用比较少的，比如房间比较好，但价格比较低。但总体来说，牛津花销更大。通常，你到剑桥去挣钱，到牛津去花钱比较划算。当然还有人会讨论两校的景致。剑桥大学的后花园美得无与伦比，小剑河曲曲弯弯地穿过拱门、园林和草坪，在古老建筑的掩映下宁静悠长。牛津的任何一个小教堂都不及国王学院教堂（**注：剑桥的一个学院，徐志摩曾在这里读书**）宏伟。然而，牛津的风景，因其大量的宏伟建筑物，穿梭于其中的河流、花园，完美地诠释了华兹华斯所说的无法抵抗的美。牛津城规模更大、更宏伟，并且周围乡村也有很多的宜人名胜。如果我们继续考察名人校友录，那么两校可谓棋逢对手，不相上下。培根和牛顿、米尔顿和杰里米·泰勒给剑桥带来了独特的神圣的想象。

任何比较都不可能有确切的结论，因为两校没有共性。你或许可以轻易地判断哪所大学是最适合你，却很难判断哪所大学是最好的。如果英格兰只有一所大学，那么它的大学体系肯定有缺点。两所大学风格不同，彼此可以互补，并为不同性格、不同境遇的人提供教育，这样才能构成完整的教育体系。心思最为缜密且准确的观察员泰恩先生，在他的著作《英国文学史》中，对牛津的描述同样也适用于剑桥："我们永远信任且永远不会丢弃的真理就是：大学赋予我们解决实际问题的智慧，这些智慧兵不血刃地完成了革命；在没有摧毁一切的情况下，改善了一切。修剪残枝，却没有砍倒树干，将树保留了下来。我们才能独一无二地享受着现在的辉煌，享受着过去的荣耀。"

但是，现在可怜的学者们并不关心牛津和剑桥的发展，我们已经猜到他们会这样。我们已经建立起完整的国家教育体系，各种层次、各种级别的都有，但乡村学校却失去了它们最好的老师，捐助学校最好的老师都去了大学。我们希望能迎来英国的黄金学术年，前途光明的年轻人不会因为没钱上不起大学。目前，穷人更愿意念剑桥。在剑桥，尽管学校不太富裕，但是每个学院都很阔绰；牛津大学本身很富裕，但下属的学院却没有剑桥的学院那么有钱。如果罗杰斯先生计算正确的话，不久牛津大学将会非常有钱，并且会将大量资金用于教育。在剑桥，很多人在求学期间通过获得学院津贴得到了经济资助。事实上，学院每年公正地分发大量津贴，帮助贫苦学生。任何有能力、有造诣的人都可以通过公立奖学金在牛津或剑桥大学读书。除了这些人，还有许多拥有远大抱负的人，要是没有公立学校资金支持、熟练技工给他们当陪练的话，他们根本没有希望在大学竞赛中胜出。许多牛津最好的学生仅获得了非常低的职位。教会急需大量从事牧师职业的年轻人。对于这些学生而言，能获得奖学金资助学业，有机会实现人生升官发财的理想是最重要的，自己的个性适不适合这份工作倒是其次。在这方面，基布尔学院特别满足了大众的需求，弥补了大学体系的不足。因为它不仅满足了那些想从事神职的人，而且也满足了那些想全方位提高精神生活的人。可以说这些学生失去了和本校其他学生交往的优势，专注于神学研究。当然这种损失不单单是他们这一方的。如果我们大学中懒散、奢侈的那些人能够更好地生活，从事更好的行业，具有更活跃的理解力的话，那就更好。在牛津受到的损失或许是明智的损失，因为你获得了补偿，就是勤俭节约的好习惯、克己为人的好思想、高瞻远瞩的能力和纯真高尚的品质，而这些品质会使你拥有更大的发展前途。

　　我们期待着我国的大学有更大的发展。管理这么庞大的学校，我们希望校董们积极关注、鼓励学生培养正直、勤奋和虔诚的精神，而不仅仅是关注于他们的考试成绩。我们相信大学将会恰当地展示、恰当地培养国家最好的青年知识分子。我们有大量的教授、图书馆、博物馆实现我们的目标。我们的剑桥和牛津没有理由不拥有和爱丁堡大学、格拉斯哥大学那样多的医学研究院，这么希望并不过分，那些从事神职的人应该按照波林原则学习进步，学会一技之长，并且在医学院取得既能够为心灵疗伤也能为肉体治病的医生资格。可以肯定的是，很多人念了大学，但没有好好利用所学，没有感到上大学实际是人生的转折点，也没有感到应用所学知识惠及国人同胞是多么幸福快乐的事。只有那些真正肩负神命、手握知识钥匙的人，才既改造提高了自我，也改造提高了别人。

　　当你第一次凝视身边学院的庄严轮廓，踏上了牛津的宽路（注：牛津的街道名）来到百合花盛开的彻韦尔，来到举世无双的莫德林学院的尖塔下。当你刚刚在庄严的教堂里做完礼拜；刚刚在牛津或剑桥大学图书馆读完书；刚刚在报告厅聆听完现代思想大师和学术大师的报告；刚刚参加完激烈的学术辩论；刚刚提升了个人品位，结交了新朋友；刚刚意识到自己有那么多美好的记忆和联想，你就会把大学生活当成人生重要的阶段，当成生命中的重要时刻。一想起自己的母校，就忍不住为自己青年时期的锡安（注：犹太人居住地，象征理想、和谐的国度；有乌托邦或世外桃源的含义）祈祷，祝愿她永远祥和、富裕。

第五章
职业中的转折点

　　选择什么样的职业非常重要，选择职业也是人生的一个重要转折点。我们必须提前好多年就思考这个问题。人生就像一场国际象棋比赛，一定要有战略部署。你会在某个人生阶段下定决心立志成为什么样的人才。你也许会参军，也许会当律师，为世界贡献自己的一份力。那些有财产、有地位的人有闲情逸致、经济独立可以不参加工作。需要工作的人有自己的阶级责任，不需要工作的人当然也有自己的阶级责任。聪明的父母会仔细观察孩子，看看他们有什么爱好倾向。约翰逊博士给天才下定义说，天才就是偶然具有某一特定方面的极大的天生才华。不过，这个定义并不完全对。绝世天才在任何方面都非常出众，而一般天才则指在某一特定方面的卓越才能。如果在子女的孩提时代就发现他们的喜好，就会有针对性地对他们进行早期教育。青年时代的喜好是不确定、很容易改变的。然而长者有责任帮助年轻人清醒地意识到自己想要追求什么，帮他们制订计划、勾画蓝图、设计未来。也许。当今社会的最大不幸是许多年轻人没有激情、没有人生目标。

　　不过，我这里还要说几句缓和一下当代人的焦躁情绪。我觉得年轻人是不是拥有超凡的能力并不重要。当然，如果你个性聪颖，在某方面能力超强，就很有希望获得成功。如果你要从事写作或绘画，就需要有超强的能力和天分。最赚钱的人生职业也许并不需要超凡的能力，需要的只是正直和常识。无论做什么工作，需要我们付出的不过都是全心全意地履行职责，很好地完成义务。如果你不是很聪明，上帝就会暗示你的父母不要让你走一条天赋要求极高才能成功的人生旅途，而要让你做那些普通的工作：

> 半山腰长满了各种各样的果树，那里还是花卉的海洋，
>
> 远离卑微的怯懦，远离权力的巅峰。

很多时候父母很难正确判断孩子的能力。很多悲剧是因为父亲认为儿子是个傻瓜而且毫不犹豫地告诉他引起的。如果儿子某项工作做得不好，这只能说明他可能在其他方面做得非常好。有个故事说，父亲觉得儿子是个不合格的海军军校学生，立刻断定他要是学法律会很成功。果不其然，他的儿子后来爬到了律师界的巅峰。

让我们快点看看人在职场成功的希望有多大，首先看看宗教事业吧。宗教事业是超脱于各种事业之外的事业。有人怀着伟大的动机投身宗教，有人怀着极为低级的动机，有人既怀着伟大的动机又怀着低级的动机。我们以前讨论过这个话题，现在再说两句。有人从事宗教事业，是因为宗教职业工作稳定、旱涝保收。还有人家里就有人做这份工作，生活得挺好。父母花钱让儿子从事神职，孩子后来都挺出息。孩子成功了，父母对子女的培养投资有了回报。因为有了前人的成功先例，所以很多长者劝年轻人从事神职，年轻人自己也愿意从事神职，认为上大学学神学，毕业从事神职是再好不过了。从事神职的人比做其他职业更容易获得较高收入和享受较高社会地位。

当然宗教界也并非无可指责、毫无缺点，它是有污点的。我希望政府、社会能及时做些事情改变这种状态。首先必须极大地提高赞助人和年轻的

神职人员的责任感。也许国家政府可以制定个政策，只有当副牧师满七年才有资格提拔到收入较高并且管理较多教民的位置上去。只有那些抛开世俗偏见、目标伟大、全心全意为上帝服务的人才值得上级的关注、敬重和提拔。当然因为人性使然，我们并不能苛求所有年轻的神职人员都那么虔诚，只要在他们众多从事神职的动机中，有虔诚、卑微地为基督服务、献身的精神就可以了，我们对他们的要求不高。当然，年轻人因为没有经验，无法判断自己的人生地位，也不晓得传播宗教的意义，我们一定要清楚、坦诚地告诉他们宗教的社会意义。不过我们除了宗教对家庭生活的重要性和对事业成功的重要性外，其他没什么好说的了。如果年轻人非常热忱地想传教，他的父亲在出手阻拦之前一定要三思而后行。不管怎么说，父亲有责任从长远角度向儿子说清楚一切，因为由于儿子年幼无知，很多东西他是无法理解的。

　　作为父亲你要告诉儿子当副牧师年薪只有一百镑，也可以说一镑八十五便士一星期。你还要告诉儿子在宗教界工作很多年都是白干，最后到了该提拔的时候，上级还有可能说你干得不合格。你还要告诉儿子他可能干一年就得到提拔，也有可能干了十五年之后才被提拔，或者更倒霉的是一辈子都得不到提拔。你还要告诉儿子他越是一个人闷头苦干，越是无法交到朋友。你要到处联系人，才能结交到文学界和学术界的朋友。口才好、聪明的人可能最早脱颖而出，得到奖励、得到社会认可。做什么事情都要靠运气的，就像买彩票一样。很多副牧师辛勤工作多年连个提拔的机会都没有。某个主教也许乐意出手帮他们一把，但要求帮忙的人太多了，主教也帮不过来呀！国家贫穷、人口稀少副牧师得到的捐赠就少，国家富裕、人口众多副牧师得到的捐赠就多。《圣经》认为基督徒有责任和义务供养传教士，基督徒们自愿出的捐赠多多少少会填补穷苦的副牧师们瘪瘪的钱袋抑或干脆空空的钱袋。我必须说明的是，是有基督徒自愿捐赠，但英国国教并没有规定基督徒一定要捐赠，基督教徒们也没那么慷慨大度听从国教的号召，英国国教也没有设立副牧师赞助基金，因此副牧师的生活是很清苦的。况且，副牧师们一般都长在温柔乡中，不谙世事，因此要特别注意抵御物质婚姻的诱惑和债务的圈套。

改变这种情况的方法之一就是应该根据明智原则发放由大法官执掌的国家公共赞助金，而不应根据大法官个人的喜好发放。另外一个改进方法就是极大地扩大教士的工作范围。国教不应该反对教士当内科或外科大夫，这样他们的收入就能多一些了。当然最好还要调动社会力量，比如说建立教会医学院。那些副牧师没有理由不从事知识性工作，开辟另一方市场，从事另一种职业。我相信做帐篷是很有市场的，因为我们或早或晚还会投入战争。战争可以洗清我们的罪恶，我们需要战争。我们可以建立很多教会帐篷制作公司。教士们有工作可做、有钱可赚，比陷入债务丑闻强百倍。

很多教士不同意我的建议，鼓吹基督徒应自愿捐赠，不过我看不出这个制度有什么好来。我听说很多副牧师抱怨收入太低，他们的抱怨有凭有据。很多作家都写文章、写书让大家了解了传教士们捉襟见肘的生活状况。不过还有人说副牧师们并不穷。确实有些有能力的副牧师人一年能挣四五百镑，不过他们的四五百镑中只有四分之一来自于英国国教。这些传教士们到老了以后退休金还是会很少，而那些早年辛勤工作报酬却很少的人到了老年以后情况却发生了一百八十度大转弯，收入很高，管理的教民人数也很多。

让我们再看看其他行业吧。以文人说的"门庭若市"的律师业为例吧。真正有能力的人也得等好久好久才能等到出名的一刻，等待的过程十分辛苦。遵纪守法的人如果经济不独立是无法做到的，他必须像个绅士一样廉正、清贫地生活。行里的前辈会对新人说，努力坚持，勤奋读书，多出庭，不是自己的案子也要仔细跟踪学习，不要放过任何一个熟悉律师职业的机会，最终你就有可能成功了，最终你就应该获得成功了。可能获得成功和应该获得成功是两个不同的概念。各行各业都有很多受过良好教育的平庸之辈辛勤工作着。每个行业都需要才华卓越、能力超群的人，不过这样的人简直是凤毛麟角。法律业是文明的奢侈品，喜欢奢侈品的人都喜欢最时髦、最精致的东西。

　　我们对那些无案可办的律师怀有特殊的同情和欣赏。无案可办的律师和案件堆积如山的律师一样聪明、和蔼、讨人喜欢。我们有个共同的看法就是无案可办的律师同样是天才、是文化的结晶，他们在耐心等待迟来机遇的垂青。他一旦有机会就会像阿基米德（注：希腊数学家、工程师及物理学家。作为古代最重要的智慧人物之一，他发现了不同几何形体的面积和体积公式，将几何学应用于流体静力学和机械学，设计了许多灵巧装置，如阿基米德螺旋泵，并发现了浮力定理）一样用杠杆撬动整个律师界，最终掌握大法官的印玺。很多无案可办的律师正是怀着这种信念坚持等待下去的。不过有些律师一旦机会来了，有案可办，又会因为心里素质很差而惊慌失措。他们从事律师业是因为把律师业当成最绅士的职业，律师职业也给了他们应得的社会地位。在英国我们对有工作、没工作是存在偏见的。无所事事的人光靠祖业就能坐享财富和良田万顷，但我们总会认为那个人或多或少像个二流子。律师享有很高的社会地位，想成为律师也不见得要付出很高的代价。不过不是律师那块料，硬是在律师楼里装模作样研究学习也没用。想当律师却不想努力实践获得经验，总想着天上掉馅饼的好事，总想着不劳而获是不会成功的。现在律师队伍里无案可办的律师越来越多。他们两眼一闭、嘴巴一张就等着饭菜能喂到嘴里。律师才学够、资历够，有机会能碰上很多好事，像被委任地方行政长官，有时派到国内，有时还能派到国外的殖民地去。我知道很多律师就被委以殖民地的高级司法长官。不过他们读的书不过是些娱乐性的算命书，全都是些不学无术的家伙。不过颇具讽刺意味的是，当地人认为他们可亲可敬，断案公平、公正、廉明，就是个青天大老爷。事实上，很多无案可办的律师们更可爱、更具绅士风度，他们更应受到委派、得到提拔，好运气更应该垂青于他们。很多无案可办的律师不在意、不喜欢律师工作，只把律师职业当成辉煌事业的阶梯。他们并不在意是不是能立刻被任命为法官，但非常讨厌在漫长的起步阶段辛苦地当法律顾问。

　　很多无案可办的律师还是想有案可办的。有人从来都没机会办案，有人有机会可又失去了。当今最难的事就是给律师一个公平的机会。如果律师想出席刑事诉讼案，他就要竭尽所能、论资排辈、耐心等待，最终有个诉讼案可办。很多律师都是从刑事诉讼案起步的，而且成功了。做刑事诉讼案很难，虽说赚钱容易，但毕竟要为有罪的人辩护，本身就是有违良心的事。被告明明有罪，而辩护律师却要竭尽全力证明他无罪，或是罪责很轻。我遇到过一些非常聪明的律师，他们提供了充分理由说明刑事案件是最难办的案件。但也有些律师认为民事案件是最难的。不过刑事案件和民事案件有着惊人的相似性，性质恶劣，起因都是出于贪婪和欲望。律师在办案的过程中往往要违心地替有罪的人辩护。比方说，辩护律师明明清楚被告应该被绞死或用鞭子抽死，但还要努力为他辩护。如果辩护律师成功地让被告免于绞刑或笞刑，赢了这场官司，他也不能获得丝毫的满足感。有些律师无案可办可能就是因为他们对该不该为被告辩护犹豫不决，或干脆厌恶给那些罪大恶极的罪犯辩护。受过良好教育、个性清廉的律师觉得自己很难干出恐吓证人的事来，证人不愿出庭做证却偏拽着证人出庭。有时无案可办是因为其他原因。有的律师不学无术，有的律师没有能力、难以胜任辩护工作。在处理证人证词的时候，有的律师能敏锐地发现公诉人的错误，向陪审团提出异议。不过当他真正站在法庭上陈词的时候，又不得不使用还没有证实过的证据。他觉得自己没有公众演讲水平，本来在自己的房间里练得好好的，但在法庭陈词的时候就磕磕巴巴，毫无说服力。他痛恨自己在大学时没有参加演讲社团，对那时小规模的讨论社团也不屑一顾。他没有演讲技巧，而在青年时代，他本可以轻松愉快地练就高超的演讲技巧的。很多本来能够成功的律师就此沉寂了，他们本可以获得很高的社会声望。年轻的律师第一次演讲，经验老到的法官听了几分钟就知道个所以然，明白他不行，翻开晚报读最新的消息，这对于年轻的律师怎么说也不算是鼓励。当然，经验丰富的法官一般是不失公正的。如果审判长认识你本人或听说过你的名字，那就太棒了。律师有没有名气决定了法庭是洗耳恭听还是心不在焉地听你的陈词或干脆就不听。

几年前律师界有人连升三级，因此人们都说，律师界每年三四万英镑年薪的工作都没人愿意干，这些空缺留给了那些没有升官的律师。按理说这些人不配干也干不了那些工作。人们还说律师界现在没有能叱咤天下的天才，现在是一流律师开天辟地的最佳时机。乍一听，这对那些无案可办的律师来说是好事，但细一想，这不过是海市蜃楼，空欢喜一场。具有一流才华的人当然会成功。但光有能力未见得就一定会成功。况且具有一流才华的人还得证明自己有一流才华才行。没人赋予你才华，也没人给你机会证明你有才华。你也许要等很多年才能崭露头角，才能成功，案子才会接踵而至；你才能乘胜前进，才能挣一大笔钱。人总有时来运转的时候。对你来说，运气就是一切，不过运气也许永远也不会来。坎贝尔勋爵的《大法官的生活》就讲了很多这样的故事，像传奇故事会一样。故事里没有主角，小配角反倒打赢了官司。小律师第一次出庭时还名不见经传，走出法庭时已经能流芳千古了。善良的检察官觉得小律师前途无量，委以重任。但是这种好事并不多见。因为检察官知道让一个不出名的小律师办案是要冒失败的风险的，所以他会非常小心地让出名律师去办案，检察官还要兼顾自己小集团的利益，而不考虑集团外的人的利益，好事当然要留给自己人了。在办财产纠纷案的时候，他会起用他能找到的最好律师，委托人出于个人利益也是这么要求的。当然他所做的一切最终都是为了他的个人利益，事情就是这样。要不然，检察官也会很自然地将案子交给自己的朋友和关系密切的人来办。

这使我们想到另外一个律师无案可办的原因。在很大程度上，法律业已成了某个阶层的垄断事业。原来在辩护律师和法官之间存在着明显的区别，现在这种区别已经根本不存在了。法官不适合做辩护律师就像诚实稳重的少女不适合直接向单身汉示爱一样。初出茅庐的辩护律师总是满怀敬畏和虔诚之心坐在办公室里，内心狂跳不止，等待着有人委托他办案，就像法律女神在猜测着法律之王到底会向谁扔出属意的手绢。至少从理论上讲，律师总是等着委托人上门来找的习俗还是保留下来了。辩护律师的朋友们在他们处理案件的时候给了他们太大的压力。同时，法官还规定了特殊的赞助制度。有个律师事务所很挣钱，就让儿子和领导的亲属都搞法律。尽管儿子在办案的过程中表现一般，但他毕竟走上了一条靠打官司挣钱的路。要想顺利由见习律师升为正式律师就要入赘律师家庭。现在大家都认可这种方式，认为入赘是通天法宝，是成功的捷径。法官老丈人也许不能让女婿发大财，但他能保证女婿有份年薪五百镑的工作。他让女婿挣钱符合互惠互利的准则。因此能娶到法官的女儿绝对不是坏事。

我们想了好多办法看看是不是能帮上无案可办的律师们。尽管有人资助他让他去接近法官千金，但他没娶到最有影响力的法官的女儿。在法律界他没有关系，只是凭借个性、才学和能力进了这个尊贵古老的行业。白色的假发套和黑色长袍吸引了他，猫头鹰代表的智慧吸引了他。他希望能在律师界里叱咤风云，和社会精英交往，积累法庭经验。每当有这个机会，他总能感到兴奋激动。他也许有机会见到了当地法律界的精英人物，希望精英人物有朝一日能赏识他。他默默无闻地工作，但过了一段时间就感到每次出场只挣五十英镑太单调、太无聊。见习律师们原来以为多开会、多交朋友就会有案可办，可现在开会也不像以前那样能有很多结交贤达的机会。原来人们以为如果见习律师假装很忙、案子很多，蓝包里装满文件、书和材料，人家就会找他办案，这种想法其实挺可笑的。律师因为工作原因也许会变得越来越愤世嫉俗，布斯福斯在巴戴尔案件的开篇大放厥词；琼斯在反复盘问刁蛮的证人的时候，表现得还没有平时一半好；斯塔林给陪审团提供的案件内容一团糟，让所有对他们寄予厚望的人大跌眼镜。也许他们会想，正是自己的倔劲才使自己成功的。你经过深思熟虑最终选择了出席西敏寺法庭。在法庭上，你长时间地审视着布斯福斯、琼斯和斯塔林，从近处看、从远处看，看他们的侧面、看他们的正脸，虽然那时你本该聚精会神地研究案件。最后，你下定决心还是不搞法律，而是搞文学。无疑人们认为你在走下坡路。在伯根描绘的历史学家泰特勒的有趣故事里，讲到泰特勒作为法官的儿子，也在苏格兰刑事犯罪厅工作了相当长一段时间。但他后来发现写作才是他的真正追求，当律师埋没了他的才华。已故的塔尔福德大法官既是成功的律师也是成功的作家还是名成功的诗人。当然这种情况并不多见，就像一百年才能生出一只黑天鹅，而芦荟倒是俯拾皆是。

　　我必须坦白地说，我们并没有好好地想想是什么原因造成了有人无案可办、有人案子堆积如山。每个人都应该有公平的职场机会。如果律师这个职业只能为某个特殊阶层所独占，个别人就没有机会成为律师，那么律师界作为家族似的工作必将效率很低、水平很差，最终走向没落。再有，高高在上的法官们应该明白每个人都不应该凌驾于工作之上，工作不应成为个人谋利的手段，而应尽全力提高工作效率。如果这些高高在上的法官们真想提高工作效率，就应该给默默无闻的平凡人一点机会。那些无案可办的小律师们并不需要大法官们无谓的安慰。这些小律师们人生阅历已经十分丰富，有足够的思考时间和空间，有充分的机会施展最美好的品德——耐心。他们一般都有很多优点，像身体健康、乐观向上、品味高尚、精神饱满和彬彬有礼。在应该实现理想的季节，他们期冀着成功；在抑郁失落的季节，他们在无所事事中耐心等待。无事可做实际上是人生的恩惠和奖品。只要在这个阶段处理好个人状态，即便无案可办也能最终成功。

　　成功总会到来的，但在成功到来之前，要先处理好几个问题。第一个是关于世人鼓吹的道德问题，因为在选择职业这个重要的人生转折点上，人们往往迫不得已做出违背道德的事情，因此难免会感到尴尬难堪。这方面的先例很多，有很多人因为违背了先前的道德观念，结果本来能在律师界扬名，却落得声名扫地。律师为雇主所用，必须对雇主俯首帖耳，人家叫他在法庭上说歪理，把不是说成是，他也得照办，这太糟糕了。旅客没将行李登记，半道行李却丢了，火车公司该不该理赔，也是让律师很头疼的案子。詹姆·斯塔布用拨火棍使劲戳老婆的头，结果把老婆给捅死了，詹姆到底算不算犯了谋杀罪或故意杀人罪，也是很伤脑筋的。虽然案子本身孰是孰非一目了然，但因为控方或辩方有强大的势力，所以并不好断案。明眼人都认为詹姆·斯塔布应该判故意杀人罪，但最后只是宽大处理了他。具有讽刺意味的是，真诚的英国律师更看重钱财，而不是人的性命。钱能通神，他们能干出草菅人命的事！特罗洛普先生吹响了打击邪恶势力的第一号。有些残忍的谋杀案案情昭然若揭、证据确凿，公诉人要想方设法把杀人犯吊死才好，而辩护律师却要尽一切所能让他在绞刑架下逃生，这种案子真让人忍无可忍。事实上，作为律师他只能接受交给他的案子，无权选择什么样的案子，否则他就要坐冷板凳。每个律师都至少有一两次违心地为他们所憎恨的罪犯辩护。关于这种事，圣·奥古斯丁写道："我曾经屈从于你的观点，但我现在不会再为市井小人磨嘴皮子了，我温柔地退出这个职业，并没有吵闹不安地离开。那些年轻人、那些年轻的学生们为芝麻大点儿的事争吵，直至犯罪，让那些老糊涂们为他们辩护吧，反正我是不会再为他们的疯狂行为做辩护了。现在再有几天我就可以归田隐居了，剩下的日子我就暂时忍耐吧。我希望自己能按正常的方式退休。我的整个律师生涯都被人买走了，我不会再出卖我剩下的日子了。"罗马法庭论坛有种较高尚的论调，一切皆在于我。西塞罗拒绝为他认为有罪的人辩护。他认为律师作为法律这个复杂机器的一部分，目的是为了寻求真理，而不是歪曲真理，达到个人私利。但一般律师不会像西塞罗那样只有认为被告无罪才为他辩护。过去有段时间人们认为这么做太傻了。有些律师可不管被告有没有罪，而是自己能不能为他辩护使他免罪，自己的辩护词有没有说服力。真正的律师应该能帮助陪审团得出正确的判决。现代法庭辩护应该是理性昭昭、完全正确、不容置疑。可以想象尽管有些诉讼案比较特殊，错综复杂的利益关系纠葛其中，但律师一想到最终的判决会产生一个抑郁悲伤的寡妇，他还是有所顾虑的。法庭上的机敏表现和庭外艰苦的业务学习和公正的品格学习是分不开的。从小律师做起才能最终成为法官。没有谁比法官更明正清廉、更刚直不阿、为国家作出的贡献更多了。

　　律师也许只能拿到官司总收入的十分之一。律师业等级严明。法官属于特权阶层，很多人都会鄙视他们、讨厌他们。这群善于诡辩的集团也许正在变小，人数正在变少。我很高兴地了解到有些以前不过是法庭点缀的小律师们思想境界已经得到提高，懂得尊重人性了。据我所知，很多律师已经将能在庭外和解的案子尽量拿到庭外去办；如果案子没有任何正义可言，他们就不接；如果委托人太穷拿不起钱，即便是处理的书信再多，提供的咨询再多他们也不收钱。而且这些律师往往是经验丰富、收费很高的一族。看到律师的道德水平不断提高真让人高兴。律师们俭朴、真诚地工作着。没有人比法官看到的世态炎凉、人情世故更多。如果他们在经历了严峻的考验后仍能保持健康的心态和纯洁的心灵真是太好了。

没有什么职业能像医生那样更讨人喜欢了。我们可以粗略地说法律过于严厉，严格评判人性的邪恶和真诚。但医学是像上帝一样高贵、仁慈的职业，以救死扶伤、挽救不幸为己任。现在我们能时不时听到医生嫌贫爱富的事。医生总体来说能掏出自己辛辛苦苦赚的钱，像天使一样到穷人家里给他们看病、安慰他们。很遗憾医生没有受到全社会的普遍尊敬。想当内科大夫就要等很长时间、花大量金钱学习，还得坐着马车到处走才能找到愿意让自己看病的病人。人们希望医学教育和医学学位应该比现在有更高的社会地位。很多学医的年轻人考前恶补，考试通过后就获得了杀人、害人的执照，这太可悲了。现在有个消息让人很满意就是现在医学界里有能力、有资格的医生越来越多，他们不断拼搏，努力救死扶伤。他们没赚到大钱，但赚到了小钱。即便是最穷的医学学生也能通过努力成为富裕的大夫。你可以在正规医院当大夫；也可以当家庭医生；也可以当药剂师，通过建立关系开家药店；你也可以当大夫助理，得到公众认可后再行医。在外省和伦敦东部有和伦敦西部一样出名、职称的大夫。教会医院享有很重要的社会地位，但它们好像并没有作出什么杰出贡献。撇开教会医院不说，医生这个职业是非常光荣伟大的职业。

教育职业也可以和医生职业相提并论。这一伟大、高贵的职业将会比现在更有发展。现在全国性教育刚刚开始普及。总有一天，全国范围内将普遍设立公共学校、私立学校、学院、大学，那时上学会更容易、更便宜。到那时，我们需要成百上千的校长管理学校。目前，我国的学校已经非常好了，但还有一部分学校有好有坏或不好不坏，我们现在没有办法评判他们的办学效率。我们希望国家教育有很大提高，期盼着建立组织性、科学性强的教育体制，加速教育发展赶超世界前列。

科学教育、技术教育、语言教育和各种行业教育，都将得到极大的发展。我们都很清楚，要想发展英国教育，必须在英国传统教育中渗透德国理念。现行教育很难做到因材施教。教育职业社会地位越来越高、越来越重要。现在一般私立学校的校长和普通主教的地位一样高。教育工作者的职责重大，他们塑造品格、影响受教育人的一生，理所应当受到相应的尊重。

教育职业是个很普通的职业，有很多神职人员也从事教育工作。很多大学尤其是剑桥，究竟培养出了什么样的人才，是衡量校长水平的主要标准。不过这个标准只能证明学生学习知识的能力如何，并不能证明学生运用知识的能力如何。从优秀学校本科毕业能很快获得硕士学位，再有了工作经验，就能得到升迁。所以好文凭意味着巨大的财富价值。辩论赛获胜者或优秀毕业生能找到年薪六位数的工作，而比他差一些的同学就没有这个好运气。优秀的校长会效仿阿诺德或布拉德利不但教好书，还要育好人，培养学生的品格和才学。

国家通过竞争考试任用许多有识之士从事教育工作。印度内务部就是这样重要的国家机构，提拔并奖励教育界的优秀人员。大英帝国没有什么职业比教育更高贵了。在印度，从教人员有可能获得更光明的前途。品行端良、爱好有节制的人在印度生活花销不多、生活方式健康。内务部的考试公平公开，考试内容无所不包。要想通过考试，你就要无所不知、无所不能。如果你没有受过大学教育，没有古典文学和数学学位，也没关系，照样可以参加考试。如果你精通语言、文学、国家历史或其他学科，你的胜算就高一些。

1870年一场声势浩大的革命席卷了大英帝国的各个角落。任命制确立起来，取代了竞争机制。在巴尔莫拉（注：苏格兰东北一城堡）颁布的法令开始了博大宏伟的英格兰赞助制度，同时颁布的法令还规定每个被任命的官员必须经过六个月的试用，如果被任命者不能胜任工作就要被撤换掉。这条法令极大地推动了全国教育的发展，是我们现行教育的有效补充。要说政府任命多有成效似乎夸大其词。不过该项制度公之于众的时候，赞许之声不绝于耳。政府从没有像那时那样尽心尽力为人民服务过。公务人员从工作伊始一直到退休都要表现出众。可很多人在精力和能力都处于最佳时期的时候却不能完全发挥他的能力，失去了生活赋予他的机会。

谈到职业，我们还得说说陆军和海军军职。国家处于危难之时，毫无疑问使两种军队彰显了重要性。在军队靠钱是买不来任务的，我希望各地都要效仿这种做法。很遗憾，无论是陆军还是海军都不能只靠军饷活着，因为太少了。穷军官的处境和穷副牧师的处境很像。一切功劳都是自己做的，但别的军官却得到了升迁。希望不久的将来政府会努力使全国人民更喜欢军队工作，给予他们应得的军饷。我们拭目以待新政策的出台。

纵览各行各业是很有意思的事，我们会发现有些专为社会奢侈阶级服务的艺术家、建筑师和作家获得了相应的酬劳和名誉。而另外一些艺术家、建筑师和作家则生活拮据、朝不保夕。另外一些关系国计民生、衣食住行的行业能赚很多钱，而且收入十分稳定长久。人们往往愚蠢地比较各种职业和行业，这使人们产生了某种思维定式，认为某些工作就是为某个阶层所独断，进而产生等级制度。这种专制的等级制度十分低贱，是不具人性、不具基督精神的。好在这种等级制度正在逐步消失。作为基督徒，我们十分看重人际交往和人们的恻隐之心。人们之间的矛盾和人们之间的和谐关系相比无足轻重。我们在生活里担当什么角色无关紧要，重要的是我们如何扮演我们的角色，我们是否演得精彩，演得简单还是复杂，演得龌龊还是高尚。打个比方，在剧中谁演国王、谁演英雄、谁演农民并不重要，关键是角色演得好不好。最卑贱的角色也能获得最高尚的荣耀。用《利希达斯》剧中的歌词说就是：

> 名望不是生长在人们心田的庄稼，
> 不是世间金灿灿、明晃晃的叶片，
> 它不存在于人们的流言蜚语中，
> 而生长在纯洁人们的眼中，
> 万能的宙斯神最后评判
> 人们的功绩。
> 人间的善行在天堂会得到奖励。

当然，现在还有很多人不用工作，用现代的流行语说就是"他托生了个好娘，有个好爹"。祖辈创造的功绩，他只要坐享其成就可以了。阶级观念是国家的力量之源，也是无用的摆设。国家有很多具体繁重的工作要做，而工人阶级的数量又少之又少。政治家就只能在生活富裕、不考虑收入的阶层中产生。因为，政治家在起步阶段是没有什么收入的，只有富人家的子弟才无须为柴米油盐发愁。从事文学也是一样。大量的文学界人士认为文学不像其他行业那样有很高的收入。我们的社会需要大量的职业记者，需要他们贡献最佳才能。如果英国的新闻界不是由一批精英组成的话，那么英国的新闻界也就不能一统天下。不过我们不该把既纯洁又简单的文学当成一种职业。遗憾的是很多人都把文学当成职业了。每位作家都有独创思维，都有有价值的经验，都和其他作家有不同之处，应该把自己的东西写出来，成为作家群的一员。这些人投身文学是为了祖国文学事业的发展，而不是为了挣口饭吃。他们有闲情雅致、有经济依靠能够潜心构思。如果有好题材，他可以像罗马诗人贺拉斯一样多年只潜心写作，平静地忍受大众的遗忘，坚信时间会给他们应得的大众的认可。培根将他的作品赠给了王室后裔，斯威夫特将他的书留给了子孙后代，他们都没有将作品直接发表。只有受过教育、生活富裕的人才能不贪图名利，全身心地投入到挖掘真理中去。这是国家之大幸，是国家文学史之大幸。慈善事业也是如此。基督徒工作就是为了向上帝奉献，他们要探视穷人和教育无知的人。在复杂庞大的机构里，如果将慈善事业交给那些已经被工作弄得筋疲力尽的人来干是干不好的。应该起用那些时间宽裕又受过良好教育的人。他们应该站在社会慈善事业的前锋。因为自身条件优越，他们可以不受金钱名利的诱惑，不为反对力量所左右，他们还可以做职业政治家的先锋军。国人应该轻财而重德。

　　已故的爱德华·登申是我们的绝佳典范，他为工人阶级做出了巨大牺牲，全心全意地为工人阶级生活改善和提高做贡献。我们还能想起很多活着的伟大人士，但好像有个不好的社会传统，我们只在伟人死后才颂扬他们的美德。皮博迪先生和沙夫茨伯里勋爵也是这种卓越人物。登申先生的回忆录和金斯宕勋爵的回忆录、布劳顿以及齐切斯特的回忆录都是私下印刷的，后来才公开发行。《星期六评论报》登的文章能帮助我们明白如何写作，帮助我们理解慈善事业。这篇文章风格隽永、绚丽无比：

"他1840年出生于索尔兹伯里（注：英格兰南部一城市，位于南安普敦西北），是主教的儿子，平民院议员的侄子。他在伊顿公学和基督教堂学院学习过。因为在学校时参加赛艇训练过度毁了身体，所以没能获得父亲和三个叔伯一样耀眼的学习成绩。他到马爹利（注：大西洋的小岛名，该地产的白葡萄酒很著名）、意大利、法国南部、博内茅斯（注：英国南部一自治村镇，位于南安普敦西南部英吉利海峡入口。是一个受欢迎的旅游地和精细艺术中心）进行肺部康复疗养时写过很多信。我们可以断定身体欠佳影响了他的事业发展。但无论到何处他都十分关心穷人疾苦。从1862年到1870年去世，他积累了大量的理论和实践，提出了有效办法提高穷苦人的生活。理论成熟后，他去了思戴普尼亲自解决东部人民的疾苦。他在麦尔安路和菲尔颇街交汇处捐钱，建了所穷人家孩子的学校，他本人在那儿教成年穷人。1868年他代表纽华克教区参加竞选，因为演讲风格坦率独立脱颖而出，成功当选国会议员，为期一年。他在国会的处女演讲引起了国会内外对穷人的关注，最终促使克兰斯先生于1869年5月10日推行了扶贫法令。然而议会的艰苦工作使他的健康每况愈下，他不能再从事他特别关注的社会问题了。为了恢复健康，他不得不再次离开英国，去格恩西岛（注：大不列颠南部一岛屿）休养。他一直想到美国考察一下他毕生从事的工作。最后终于成行，坐船去了墨尔本（注：美国佛罗里达州中东部城市，临印第安纳河，位于可可海滩以南，一个冬季度假胜地）。但旅行严重破坏了他的健康，在登陆两周后，他于1870年1月26日去世。

寥寥数笔不能记述他一生的丰功伟绩，更无法再现他的行为理论。他思想成熟、精神境界丰富，能透过事物的表面现象抓住实质。只有深入研究他的书信才能洞悉他的思想、了解他的工作。他尽管偶尔流露出担心害怕，但内心绝不狭隘、怯懦，也从未考虑过什么为自己着想的权宜之计。他受过良好的培养和教育，绝不会突然改变个性或匆忙做出任何选择。出于小心谨慎，他从不参与任何潜水项目或协会，不太满意那些组织者的智商。有一次他写道："我已准备好了种葡萄，但我决不会模仿别人的古怪做法。"我们也就明白了，为什么当别人邀请他加入教堂协会的时候他拒绝了，因为他认为"自己已经属于最好的协会了，这个协会是受到上帝庇佑的所有虔诚教徒的协会"。无论是从事宗教、政治还是社会科学，他都希望多多实践。他坚信如果没有实践，就会与现实脱节，被人指责为温室里的花草。他宁肯不合时宜地不完全相信法律，而和同志们一道凭空闯出一条提高人们道德水平的路子。他并不完全信奉极端主义党派的党章。在生活中没有什么能阻止他。"真正的生活，"他写道，"不是参加晚宴或随便闲聊几句，也不是打打板球、跳跳舞。"文学和研究是他毕生的爱好，文学和研究提高他的天赋，使他更有能力为人们造福。他在伦敦东部给一屋子的码头工人讲圣经基础知识，以人性、自然宗教和国家源远流长的历史为例进行讲解。毋庸置疑，他的讲解产生了良好的效果。就像受洗者约翰在稀稀落落的犹太教集会上站起来说，"酒店老板和妓女也可以来，我可以让他们悔过"。他推行有教无类的思想，否则受洗的人不会多。如果基督在传道的时候也分人，那么想想，基督教又怎么能建立呢？在布道之后，他并不担心人们接受还是不接受教义。没人会抨击自己的兄弟，他只是给他们醍醐灌顶，让他们幡然醒悟。在信里他还不自觉地流露出自我牺牲的克己精神。一月份他滑完冰以后很愉快，但他却说以后要坚决彻底地放弃滑冰，因为很多兄弟们都在受苦，自己玩乐是有罪的。1867 年 9 月他写道："我已经达到了这种境界，在皮卡迪利大街（注：伦敦的繁华街道）上散散步就已经让我激动不已。我十天才出去散一次步，这样我会更激动快乐。"

"爱德华·登申全身心地投入到为贫苦大众的工作中去，只要有工作可做，他无不全心全意去做。他相信伦敦东部的人民之所以生活得如此艰苦，是因为没有高层人士住在那儿，是因为劳动条件太艰苦。需要有位绅士振臂一呼，让政府知道他们工作之艰辛，如果真有这么位绅士，那他的工作价值就是无法估量的。他在信中极其幽默、精确地描述了建立扶贫总部的地理位置。这个地方和时髦、商业化的伦敦形成了强烈反差。他没有伸手要政府和贵族施舍的面包、肉和钱财，而是和同志们一道用激进方法处理日益严重的贫穷问题，积极同贫困做斗争。他担当起义务福音传道者的重任，反对人们不信宗教和对贫苦漠不关心的态度，成为觉悟较高工人协会的精神领袖。如果情况需要，他还积极、满怀希望地教孩子和成年人。他从一开始就非常清楚不加选择地乱进行慈善布施是很可笑的，单纯地给钱只会破坏新颁布的扶贫法案的实施。他读书、思考、到处旅行，无论旅行到何处，都会仔细看看穷人的生活是不是真的有了保障。

他在早年的书信中感叹很多人工作未完就过早地死去了，因为结尾粗糙，把前边的工作都毁了。他们希望的双翼被斩断了。从上帝的眼光看，他们死的不是时候。他们目标远大、志向宏伟，上帝应该允许他们完成目标，让他们活得更长一些，这样后来的很多问题就都解决了。事情的结局不应因为他们的突然离世而改变。

我们必须承认选择职业是人生的重要转折点。如果一个人选择不去从事某项职业，那么他一定有充分的理由。最好、最切合实际的建议是应该理解年轻人的倾向和偏好。年轻人应该早早立下人生志向并为之奋斗。不幸的是，很多年轻人生来没有人生目标、散漫懒惰，我们绝不赞成这种生活方式。只有人生目标明确才能赋予人力量和精力。当我们感到人生路迷雾重重就会极度困惑，不知道该不该改变人生方向。如果有自知之明，知道自己什么能做什么不能做，就能找到正确的道路，上帝也会指引我们。如果我们能明白神圣的诗人所写的如何选择人生路，也许在以后漫长艰苦的岁月中反复吟诵这样的诗句：

> 引导我，仁慈的光明，在这四维的阴暗中，
> 引导我前行。
> 夜如此漆黑，我离家很远；
> 请你指引我。
> 指引我的脚步，我并不要求看见
> 远处的景物；引领我一步就足够。

我不会总是这样，祈求你

引导我。

我要看见，我要选择我自己的道路，但是现在

请你引导我。

我过去喜欢浮华绚丽，而不是恐惧，

高傲占据了我的意志；我要忘掉我过去的日子。

你的爱宽恕了我，它仍旧

引导我前行，

穿过沼泽和篱笆，越过山岩和急流，直到

黑夜过去。

待到明天，天使绽开笑脸，

我如此深爱的，曾一度失去的笑脸。

第六章
宗 教 的 启 示

让我们再谈谈谋生的话题。格拉斯夫人说谋生就像做兔子肉吃。首先得住抓兔子，然后才能做兔子肉吃。也许你以前抓过兔子。说实话，如何谋生是我这个副牧师很挠头的问题。我相信没有天上掉馅饼的好事，地里也长不出馅饼。人们一般都很赞同悉尼·史密斯的观点，谋生就像买彩票，有时可能会中大奖，有时可能什么也没中上，还搭上买彩票的钱，真是赔了夫人又折兵。我的观点是中彩票的偶然性太强，不能和找工作相提并论。人要是走运，不知道哪块云彩有雨；人要是倒霉，喝口凉水都塞牙。常常有人本来有十来份工作机会但都推掉了。人们也常常遇到我这样的副牧师，失业的时候多，从没有找到过称心如意的工作，根本不知道找到工作时激动的心情为何物。有没有工作，完全取决于你的状态如何，完全取决于你抓没抓住机遇。最近有很多人偶然飞黄腾达了。有些人原本在教会只有暂时性的工作，但获得了早就应该得到的教会职位，获得了谋生手段，社会地位也随之大幅度提高，连社会哲学学家都仔细研究他的经历，为他们写书立传，供万人学习。

我们首先要说说什么是谋生。天地间自有法则规律决定谋生是成功还是失败。家庭生活好坏是由家庭的每个成员决定的。大学生活好坏是由学生表现决定的。大学生活成功，学生成绩好，步入社会就容易出人头地。教会运营状况是由教会成员和教会会长的提名人决定的；年轻人常常会反对教会安排他的未来。有些教会成员觉得在教会任职衣食无忧、舒适温馨，根本不想挪窝换地儿。教会的权贵们是从来不必考虑生计问题的。上帝规定穷教区牧师也有圣俸可拿。我们得为主教们说句好话，他们总的来说是能够公正、聪明地庇护一方的。有些人喜欢高级教会，有些人喜欢低级教会，还有些人说无论是高级教会还是低级教会都公正无私地行使了他们庇佑一方的职责。教会圈子里有个共识，即便对教会工作毫无兴趣的人也要平静地干副牧师的工作几年。到后来，主教也许看在他尽职尽责的份儿上出手提拔提拔他。如果主教不为他出力，就没人为他出力了。主教把多年在副牧师的职位上工作的人看成了宠物。我们无法确定这对副牧师来说是好是坏，对教民来说是好是坏，也许无论是副牧师还是教民都应该改变一下态度。韦斯利规定副牧师必须任职满两年才能有资格得到提拔，现在已经改为三年，这是一项很有用的、很重要的体制改革。副牧师的职位是将来的成功阶梯。我当副牧师的时候曾很兴奋地收到主教的一封信，他在信中打算推荐我到马仕干伯格蓝当主教，信中充满了自信和敬意。后来才发现马仕干伯格蓝的主教职位年薪是六十五镑，而且没有房子住，我当时那种沸腾的感激之情立刻冷了下来。很多副牧师家产丰厚却要做薪水很少的工作。最近有份薪水很少的工作招人，应征的人还真不少。招聘校长一职，就有几百人提交了申请。作为校长秘书必须处理大量的信件，应征校长秘书一职的人也不少。一些校长很高兴学校有人或政府赞助，可有些校长却很讨厌赞助。掌管国家玺印的高官在发放赞助的时候很难决断该给谁不该给谁。埃尔登勋爵在发放赞助的时候就多受夏洛特女王的掣肘，皇族影响力古今亦然，现在发放赞助的时候，还要听女王的。当然教会赞助谁多出于政治考虑。如果没有什么特定的发放赞助的条款，皇家的命令决定一切。帕尔默斯顿勋爵出于党派考虑，在分配赞助金的时候不能过多表现出个人喜好。如果郡治安长官或郡守报告说，郡府的某个职位需要由自己人来做，帕尔默斯顿勋爵也不能说不。我记得在郡治安长官的要求下，有个出名的牛津圣贤就被辉格党部长安排了个薪水丰厚的职位。辉格党部长穿着官服走出办公室，在私人房间接见了那位未来的郡府长官。辉格党部长读郡治安长官来信的时候像马车夫那样庄重发誓，保证给那个战战兢兢、诚惶诚恐的教士一份好差事。那情形恐怕俄奴索斯也要嫉妒的。

身居高位的人也不知道有些人的求职之路是如何打开的。有位很有能力的主教是碰巧得到他的工作的。曾经有个主教职位空缺，这个职位原本给了一位上了年纪的老教士。老教士说他自己太老了难当此任，并建议首相到附近的一个小教堂去，在那里他会见到一位更有能力的教士。首相如老教士所说，见到了那位教士，那位教士自然而然接受了这个职位，后来又顺理成章当上了主教。还有好多例子讲小教堂得到了赞助，小教堂的教士也有了飞黄腾达的机会。有理由相信那些被赞助人和牧师会竞相效仿这些事，希望好运气也会降临到自己头上。我讲这些故事绝不是为了取悦大家。有位很高贵的教士朋友有一天收到首相的来信，信中说德文郡有个年薪丰厚的职位，那儿气候温和宜人，正适合他这么个贫穷、身体又差的人。他很高兴，他一直期盼的好运气终于降临到他头上了。这份工作能使他身体健康，让他施展才华。几个星期后，他又收到首相的一封信，信上说他的任命错了，他本应该被派到其他地方。得知这个消息，他一病不起，最后死去了。很难说是不是由于极度失望使他失去了性命。

赞助人可以自由选择被赞助人。赞助人要做的就是找个律师起草份文件，给他的教士朋友送份邀请函，然后在某个美妙夜晚给他个惊喜。教会人士很喜欢这种过程。要想获得教会青睐得付出巨大代价，很可能要花掉头一年的薪水。那天在剑桥的公开大会上，武斯特主教任命了两个教士，并给了他们每人五十英镑以备不时之需。教会通知了主教秘书被任命的事，并记录在案。有些主教教区，教士要通过考试，考试合格才能得到提拔。考试这种事对乡间牧师来说太可怕了，因为他们满脑子想的不是词章典句，而是萝卜土豆这样的农活。而且让一个白发苍苍多年不看书的老教士和刚从大学毕业满腹文章的年轻人同堂考试也有失公允。我认为考试的用处应该由应试者来评判。现在不常采用考试方式提拔教士了。在约定的那天，被提拔的教士来到主教的宫殿接受任命（注：里奇菲尔德主教和他的秘书制定了新制度，提拔教士必须在大型宗教集会上进行，后来这个制度被宗教界广为效仿）。主教的宫殿离他住的地方也许很近，也许很远，他必须穿过差不多整个英格兰才能到达。主教都是非常热情好客的。在长途跋涉后，教士一般都能在主教那儿吃上一顿丰盛的午餐。当然殷勤待客的方式也不尽相同。有些主教非常和蔼迷人，和这样的主教共进午餐会使你终生难忘。还有些主教午餐的时候面都不露，这怎么也算不上是殷勤好客。接着被任命的教士就会用各种各样的词宣誓效忠，发誓"尽一切所能揭露告发迫害女王、王室后裔和王位继承人的阴谋"。当这些繁文缛节都完事以后，就要进行一场神秘仪式。主教拿出盖有大印玺的羊皮纸任命书。被任命教士跪在低低的长条凳上，手里拿着新官印，接着主教大声朗读任命书。被任命教士在土地所有权发放室里拿到薪水后，当天该做的事就做完了。还有两个仪式才能完成整个任命仪式。教士在正式任命之前，还要独自在教堂里敲钟并大声朗读《圣经》，宣布他完全真心实意地相信《圣经》。新任主教和他的前任一样从婚丧嫁娶、土地转让等仪式上获得报酬。但他不能再拿法律规定的副牧师的薪水和他上任以前牧师职位空缺时产生的薪水。前任牧师的不动产荒芜了，但他还能从前任的不动产中或多或少获得一笔钱。

刚刚获得宗教职位的牧师有着非常重要特殊的社会地位。他步入了这样一个人生阶段，后半辈子的言行很可能被人仔细监督。前半生的行为要么会使他的整个事业幸福美满，要么会毁了他的整个事业。他要获得贵族的好感，这样他们才能不远万里来拜访他；他还要获得佃农的好感，这样他们才能乐于接受他的家访和帮助。他还要小心提防爱嫉妒的商人，这样他们才不至于到处散布他花了多少钱的闲话，不会挑剔他的布道。对于商人这个末等阶层来说，最该死的罪行不是相信异教，而是没钱。当然人们也会很好地体谅牧师，关心他，给他大笔的津贴，他可以心安理得地收下。牧师为上帝终生效忠，当然需要好品行为教民服务。在大城市里，优秀的布道师能让教堂里人满为患；但在乡村，布道并不比具体做事更重要。无论做什么，他都必须公正、真实、礼貌、诚实。有个井然有序、和谐美满的家庭才能管理有序的教区。当牧师完全获得了教民的尊重，他也就敢说敢做了。教民们不会批评他，因为他一直那么热心地尽职尽责。正是由于牧师热心地尽职尽责，伟大的教育、慈善、宗教和文明活动才在乡村如火如荼地开展起来了。乡下人一般都过着平凡、安静的生活，没有力量也没心思吸引大众的注意。但乡间牧师也能做大量工作，像温柔地教育他人，身体力行在乡间宣传道德行为。经过他的努力，美德也会像"玫瑰那样盛开"。

有位年轻的大学生正在考虑是不是要任圣职，应他的要求，我们附上由一位牧师写的信，希望能对这位大学生有所帮助。

"亲爱的朋友，谢谢你仁慈友爱的来信。我看到你也和别人一样到了该做出决定并执行决定的时候了。你把我当成了忠实的顾问，问我你是不是应该任圣职，问我如果我处在你的位置上我会怎么办。为了你，我是不会推脱这个任务的。但有些事情不能由别人代为决定。我不能说向你提出建议，只能跟你说几件事也许能帮你决定。我可以把自己的经历原原本本地告诉你，希望能对你有所帮助。

"但是，你不能受我的经历影响太深。你要保持清醒的头脑，因为我肯定还有很多反面例子没说。我不能否认这点。我是别人眼中的失意之人。但我不明白为什么我无法摆脱失意。幸运之神没有眷顾我。在人生旅途上，我坐的是廉价火车，而我这辆倒霉的廉价火车必须躲到一旁让路，让豪华快车疾驶向前。更准确地说是廉价火车在火车站永远停下了，而一辆又一辆快车呼啸而过，向廉价火车投去怜悯的一瞥，就义无反顾地向着光辉的终点疾驰而去。如果我去参了军，我也许会在金莱克先生手下'光荣'了。如果我投身律师界，我也许早就和那些很成功的律师们一样干得好。如果我从政或从事文学创作，我也许早就名利双收了。但我听从了主的召唤，和一大群无知的人们一起从英格兰北部南下，进行了传教工作。我无德无才，只会用小刀，而他们需要的是第二个怀特菲尔德（**注：1714—1770 英**

国宗教领袖，是约翰·卫斯理的追随者。他曾在美国殖民地广泛传教，是在美国建立新教教义大觉醒及卫理公会派的中心人物），他能挥动起宗教战斧。但不管怎么说，我兢兢业业地做着该做的工作。恐怕我的布道在很大程度上没有对教民起到多大作用。我的身体不好，嗓音也单薄。在讲演的时候，我不能脱稿；在写稿的时候，我又不能摆脱早年教育对我的影响。在演讲时，我无法做到调动全体听众的激情，也无法做到驾轻就熟，可能是我资质较差。我总是爱用思想深刻的句子，表达的方法也不适合于听众。我想这个错误太严重了。上帝请帮助我吧，让我改掉这个毛病吧。我一直都在努力提高我的演讲水平，但是毫无长进。我坚持教宗教课程，热情地探视病人。我不是一个模范教士，没有做出什么轰轰烈烈的成绩。当我探视那些病人、穷人和老年人，心中会暗暗感到愉快，这种快乐就是拿主教的法冠来换都不换。我对教民的教悔和安慰并不能说没有成效。

"我管理的第一个教区的人口大概是一万六千人。印刷宗教材料的工作庞大，即便是工作热情再高的人干起来也要累垮的。我太忙了，无暇顾及早年的才艺，像搞音乐和画风景画。还不得不中断和文学界及有影响力的朋友的书信往来，我原本想和他们联系联系将来也许能被提拔。我也不得不终止我的历史学习和其他方面的学习。刚开始在极度劳累后本应休息的区区几个小时里，我还是坚持做这些。最后我不得不都放弃了，只专心地搞文学创作。我想也许我搞文学搞错了，后来我就专心致志地从事宗教工作。作为上帝的仆人应该具有现代的积极思想，这样才能在有生之年做上帝安排的工作。有段时间我放弃了个人爱好，因为如果情非得已不得不做出牺牲，就只有牺牲掉不太重要的东西。想想吧，我亲爱的朋友，我那只劳累干枯的手每周得写两篇布道的讲演稿。要知道，教民这么多，探视的任务很重，还有好多宗教学校的课要上，教区的其他工作还要做，我的时间真是不够啊！要是一天有三十小时，要是我有能力能应对这么多的工作，也许还能做完。我辛辛苦苦地在这儿当了好多年平凡的副牧师，后来这块教区根据《罗伯斯皮尔法令》划成了独立的教区。上级任命我为主教，我立刻就接受了。从世俗的角度来说，我这样好像不太谦虚。我在女王批准的主日学校教室里举行了就任仪式。尽管经历了很多困难，但还是把大教堂给建起来了。后来又盖了个教区住房。如果我的故事没那么振奋人心，估计很多宗教兄弟的故事比我还凄惨。有很多宗教兄弟还没有像我这样的好运气，得到升迁。不过我必须告诉你，我的年薪只有一百六十英镑。

"年轻人要有远大理想，尽情畅想未来的美好蓝图才能成就大事。在你的辛勤工作努力下，西边大教堂突然悄然屹立，并举行了非常美好的落成仪式，很多知识丰富、充满智慧、赞同你的听众在那里观礼。你会主持一位美丽、聪明、嫁妆丰厚的新娘的婚礼，并为此得到一份不菲的酬劳；也许某位高贵的教会首脑会给你个职位。我们都听过类似的故事，这样的故事也许会发生在你身上，也许不会发生在你身上。如果有好运气的话，我衷心希望你会遇上这样的好运气。如果有人认为牧师的职位对大教堂来说并不太重要，对一个人的发展来说也不是那么重要，那么他根本就不配在宗教界任职。当上牧师，就像奉上帝的旨意在浩瀚的大海上航行一样。上帝的旨意决定了你的目的地，同时决定了你不知道的航程。踏入宗教界，就要干工作要求你干的一切。

"现在，亲爱的朋友，你准备好了吗？用圣经的话说，你相信你是受上帝的派遣来做传教工作的吗？我这么问不是想要问你有没有得到上帝的启示、特殊的任务部署或听到了超自然的召唤。感情因素是不能解决这么严肃的问题的。如果你准备好了做辛苦工作，准备好了做出牺牲；如果感到以前的教育和经历不能帮助你实现这样的目的；如果上帝之手和事态发展引领你走上这条路；如果你认为过这种生活你会很幸福很受益；如果你将这件事向上帝积极祷告，真诚地向上帝忏悔；如果你能非常平静、稳定、坚毅地确定这一切；如果不献身上帝你难以安定、难以满意，那么依我判断，你尽管脆弱、爱犯错，你的宗教之路也是通畅的。我祈祷上帝在你的宗教之路上指引你、保佑你。

"副牧师的生活有很多不适和不便，这方面我可以说很多很多。但我决不愿藐视我从事的神圣职业。副牧师生活有很多不适和不便，但这份工作还有很多好处我必须告诉你。切记传教工作不能直接给你带来立竿见影的好处；你向别人布道首先就是向自己布道，给别人安慰和劝告就是给自己安慰和劝告。你完全可以选择自己的工作时间和工作场合，不必受普通人所受的束缚；你的学习研究会极大地提高你的知识和精神境界。我就不用再一一赘述你会得到的好处了吧。尽管这些好处不多，比当律师和当大夫的好处少得多。牧师在社会上有地位，这种地位是不能用金钱衡量的。社区里绝大部分人都认识你、尊敬你。如果当牧师收入太少，你可以靠教学生、写文章卖钱来弥补。如果说圣保罗用双手维持生计，你也可以做类似的工作，老老实实挣钱满足生活所需。对于那些热心宗教的人来说，文学和教育业不过是短暂的副业，是不能长期做下去的。

"再见，我的朋友，也许最好说再会。我建议你为上帝做事，愿上帝指引你。我给你写的信太长了。《星期六评论报》上说，现在人们不写信了，只发送信息，我是个特例，我很乐意和你讨论问题。今年春天你能来吗？即便在这个大机械化的世界，春天也是非常美丽的。漫山遍野都是散落的紫罗兰和樱草花，俯拾皆是。工厂的烟雾遮掩了潺潺的小溪，小溪里的鱼都中毒死了。当沿着小溪往上游去，溪水又变得清亮了。你会看到一片田园美景让很多游客赏心悦目、驻足停留，要不是为了挣钱他们是不会离开的。你会很乐意有我这个副牧师陪伴，'副牧师补助协会'发给我补助了。你刚刚学完希腊文，我真高兴你对工作充满热情。永远全心全意爱你的

C.E.L"

第七章
婚姻带给你的转折

　　我没有理由不将婚姻算作人生转折点之一，事实上，它是最重要的转折点之一。恐怕，我侵犯了小说家乐于描写的领地，小说家是最爱描写爱情和婚姻的。也许年轻人不愿意听别人说三道四，愿意爱谁就爱谁，当然也不愿意听我谈谈我对婚姻的看法。我非谈婚姻不可，因为它是最重要的人生转折点之一。而且，婚姻确实值得我们一谈。很多年轻男女没有深思熟虑就草率恋爱成婚，确实让人难过。他们总是嬉笑着就把终身大事搞定了，多多少少有点愚蠢。更奇怪的是父母总是有意不给子女提供婚姻方面的意见和建议。

　　某位名人曾经口出名言说，如果婚姻完全由法律安排包办，它也一样幸福快乐。那天，我读了本由考古协会再版的《十七世纪牧师日记》。里面有篇教区长的日记写道，他有意安排自己的侄女和附近牧师的儿子结婚，一点儿也不觉得侄女会违背他的意愿，因为他十分确定这桩婚事特别门当户对，肯定幸福美满。也许教区长的想法是对的。世上有些人根本没主见，没法自己决定终身大事，那么最好是能有别人替他们安排。

　　像这种情况，约翰逊博士就说包办婚姻最好。看看仁慈的霍尔主教在美丽的萨福克郡安居下来的经历吧，他就是这么个例子。

"我的生活孤独简单，一个人打理一切。两年之后，我才真正意识到该结婚了，毫不奇怪上帝马上让我遇到了合适的。星期一圣灵降临节我和严肃可敬的格蓝迪吉传教士步行离开教堂去参加婚礼，在举办地门口我看见了一位清秀温和的淑女。我问格蓝迪吉传教士认不认识她。'是的'他说，'我跟她很熟，我还想给你说媒呢。'我想让他多讲讲那位女士。他说她是他很尊敬的乔治·维尼夫先生的女儿，父女俩住在布莱顿汉姆。格蓝迪吉觉得她和我是天造地设的一对，已经和她父亲谈过这件事了，他觉得她父亲会很乐意这门亲事的。格蓝迪吉告诉我千万别错过这个机会。他还跟女方说我谦逊、虔诚、性格好，还有其他很多优点，我都应该充分展示给她看。我听从了上帝的安排，最终和她结成幸福的伴侣，一起度过了四十九年的时光。"

席勒（注：1767—1845，德国学者，著有具有影响性的评论文章，翻译过数部莎士比亚的作品，并作有诗歌）在他的《人生哲学》中也对婚姻有着颇有见地的认识：

"最后，我们认为人性中即便是最强有力的本能也需要道德的约束和管制。文明国度里高贵的人们在人生最美好、最纯洁的时光里，也会通过各种各样的道德关系，自发地向更高层次的精神境界看齐。向更高层次的精神境界看齐是人心向善的自然反应。人心向善、赤诚向爱提高到忠诚的高度，就是庄严奉献。顺从天意才能找到心灵的栖息之地。生于尘世，人心向善是上帝最早、最先赐予的福祉，是道德的避难所。人心向善是一切种族和民族幸福以及道德利益的基础。爱使我们心心相通，将家人紧密连接在一起。爱是母爱，是孝心，是手足之情，是亲情，它无比坚强、无比美丽。它将无形的精神世界联系在一起，是人类精神世界内在的灵动生命力。我们必须考虑家庭教育问题。我说的家庭教育是下一代的道德培养问题。

"无论国家或个人建立了多少优秀的教育机构，无论这些教育机构是出于什么样的特殊方面或目的，无论这些教育机构是为了什么阶层或年龄段服务的，教育首先都必须是家庭的责任和义务。家庭是教育的起始点。当男孩成为男人，身体成熟、心智成熟；当女孩长成女人，离开父母的庇护，成立自己的家庭，家庭教育也就完成了、终止了。当身处危险、腐败的社会，人们才感到家庭是人类政治和社会双重框架的基础。但当人们认识到这点的时候往往已经太晚了。我们这个时代发生的很多事情都证明了这一点，历史上的文明古国也证明了这一点。很多著名的历史学家都能引用无数例子证明这一点。无论在任何时候、任何地方发生家庭内部的道德革命都会引发社会巨大的政治混乱，使整个国家陷于混乱之中，使本来井然有序、管理清明的国家毁于一旦。当大楼周围的栅栏和绳索开始松动，楼顶就开始摇晃，地基也开始摇晃，突然袭来的一场暴风雨就会轻而易举地把大楼摧毁。很多事情都是这样，星星之火就能点燃干枯的大厦。"

结不结婚其实很简单，要么是深思熟虑结婚，要么是盲目草率结婚；还有现在年轻人是不是结得起婚。以前人们热烈讨论过一个特别老的话题。伦敦有个公司警告雇员说，如果谁一年挣不到三百五十英镑还想结婚就得被开除。大家都觉得这条规定太武断、太不公平，甚至还违法。我们的法律谴责任何限制婚姻自由的行为。法国人结婚生孩子是完全出于利益目的。他们人口稳定，有时人口增长率稍高，有时增长率偏低。婚姻理念严重影响了国家的道德生活。1870年战争爆发的时候，法国和德国的人口处于正好平衡的状态。据一般情况统计，几年之后，德国人口将会是法国人口的两倍。国家没有出台任何政策限制结婚，社会观念也没有限制婚姻。可是如果钱不够就结婚，年轻人将来会面临很多严重问题。他要是想结婚，他最要好的朋友会说："不要仅仅因为你成年了就想结婚，尽管结婚是成年男子的社会基本权利。如果你成功地将这个观点灌输给那个你心爱的人，我不会反对你结婚。但是切记，你不能摆脱社会，摆脱世俗的观念，逍遥于世。没有多少钱还想结婚，一旦结婚，你就会因为钱不够而陷入重重困难。如果你已经做好过苦日子的心理准备，能够放弃奢华优越的生活，可以没有仆人，可以放弃原来的社会人际交往，搬到异地，像加拿大荒地去；如果你可以辛勤工作，不知疲倦、勇敢地面对各种不可知的艰苦生活，那么即便婚姻生活再贫穷，我想你也有充分的理由结婚。但要记住婚姻契约上写的话，'无论是疾病、贫穷、幸福还是悲伤，不离不弃'。"可以说，如果人们能清醒理智地看待婚姻，并且清醒理智地过日子，刚开始日子也许会苦点儿，但最终日子会越过越好，弥补刚开始时的不足，也许最后比别人还好些。

有些人认为婚姻的幸福程度是受物质基础所左右的。诚然，婚姻生活的不幸有时是因为钱包太瘪，但更多的是因为其他原因。英国人容易夸大经济困难，低估道德困难。打算结婚的人要考虑的不是他的抉择是不是会受穷，而是他的抉择是否正确。婚姻的幸福是不应受外界影响的。查尔斯·狄更斯在他的《大卫·科波菲尔》中也说："没有什么不和谐能比得上心灵和理想的不和谐。"新约在谈到婚姻问题时很直白地说："如果两个人不同意，他们又怎能走到一起去呢？"圣保罗说妻子能否确定救得了丈夫，而丈夫又能否确定救得了妻子呢？英文版的新约翻译的这句话有误，原文正确的意思应该是："如果你相信不可能改变你的异教徒伴侣的信仰，不可能成为人人艳羡的神仙眷侣，不愿意在一起就不要坚持。"教会也是这么理解这句话。"这句话是对婚姻的终极解释。"斯坦利主任说。这句话最终解释了也促成了克洛蒂尔达和克洛维斯、伯莎和埃塞尔伯特的婚姻。最终使两个王国——英国和法国都皈依基督教。尽管从婚姻角度说英国和法国皈依基督教并不准确。赌博式的婚姻解决了最严肃的宗教问题。新约第十四句解释了婚姻的基本性质和作用。家庭内部和谐是能解决宗教信仰分歧问题的。

婚姻生活中存在大量不幸。信仰宗教的人如果找了不信宗教的人做伴侣就失去了真正幸福的基础。夫妻理念相同才能敲出和谐之音，才能有真正的幸福。我承认如果思想、品位和谐，并且属于同一个生活阶层，没有共同理念的夫妻也有过得很幸福的。不平等的婚姻肯定不会幸福的，虔信宗教的人如果硬是和不信宗教的人在一起，将来肯定会非常痛苦的。

不幸的婚姻会给双方造成伤害，尤其是女方。婚姻生活的烦恼和不幸一般都是由双方造成的。作为普通人，我们都相信这个观点。仔细研究历史都能明白失败的婚姻中一般只有一方是错误的或应承担错误的主要原因。幸福的婚姻要靠两个人去缔造，而破坏一桩婚姻仅需一人之力。不善良的人或不相信基督教的人一般都任意妄为、自我放纵、藐视事实、无端指责他人，这样的人和幸福是无缘的。

我记得有个可怜人有一天来向我诉苦，问我该怎么办。他确实很难过，结婚这么多年，一直都很痛苦。他的身体状况很糟，我毫不怀疑这是精神痛苦造成的。他的老婆一直虐待他，他生病了也不照顾他，还让孩子们照她那么做。她总向孩子们说爸爸的坏话，说他爸爸欠了一屁股的债，经常酗酒，名声毁了，生意也完了。他就没干过什么好事。他最后一次受伤实际是对他最好的惩罚。他问我该不该离婚，该不该离家单过。我不太喜欢这个问题，因为这事太难办了。我不知该怎样回答，又不能不回答。如果是老婆离开老公而不是老公离开老婆，这事就简单了。圣保罗说过，无论是兄弟还是姐妹都不应受不幸婚姻的束缚，约翰·韦斯利给我们立了一个好榜样，"不去不来"。最后我想清楚了，如果他的健康状况需要安静细心的照顾，那他就应该离开他的妻子，离婚是对的。但我也告诫他不能因为妻子脾气坏、忍耐力差而离开妻子。如果那样他得好好想想是不是自己的行为使她这样的。据我了解，我觉得他应该承担绝大部分责任。我尽我所能安慰了那个可怜人，他就回家了。后来，他再也没有离开过他那个糟老婆。他的身体状况太糟，经不起折腾了。和他的坏老婆在一个屋檐下生活，他一天比一天憔悴。没人知道他们之间存在生与死的对抗。他最后死于肺结核。正如那句希腊谚语所说，死亡是治疗一切疾病的大夫。在教堂祈祷时常说的话——"解脱一切痛苦的快乐的事——就是死亡。"

婚姻是不可取消的纽带，除了夫妻之间谋杀，或比夫妻谋杀更可怕的罪孽，否则根本没什么能解开这个纽带。人在结婚前要长时间地深思熟虑，不能光考虑钱。婚姻是笔交易，决定了人生的形态和颜色。如果没有高尚的情操、坚定的意志，婚姻就会像张网束缚住你。要记住杰里米·泰勒讲述的著名寓言："希腊寓言中有个故事：大雪漫山，厚厚的雪甚至没过了雄鹿的膝盖。雄鹿们来到山间小溪，让溪水暖暖它们的腿。但霜雪又将它们牢牢地冻在了河里。年轻的猎人就在这个奇怪的天然陷阱中，捕获了雄鹿。人也一样，因为在单身的山里觉得不幸福，就来到婚姻的峡谷中，想借此甩掉烦恼，可却发现自己又套上了手铐脚镣，而且因为老公或老婆的烦躁易怒，遭受更大的痛苦。"当杰里米·泰勒讲这个奇异故事的时候，肯定有很多听者会心一笑。还有个比方不那么动听，跟前一个道理很相似。有位神圣的主教在布道的时候将婚姻比作希望能从毒蛇袋子里拿出条鳗鱼来，因此把手放进装满毒蛇的袋子里。这个比方不太讨人喜欢。女士们也许能更公正无私地对待婚姻问题。有很多历史人物都经历过错误的婚姻。像亚伯和他的老婆、苏格拉底（注：希腊哲学家，首创了问答式教学方法，作为获得认识自我的一种方法。他关于道德和正义的理论，通过柏拉图的著作而得以流传下来。苏格拉底因被指控毒害雅典年轻人的头脑而受到审判，并因此于公元前339年被处死）和赞提普（注：古希腊一位妇女，苏格拉底之妻，她常被描述得很泼辣而且老爱责骂人）。"妻管严"理查德·胡克（注：1554—1600，英格兰作家和神学家，著有《论教会体制的法则》）在家还得带孩子；约翰·卫斯理（注：1703—1791，英国宗教领袖。他于1738年创建了卫理公会。他的兄弟查理斯1707年至1788年写了上千首赞歌，书中包括"听，预言天使的歌唱"）被老婆揪胡子。撇开先例不说，理查德·胡克和约翰·卫斯理肯定也有一肚子的苦水要倒。夫妻争吵会造成两败俱伤，我们无论站在哪一方，都不应过分夸大婚姻的不幸。胡克还可以写他的书，卫斯理还可以布道，婚姻的不幸与幸福对他们影响不大。不过对大多数男人来说，生活的幸福已经不可挽回地毁掉了。

艾萨克·沃尔顿〔注：1593—1683，英国作家，主要以其关于钓鱼的文学作品《高明的钓鱼者》（1653年）而闻名〕从善良的理查德身上得出个奇怪的结论："痛苦是圣餐。"话虽这么说，但凡夫俗子却不认为痛苦容易下咽。如果上帝不是属意让你遭受痛苦，那么痛苦的味道就更难以下咽，除非你傻到不知味或固执到不在意痛苦。真要那么倔强也不可能有什么好结果。婚姻的好处显而易见，获得了婚姻带来的好处，就丢掉了更大的单身的好处。当男人和女人坦言因为婚姻丢掉了世上最好的东西，只能指望在坟墓里找到幸福，这确实让人痛心难过。

　　谨慎地说，财富也不是幸福的基础，健康强健才是最重要的。那些没有经过深思熟虑急于结婚的人都应该找保险公司的人好好谈谈，为自己的健康投保，将来也许会受益无穷。人们在考虑婚姻的时候没人会想到健康问题。如果真的考虑到了健康问题，心智正常的人也会想不结婚了吧。如果想到孩子会生病或早夭而亡，没人会生孩子的。考虑到家庭和亲情关系，我更是忍不住要好好想想婚姻的性质和很多更重要的因素。心态正常的男人在孩子还没出生前就会考虑到孩子的发展。出于同样的原因，男人会考虑和什么样的女人生孩子。家庭关系对婚姻生活中的孩子有着重要的影响作用。我的那个她有可能为孩子们祈祷吗？教育他们，让他们的思想开阔自由吗？培养他们，使他们高尚、优雅、虔诚，让他们热爱感激父母吗？在结婚之前，我们还要特别关注家族史。人们常说，三代才能出位绅士，这句话不假。会挣钱和会花钱的是完全两种不同的人。混浊的河流越流越清，我们并不在乎它变清的过程，只在乎清澈的结果。灵魂肉体的遗传特性很神奇。你可以从哲学观点或现实观点看待这个问题。达尔文先生会是你的第一个启蒙老师，教你从生理角度来看待这个问题。乔治·埃利奥特〔注：1819—1880，英国作家，其小说大都描述十九世纪现实主义传统，作品有《亚当·比德》（1859年）、《织工马南》（1861年）和她的杰作《米德尔马齐》（1871—1872年）〕当是第二个，他从情感角度看这个问题。每种看待问题的角度都彼此影响。人们会因一两个奇怪的原因结婚，也会因一两个奇怪的原因不结婚。婚姻属于很难解决的两性问题。如果不解决婚姻问题，人就不能理智从事。当我们从报纸上看到什么令人震惊的消息像暴力或谋杀，可以完全肯定这些事是不道德的。家庭关系中也存在邪恶，并且与残忍和贪欲相联系。这些可恨的犯罪记录反映自吹自擂的现代文明的丑陋一面。淫荡好色使人堕入犯罪的深渊。一种激情被另外一种激情扼杀，成为牺牲品。英格兰发生的无数可憎的杀婴案都说明，很多人肮脏、龌龊，很容易犯下残忍、变态的罪行。人结婚是有好处的，即便他不得不为此辛勤工作，放弃很多东西，那也好过加深他们的痛苦，继而变态犯罪使现代生活变得更加阴郁、肮脏。最著名的案例就是杀人犯拉什犯下的臭名昭著的杰明案。有个叫埃米莉·桑福德的女人提供了判拉什有罪的证据。这个叫埃米莉·桑福德的女人恰恰是发誓和他共度一生的妻子。对杀人犯拉什宣判时，克兰沃斯勋爵——那时还是罗尔夫男爵——提醒拉什，法律有规定不许妻子指控丈夫。如果拉什庄重发誓自己无罪，法庭就会否认埃米莉提供的证据，判他无罪。我们感到难过，歌德这个伟大人物竟然还成了卑贱的英国杀人犯。歌德给我们上了一堂道德课。歌德的传记作家描述了他一个又一个恋爱过程。他在所有的恋爱经历中都表现得有意无心，有点像现代的浪荡子。"她是完美的，"歌德说到凯西，"她唯一的错误就是爱我。"正如 G. H. 刘易斯说的那样，"他用无谓的琐事烦她，无端地怀疑她，毫无理由地就嫉妒吃醋，毫无缘由地就说她不忠，总是用无谓的争吵折磨她。最后，她忍无可忍了，她的爱也随着眼泪流尽了"。不过刘易斯太喜欢歌德了，还是替他辩解了一番。他颇有见地地说："天才有自身的生长轨迹。他们的生长轨迹往往很古怪，因为他们的轨迹半径很大。他们有时只遵守自己的行为准则，不顾家庭责任和社会道德观。因此，天才和道德并不是同义词。"哲学家说歌德确实是个道德缺失的人，他的非人性行为玷污了他完美的天才。他拒绝和品格高尚的弗雷德里卡结为夫妻，后来完全变成无知、放纵的人。歌德的婚姻生活就是他的人生转折点。一天早上，他陪一位眼睛明亮的年轻姑娘在魏玛公园散步。她非常仰慕他的才华，向他示爱。他爱上了她，但由于个性自私，他畏惧婚姻。他把她带回家同居，这在他看来就是结婚了，他的个人生活还是丑闻不断。许多年以后，等他差不多六十岁了，他正式和她结婚了，共同生活了二十八年。很遗憾很多年他没有真正拥有过她。如果年轻时他立刻和她结婚，他会更加快乐、更加幸福。如果他能忠于凯瑟琳，他也会很幸福。柔弱、充满爱意的女人自贬身价爱上了自私的男人，这种错误难于言表，他们本应该早就结婚的。毫无疑问，那些不做自我修改提高的人把事情弄得更糟。能看透人生的人会明白悲剧和不幸来自于忽视婚姻道德。

绅士约翰·哈利法克斯的精彩故事描绘了一个年轻女士是如何爱慕一

个年轻的制革匠的。制革匠对自己的祖辈一无所知，但从一本老书中他坚信有绅士血统。更重要的是，他立下生活目标努力成为一名绅士，还就此改变了生活细节。还有个相似的故事是关于克洛玛蒂的石匠休·米尔的。在他的《学校和校长》一书中，他描绘了他第一次见到未来的妻子莉迪亚·弗雷泽的情形。她"匆匆地走过花园路，很漂亮，她的皮肤像婴儿般柔嫩光滑，不像成年女性的"。麦肯金一家认为他们家比米勒家高贵，莉迪亚的母亲勒令他们二人立刻停止交往。后来母亲不反对了，但二人还是没能立刻成婚。这件事最后以皆大欢喜的形式结尾，成就了当代传记故事最美丽的一章。

汉密尔顿博士的恋爱故事也很有趣。我记得在他去世头一两年的夏天，在达特莫尔见过他。那天，我参加了在监狱里举行的宗教仪式，那位高尚的教士对五百名左右身着黄衫的绅士说："不要猜想明天。"而这五百名绅士的最大愿望就是能知道将来如何。我们站在长廊里，离我很近有个严肃、英俊的绅士。他吸引了我的注意力，我们一块吃午饭，我发现他是个很迷人的同伴，原来他就是汉密尔顿博士。那天，我碰巧翻了他的生活日记，看到很多情书。在他写这些情书之前，就已经是长老教会的既定传教士。他写了那么多封情书的"安妮"一定是个十分聪慧的女孩儿。一定是在她还很年轻的时候，他就和她订了婚，当然他们也一定明白在相当长的一段时间里，他们不能正式结婚。汉密尔顿博士给他的未婚妻写道：

"我很高兴你很喜欢工作，对音乐的品位也很高。我唯一担心的就是你的消息来源。这个世界有的是才能卓著但却一无所知的女人。她们跳舞绘画，女工针黹无所不通，但和她们在一起比单独关在本顿维尔监狱还难受。如果你能通过勤奋学习使自己才学日进，轻而易举地拥有丰富的头脑，你就能拥有你的姐妹所没有的东西。坚持每天两个小时的阅读，一年之后就会有很大收获。当然，如果我也在维纶豪，我会很乐意和你一起读书的。"昨天我又去了那家图书馆，借了我们一直读的那个系列的最后一本，很意外、很高兴地发现给予他一切生活快乐的那位安妮女士，是位非常出色的女士，他们的爱空前绝后。我们也许必须等待才能等到世上最圆满的幸福；也许还要等更长一段时间，才能等来天堂也没有的完美幸福。很多爱情婚姻无比忠贞，罗密利夫人去逝以后，无人安慰可怜的塞缪尔爵士。他的心碎了，在极度的痛苦之中，他结束了自己的生命。

埃利奥特先生为哈多勋爵写了《一生》，哈多勋爵就是后来的阿伯丁公爵。他在女儿的婚礼上讲道："也许在场的很多父亲都了解离开的亲爱的女儿是一种什么样的心情。尽管婚礼热闹，却也不无感伤，这使得婚礼不那么高兴。金多勋爵发言语气虔诚，诸位也是洗耳恭听。这使我有勇气求在座的各位为即将到来的婚礼祈福。年轻夫妇结合在一起，他们不但要在未来的人生路中相扶相帮，也应共同促成对方的永恒解救。我很高兴地了解到我未来的乘龙快婿坦言将来生活得要比上帝赐予他的还要好。我的女儿和她属意的丈夫在新婚之日毫不犹豫地要将自己奉献给我主耶稣。他们确定如果凡间的结合因为死亡而终止，他们仍可期待在基督的天国永远在一起。"

布赖顿的亨利·文·埃利奥特的回忆录中讲了一段美丽又富有教育意义的爱情故事。他向女方的父亲要了"一件珠宝，尽管珠宝没什么价值，但他愿意将珠宝视作生命，好好珍藏"。埃利奥特先生自己的书信也讲述了这个爱情故事。这些虔诚的书信所讲述的故事比任何小说所讲述的爱情故事还要动人。

"我向茱莉亚·马尔斯·霍尔求婚了。她的父母接受了我，如果茱莉亚同意的话，我们就能结婚了。她想见我，然后给我一个答复。这一步棋我走得很大胆。我的心总是骚动不安，想和她结婚的愿望一产生，就再也没有一天一夜的安宁和休息。我相信是上帝的指引。如果我将自己奉献给了上帝，我就应该是现在这个样子。只有上帝知道我这种状况什么时候才能结束。我的爱情故事是多么绚丽啊！"

"为我高兴吧！"他说，"茱莉亚同意了。在我给妈妈写了封沮丧的信几个小时后，我和茱莉亚一起散步，溜达了两个小时。她没有让我的心七上八下的，也没有再试探我、考验我，而是很大方地发誓用她那宝贵的心换我的心。我太兴奋了，此刻我的心充满了对上帝的感激之情。是他指引我走上正途，找到了个好妻子。"

"我如此深爱茱莉亚，如此珍视她，每一天我都有很多新的理由赞美上帝，是他给了我这个无价之宝。她如此公正、神圣、纯洁和温柔；她的一切行为是如此谦逊，深得人心；她的内心如此坦诚、充满爱意；她的举止如淑女般优雅；她的思想如此丰富，天生充满力量和魅力。她一点也不需要改变，她的一切都是那么完美可爱。我可以担保，她是天生尤物。在布赖顿初入社交圈的时候，她还有些青涩，但如今她是那么成熟完美。她个性虔诚、举止优雅、影响力深厚，这使她非常有资格掌管我教堂的一切女子机构。我必须坦言，我有将她当成偶像的危险。我日夜祈祷我的爱会让我永远感到满足，她的一言一行、一举一动都完全奉献给上帝。上帝给了我这个弥足珍贵的礼物，我将努力将这个礼物送还给他，并询问他我是否能将这份礼物永远珍藏，好永远表达我对上帝的感激和爱意，我以我的天赋永远为上帝效劳。我和她已经一起做功课，每天早上一起读圣经。'感谢主，让我的灵魂、我的一切都衷心感谢主。'"

我引用了这么多的话，还想再引用杜潘路普主教那本智慧小书《女学士》中的话："刚刚结婚的时候，年轻的夫妇应该好好思考，共同制订一个宏伟庄严的人生计划。他们要共同承担对彼此的责任；决定在家中谁说了算；未来的事业要怎样开拓；孩子该怎么抚养；将来该怎么走；要怎么保持社交关系；该怎么过私生活；该怎么建设家庭；等老了或死了该怎么办；日子该怎么过。总而言之，生活的一切重要阶段该怎么走。计划制订好了，就得按计划来实施，从结婚伊始直到死亡都应如此。渐渐地，年轻漂亮的主妇变得两鬓斑白。女性在一生之中更应该保证做到生活富裕美满，避免家庭内部的悲伤不合，不要冒无谓的风险。相反，如果上帝已经将她的生活安排得好好的，那么她的生活一定会很美满，她会一点一点、一个接一个地欣赏生活中的美。"

第八章
旅行带给你的转折

　　旅行总能令人们兴奋不已。常年在狭小的圈子里生活，一摆脱狭小圈子的束缚，到完全不同的地方，游览名山大川人文古迹，是多么令人愉快啊！第一次到外国旅行是多么兴奋啊！第一次看见大海是多么激动啊！就像吉贝尔一样，喃喃地说："这就是浩瀚的大海吗？这就是吗？"

　　我第一次离开埃尔斌（注：英格兰或不列颠的雅称）的古老海岸，漂洋过海来到一个崭新的世界，就像来到一个新星球一样。看到荷兰洼地上的座座风车和无边的牧场，或者看到"大陆南部随风飘摇的棕榈和座座寺庙"！很多人第一次看到耶路撒冷（注：以色列的首都，位于该国中东部，约旦河西岸。该城在宗教上和历史上极大的重要性可以追溯到公元前4000年，公元前1000年成为大卫王国的首都。于公元前六世纪被尼布甲尼撒毁灭。后被希腊人、罗马人、波斯人、阿拉伯人、十字军和土耳其统治过，最后受国际联盟的托管国英国控制。以色列军队在1967年控制该城。耶路撒冷是犹太教、穆斯林和基督教的圣地）时的心情和塔索看到第一批十字军时的心情一样。到外国旅游也能拓展人的心智。据说熟悉和了解东方主题对于完善大脑思维是十分必要的。否则，我们的头脑里只有一半生活和思维。麦考利勋爵去过印度之后，我们有理由相信他总想着重返故地。他曾居住过的地方是那么广袤、富饶。伯克（注：1729—1797，爱尔兰裔英国政治家和作家，以其演讲而著名。他为国会中的美国殖民者辩护，并且发展了政党责任这一名词的解释）在彻底细致地研究过印度后，他的演讲更加文采飞扬、更加生动。

这是旅游宏观方面的好处。它还有微观方面的好处——丰富人生阅历。

毫无疑问，无论是在国内还是国外旅游，任何一种变化都会对我们的思维和身体带来好处。亨利·霍兰爵士在一篇医学论文中强烈呼吁给病人变换生活场景和总让他们呼吸新鲜空气。如果不能旅游，也要从一间屋到另一间屋溜达溜达；如果连房门都出不去，屋里的家具也要换一换。全世界到处都是疾病和混乱。当一切治疗手段都无济于事的时候，也许简单、理性的旅游会创造奇迹。在某种程度上说，我们都有病。也许没人能很长时间不发脾气、不担心、不焦虑。用培根的话说就是令人讨厌的幻象总是侵犯我们的私人房间，让我们时不时地烦恼。走进清澈的阳光、呼吸清新的空气，你总能暂时抛开忧愁烦恼。这就是旅游的好处。当可爱的火车带你飞驰过田野还没到下一站，你的所有烦恼和焦虑似乎就已经全部抛在了出发地。看着眼前的景物变化，心情渐渐变得愉悦，头脑也活跃起来。不必仔细地分析原因，就很容易得到答案。在旅游的过程中还要保持休息和旅游的尺度和平衡，不能因为旅游而过于劳累。有很多种药物如果服用过量只会适得其反，不能消除病症反而会加重病症。总是旅游的人会失去享受旅游的乐趣。尽管每夜住的房间都不同，但无论是房顶还是四壁都和他以前长期居住的房间越来越像、越来越单调。一个人要是总看画廊的画也会腻烦的，要是一直看新鲜的风景也会厌倦。厌倦了旅游之后，最高兴的莫过于休息、干待着。最激动的旅游是回家之旅。

人是矛盾的集合体。根据科尔里奇借用的德国人的话说，人是由亚里士多德和柏拉图组成的，是物质和精神的矛盾体。用格莱德斯通先生的话说就是既爱狗，又恨狗。这些矛盾之处渗透到人性的各个层面，旅游是这样，其他事情也是这样。据说还有很多人只有在国外的时候才感到像在家一样。无论看过多少眼睛也不满足，无论听过多少耳朵也不满足，贪得无厌就像该隐（注：在旧约全书中，该隐是亚当和夏娃的长子，他出于忌妒而谋杀了弟弟亚伯并作为逃犯而被判罪），到处旅游就像永世流浪的犹太人（注：中世纪传说里的一个犹太人，因为在基督受难那天嘲笑基督而被罚到处流浪，直到世界末日）。人一旦旅游上瘾，就会永远不满足到处游玩。

> 你已经不是你，只是一个名字，
> 内心渴望着到处旅行……
> 你像束光照耀世界，
> 体验穿过拱门的那一刹那。

　　有很多人害怕旅游，对他们来说遥远的地平线没有任何魅力。他们天生就是宅男宅女。他们的思绪也许会短暂地飞离个人狭小的兴趣。他们的所作所为、所思所想和有些人一样认为旅游没什么新奇，今生就是了无生趣。我总能遇见那样的人，对他们来说最西面是集市，最东面是普利茅斯。超过这个范围就是空旷的一片，因此没什么可看的地方。要知道旅游也是有地域范围限制的。我们有时并不太在意旅游的目的，只知道旅游拓宽了我们的思维，更重要的是陶冶了我们的情操。因此对那些不旅游的人来说不必为了陶冶情操而非去旅游不可，他们还有很多其他方式提高道德水准。

　　对于宅男宅女来说出门旅游很难，他们完全可以用其他方法陶冶情操，任何宅男宅女都能做到。以家为圆心，以一天的最大行程为半径，我相信他们很快能找到有趣的地方。我们的英国历史悠久，名胜古迹众多，走不出半里地就能遇到。常常有外地人不远万里看当地人不屑一顾的景点。也许我们这里应该批评当地人对自家名胜不重视的态度。瘫痪在床的人细心、彻底地观察周围环境也能找到快乐之源，更何况行动不受限的当地人呢，他们也应该学会不要对熟悉的事物熟视无睹。如果学会了观察熟悉的事物，学会了这种小本事，毫无疑问我们将学会更大的本事。在这里，我们比较一下国内旅游和国外旅游的不同。国内旅游是责任、是爱国主义的表现。绝对有必要做一定的国内旅行，这样才能了解我们的祖国。我们的社会并不像大城市人所想的那样是完全老套、一成不变的。兰开夏郡（注：英格兰西北部的一个历史地区，位于爱尔兰海沿岸）、肯特郡（注：英格兰东南部一区）和康沃尔郡（注：英格兰西南端的一个地区，位于一座由大西洋和英吉利海峡环绕的半岛上）还是有很大区别的。奥克尼郡（注：一英国苏格兰郡名）人和希里郡人还是很像的，但还有很多细微的差别。

很多乡村人认为伦敦在遥不可及的地方，去伦敦就要漂洋过海。到外国旅游会看到完全不同的景致，国外就是比国内可看的东西多。但很多英国人大部分时间都待在英国了。虽然在国内狭小的生活圈子里我们也学到了宽容和忍耐，但到国外旅行带给我们的宗教教益更多。一位著名的法国学者写了一本《室内旅行》。如果英国人很难理解欣赏别的阶层或别的宗教，当然也能通过在自己的教区内旅行而受益匪浅。退一步讲，旅游的范围越大，观察到的事物越多，得出的结论越深刻。霍华德将旅游当成了独一无二的基督慈善事业。虽然每个旅行者都做基督慈善事业，但不可能都成为霍华德那样伟大的慈善家。我们仍然可以磨平棱角、去除偏见，用坦诚的目光去审视，使自己变得更加聪明、更加仁慈，进而相互表达良好的祝愿，推动国内和世界和平。旅行会使我们看到自身制度存在的缺点和别国的优点，以便取长补短。世界是人们不断施展精力和能力的舞台。个人的优点和财富所得都是上帝赐予的，都有着神圣的含义。如果我们郑重其事、尽心尽力地来处理事情，就能发现旅游能减轻人类痛苦、为人类带来更多的福祉。

关于旅游有句奇怪的成语，我们必须弄清楚它的意思。它的大意是说"入乡随俗，入国问禁"。这句话让那些带有严格英格兰观点、特教条的人按字面意思错误理解了。当你身处实行罗马天主教的国家时，就参加罗马天主教的宗教仪式。在国外，教堂的大门都是敞开的，任何人都随便进。在我国因为怕书和金银圣器被偷，游人是不允许随便进教堂的。旅行时，我们会偶尔离开大街和人流攒动的地方，专挑清凉、僻静的小路走，默默祈祷上帝会看到你帮助你，这样就能看到很多不同的景象。那句成语还有另外一层很顽皮的意思。旅游使我们摆脱了日常生活的束缚，这是它的好处也是它的坏处。居家过日子难免有压力、有束缚。总是处于常规习俗的禁锢之下，难免会使灵动的个性变得死气沉沉的。要时不时地打破这种常规，只有这样我们才能确定自己完全享有自由。很多在国内迫于公众舆论压力不可以做的，在国外可以做了。很多旅行者将这句成语当成了为所欲为的通行证和违规办事的借口。英国人到哪里都是中规中矩的，无论英国人是在罗马，或罗马以外的其他任何国家都只能是英国人，不可能做出什么出格的事来。英国人应该丢掉狭隘的岛国思想和有棱有角的倔强个性，但也应该永远保留鲜活的爱国思想和基督精神。还有很多外国人由于他们自己举止粗鲁、交际能力差怀疑甚至不喜欢英国人。普鲁士人现在完全倾向于相信英国是"人类的主人"。他们也相信自己和英国人一样优秀。普鲁士人自负，总爱夸大其词的劲儿也令人难以忍受，但他们有枪，比我们要强一些。虽然每个英国人都在努力维护英国在外国人心目中合理的地位，但最近几年，我们的国格在外国人心目中一落千丈。欧洲大陆的宗教随着旅游加深了对我国宗教界的影响。正如预言家所说：我们震惊地看到，生命的气息已经使干枯的骷髅复活。欧洲南部国家似乎正致力于宗教改革。三个世纪以前上帝赐予了他们恩惠，但他们毫无痛苦、毫不费力地就放弃了。现在，好像又像预言家说的那样，恩惠再一次降临到他们头上。旅游就像弥合欧洲各国创伤的灵药一样。头脑开化、笃信宗教的英国人仍然相信他们和其他人一样是最高真理的拥有者和护卫者。英国人相信他们必须通过一切理智和仁慈的方法将最高真理转交给遥远的国度和未来的人们，点燃真理的火炬，让它在祭坛上熊熊燃烧，永不熄灭。我们能成功地做到这一点，不是通过让别人改信宗教；不是通过寻求外国教会重建自己的宗教体系，而是通过展示自身的同情、善良和忍耐；通过深思熟虑提供物质帮助；通过身体力行表明我们的宽容大量与人推心置腹的交流；确立完美无缺的典范，推行仁德善行。只有这样，旅游才能帮助建立和谐统一的关系，才能充分运用旅游优势，幸福才能真正降临到我们身上和我们的土地上。

例如，英国国教在塞维利亚（注：西班牙西南城市，位于卡地兹东北偏北，该城在发现新大陆后尤其繁荣，且直到十八世纪早期一直是殖民贸易主要港口）积极从事的就是一件很奇怪、很有趣的工作。事实表明严肃的西班牙人放弃自己的宗教皈依英国国教之后特别喜欢英国国教的礼拜制度。和严厉的长老会教派相比，英国国教更容易被欧洲大陆改良教会所普遍接受。有位英国领事牧师最近在客厅议会（注：伦敦议会季节非常普遍的议会形式）里讲到要将推行情况非常良好的英国教区引进到塞维利亚这个伟大的历史名城里。工作日学校、主日学校、传教屋、圣经课堂和大教堂可以教育成百上千的善男信女。英国国教已经租了这些地方用西班牙语做宗教仪式。英国国教牧师用政治家一样的技巧和能力布道，以前认为天主教牧师才拥有这种技巧和能力。英国国教牧师尽可能在布道的过程中不让敏感的西班牙人感到英国异域元素的存在，尽量多用西班牙的内容。可以这么说，长老会教派完全不适用于天才的意大利人和西班牙人。这些国家反对教皇的运动实际是完全否定天主教的运动，不过简单、叛逆的清教也并不适用于南部国家。英国国教以其同情心和革新的宗教仪式丰富了欧洲南部的宗教形式。塞维利亚就证明了这点。欧洲南部的自发性改革可能也会产生和英国国教极为相似的宗教。

我们必须仔细考虑考虑旅游这个论题。从宗教角度看，旅游就是让我们去欣赏上帝手书的大自然。自然之书无处不在，展示在我们面前。旅游能让我们逐页翻开、细细品读。心灵纯净、能力卓著的人如此熟悉大自然，能够逐行审视自然的精彩华章，进一步理解上帝的神秘力量。上帝创造了世界，由我们来破解他在世界显示的密码，但他显示的密码是那些有眼无珠、充耳不闻的人所无法探知的。我们的思绪为上帝魂牵梦绕。"在春天，万能的上帝勾画了万象生机；在夜晚，他用明星残月点缀天空。他塑造了天高云淡、丘陵绵延。他那由无数琴弦做成的竖琴弹奏出蓝翎花的叮当声和暴风雨中大海的怒号。"这些话出自一位长老教会牧师之口，他的话可以和约翰·亨利·纽曼著名的优美诗句媲美："每一息清新空气、每一道光、每一丝热度、每一个美丽的未来，都是他裙带飘飘，他看见了天堂的上帝。"心灵纯洁的人有天分通过观赏风景得到宗教快感。对于他们来说大自然就像门农（注：埃塞俄比亚之王，为阿喀琉斯所杀，后被宙斯赐予永生）的竖琴，一经初升的太阳照耀，就能发出乐音，所有人都能听到。有创造力的人们能将诗句理解为优美的赞美诗：

> 我看见了上帝之手，可你却看不到，
> 我听到了上帝之音，可你却听不到。

我们的美感和受联想法则影响的程度决定了我们在旅游中能获得多少知性快感。观赏风景获得的美感要求我们本身受过一定的文明教育，这样我们的文明程度就能不断提高和升华。因此，即便是最普通的风景也具备壮丽景色所没有的诗情画意。没有人像坦尼森赞美林肯郡的沼泽乡村那样赞美过喜马拉雅。也正因如此，平静、普通的风景也会给人以美感和快乐，这是富有的粗俗之人所不能体会到的，他们更喜欢坐着马车欣赏欧洲的名胜景区。

有些人在旅行时看到壮丽的景色根本不激动。我曾看见牛津学子坐船游览莱茵河（注：西欧的一条河流，由瑞士东部的两条支流汇合而形成，向北及西北穿过德国及荷兰到北海的两叉流出口，途径许多天然景色，约一千三百一十九公里）看到美丽如画的湖光山色也无动于衷，就在那儿抽烟。他们坐船游览达特河时干脆在船舱里呼呼大睡。一提到莱茵河和达特河就让我想起一个很有名的朋友给我讲的奇异故事。这个故事向自欺欺人的旅游心态和旅游哲学都提出质疑。众所周知，在西方国家，达特河被称为英国的莱茵河。我的朋友在达特河乘船时遇到了一位普鲁士绅士，那位普鲁士人说他曾听人说过达特河被称为英国的莱茵河。他来看达特河就是想看看这么比较正确不正确。我的朋友脱口而出说他很熟悉莱茵河。"我一点儿也不了解莱茵河。"那个普鲁士人回答。他只是在科隆（注：德国一城市，位于莱茵河上波恩北部）坐火车时跨过莱茵河。但作为德国人，他了解自己民族的性格、历史和文学，可以通过意识感受到莱茵河的韵味。历史和文化是特定的，人的内心往往能感受到当地风景的味道。"打个比方，"这位形而上学的德国人说，"我从没到过瑞士，但我非常熟悉瑞士的风景。"恐怕他的评论对人们讨论达特河毫无帮助。我嫉妒现在可以轻松地想象天南海北旅行的人，不必花费很多钱财，不会有什么不便。用内心感受代替身体旅行无疑是个大胆的想法。

　　历史和文学知识不能使我们完全精确地欣赏风景，但没有历史和文学知识也不能很好地欣赏风景。对于历史学家来说，实地考察是绝对必要的补充。军事历史学家如果不仔细考察战场是无法描绘战争的。福路德先生不就在希曼卡斯待了好长时间仔细考察他要描绘的地方吗？麦考利不就在德文郡（注：英格兰西南部的州）耐心地待了好长时间，细细理解赛期莫尔吗？他不也在伦敦德里（注：北爱尔兰西北部一自治社区，位于贝尔法斯特市西北）待了好长时间，弄清楚了围城战役；在苏格兰待了好长时间，最终写出了著名的格兰克战役史的吗？弗里曼先生也在各个战场勤奋考察过。不单是历史学家，聪明的旅行家也会解决很多历史疑难问题，直到自己满意。运气好的话，还能为解决重大课题提供一点点有价值的信息。很多历史研究部门都会很高兴收到琐碎的精确信息。如果没有普通人合作提供资料，即便是著名的作家也写不出巨著，著名的演说家也做不出精彩演说。旅游传播了知识、传播了宗教。我知道，智慧之树长在了伊甸园，就成了死亡之树，智慧之树的果实也就成了烂果腐果。夏娃不是第一个为智慧之果引诱的人，也不是最后一个。爱情、忠诚和职责使她违背了上帝的要求。上帝要求我们生而有智。哲人说："人无智慧则无意义。"无知是最丑陋的罪恶。那些基督徒们年复一年空度岁月，智慧和知识毫无长进，只专注于自己原来的工作，我真不敢相信他们怎么能稳稳当当地睡着觉。聪明人旅游时，绝不会把旅游只当成令人赏心悦目的变化，他们会把旅游当成珍贵稀有的知识文化之旅。同时，他们自己也承认，在旅行中的所见所闻不过是"在黑暗中透过玻璃看东西"。他们明白，最好是活到老学到老。他们的绝大部分知识最后都能转化为智慧。

　　知识会使旅游更快乐，旅游会使知识更精确更有用。我们给物质造成的影响远远多于物质带给我们的东西。知识是联想之源的钥匙。对于那些聪明人来说，"记忆的墓地会让死者重现"。我要再一次重申，芬芳的空气、美丽的景致远远比不上快乐的心情重要。心灵会赋予物质情绪色彩。大自然的和谐长音只会暂时抚慰人的悲伤、懊悔、沮丧或绝望。大自然的壮丽会渐渐退去、消逝，夏日夕阳的魅力只会使人肝肠寸断。我特别喜欢诗人坦率、纯真的快乐，那种快乐使我不得不去爱，不去欣赏。

　　　　我不在乎，命运对我的无情，

　　　　至少你无法将大自然的自由、优雅从我身边夺走；

　　　　你不能关上天空的窗子，

　　　　因为黎明女神已经透过窗子绽露她盛开的笑脸。

　　有时，大自然给我们的只是冷硬的科学事实，毫无自由和优雅可言。黎明女神也只是神话中被人遗忘的阴郁、失势的神祇。智慧之旅是一定不会缺乏快乐的。对知识的兴趣一旦被激发，人发愤图强，以前对旅游的错误看法就会完全消失。山川湖泊激发了诗人的灵感，那是因为诗人理解了山川湖泊的灵性。除却它们赋予诗人的灵感，巴勒斯坦河又以何成其为巴勒斯坦河，埃及河又以何成其为埃及河，德国河又以何成其为德国河呢？在古老的大教堂里看到小礼拜堂或纪念碑能获得真正的知性快感。游览山川丛林让我们想起文学名作和伟人；参观城市平原想起欧洲历史上发生过的伟大的攻城破地战役；参观皇宫禁地和贵族城堡就能了解它们的历史地位。而那些普通的村庄或城市的平凡住所则是艺术和科学的发源地，在那里国家名人度过了他们的童年。要想理解低地国家（注：欧洲西北部的地区，包括比利时、荷兰、卢森堡）就要特别地准备一番，查阅大量资料。意大利的古典、中世纪和现代财富浩若烟海，即便是知识最丰富的旅行家也会因为不能完全领略而失望。每向真正的了解走近一步，我们从旅游中得到的知识和宗教益处就越多。基督徒特别喜欢游览宗教历史名胜。对他而言，那种联想激发了他的宗教精神，使旅行更有意义。有位旅行家在萨利斯伯里附近碰巧看到一个村子，村子里在郊区长家对面有座奇怪的小教堂，教堂长满了苔藓和常青藤，后院长满了杂草。乍一看，没什么特殊的地方，走进细看，它却是一座巍峨的教堂，完全能满足附近人们的精神需求。剑桥的演说家乔治·赫伯特（注：1593—1633，英国玄学派诗人。他的诗以宗教为主题，以丰富的意象和创新的音步为特征）过去常常在贝穆顿的那个小教堂里铿锵布道。在宗教仪式前后给祈祷的人们很多帮助。艾萨克·沃尔顿给我们留下了很多宝贵的东西，另外一所教堂就是为纪念他而建。如果没有这所教堂的捐赠，根本不可能建起纪念艾萨克·沃尔顿的教堂。在怀特岛有所教堂恐怕是英国兰最小的教堂，从教堂墓地能听到海浪声。墓地里竖立着一座纪念碑，纪念碑上竖立的十字架有时会将影子投射到后面的坟墓上，那就是威廉·亚当斯的坟墓。他是位脾气温和的学者，写过《十字架的影子》，也是成就卓著的当代寓言大师。汉普郡赫斯利的教堂巍峨壮观，几英里之外都能看到它的尖顶。重修之后，更以其富丽完整吸引了全国各地的参观者。对那些熟悉并喜爱《基督年》和同一作者的其他书籍的参观者来说，它更能引发深刻温柔的联想，令人想起自己神圣的宗教历程。可以肯定，任何表面的物质美是无法引发这种联想的。世界任何一处历史名胜都能使你呼吸加速、心跳加快。无论谁游览爱奥那（注：苏格兰西部位于内赫布里底群岛的一个岛。凯尔特基督教文明的一个早期中心，现在是一个游人甚多的景点），都不能不为之动情，都想用约翰逊博士的话来抒发一下。那种情感使我们更虔诚、更爱国。作为有思考能力的人我们不断进步。当我们游览历史名人遗迹，会立刻觉得自己是多么微贱渺小；回想他的一生就会减轻我们的痛苦，使我们更加努力奋斗、更加信仰上帝。我们非常感激那些心怀信仰和敬畏辞世的人们，并战战兢兢地希望"将来在天堂能有幸和所有虔诚的人们重聚"。

德·斯泰尔夫人说旅行是人生最痛苦的幸福。每个旅行者都像歌尔德斯密斯描绘的那样："在遥远的地方，身边没有亲朋，悲伤地缓慢前行。"在他那个时代没有谁比圣·保罗走的地方更多，也没有谁比他的行程更出名。在很大程度上，旅行也是件令人悲伤的事。作为基督的使徒，他经历了很多困难危险，而现代旅行几乎没有这样的困难危险。他是个非常热心肠的人，可能经常会因为热心肠而受到各种伤害。他绝不会快速斩断和别人的关系。来到一个城市就会结交新朋友，然后很快就会离开朋友去接触陌生人，再交新朋友。现在旅行家也会遇到同样的情形。你觉得那个地方不错就会在那儿盘桓良久，乐意安个临时的家。你原来几乎根本没有料到在世界的一角，竟然还有这样的处所那么适合你。在那儿，你遇到的人们都很有吸引力；你对当地的历史和政治越来越感兴趣，毫无任何反抗能力地被当地人深深吸引。那儿有个半圆形的海湾，悬崖上坐落着城堡，山谷里有果园，遥远的海上信号灯闪耀，完完全全符合你对美的要求和观点。你愿意在林间种花养草，愿意在浅水的石块间观察动物。离开它而不感到伤心是根本不可能的。只要在那个地方住上一小段时间，就会对那儿产生深深的依恋。即便是最无动于衷的人也会认为那儿是他们所知最适合他们的地方。但你必须旅行、必须前行，还有别的地方才是你最终的居所。一切都已经安排好了，根本不可能摆脱这种命运的安排。你不相信改变会改善命运，你很乐意同命运妥协，很乐意就此获得永恒的、近似的满足感和内心的平静安逸。这种心境是为幸福生活包围、为幸福生活保护庇佑所产生的感觉。命运就是命运，无人能摆脱命运的控制。

你要牢记，你的命运如此安排是上帝的恩惠。你非常惬意徜徉在傍晚逐渐暗淡的凉亭，完全不记得凉亭终会消逝，忘掉了你的幸福小岛是仅存的世外桃源，忘记了四季花开不败的花园是世上仅存的花园。在那里，你不朽的灵魂找到了永恒的家，但你无法找到肉体驻足停留之所。任何完美幸福的生活也会有不足之处。你能轻松自然地感受大地，时刻记得对于世界而言，你只是过客和朝圣者。人生旅程才是最长、最真的旅行。只有漫漫求索，才能寻求永恒的居所。你从一个地方到另一个地方，见过无数的人、无数的国家和政府，也许会渐渐清楚自己只是生和死两个永恒之间的过客。

今生今世的旅程我们不断提高道德修养，一心向善，未来的旅程也必将如此。我听说有人从未到过阿尔卑斯山，他们说等上了天堂再去。他们在回归天堂之路的旅程中要做的事太多，无暇欣赏上帝的精美作品——山川峡谷。但可以在天堂，透过天空欣赏巍峨的钦博腊索山（注：厄瓜多尔中部的一座死火山，高六千二百七十一点一米。是雷阿尔山脉的最高峰）和壮丽的安第斯山（注：南美洲西部山系，沿太平洋海岸从委内瑞拉向火地岛延伸约八千零四十五公里）那难以言表的魅力。静静的夜空，一簇簇群星闪烁，浩瀚无边，像海边的沙粒数也数不清，像逝去的人们。也许我们衷心怀念的人们应该第一批获得重生。也许应该鄙视这可怜渺小的星球，敞开怀抱迎接死亡，打开无限空间的大门。未来永恒无边，浩若宇宙，没有阴霾，欢迎我们逝去的朋友。他们也许会用五百年的时间遨游木星的卫星或回到远古时代。我敬畏时间的浩瀚，万物神秘莫测已经使我无法再思考下去。任何方法都无法解决宇宙的神秘。天堂从没有像现在这样幽暗神秘，我只能停止思考。

第九章
文学、科学和艺术

我们都相信坚持不懈、坚韧不拔地奋斗就有无穷的力量。"永不绝望，"埃德蒙·伯克给他的朋友写道，"如果绝望，就在绝望中奋斗。"正如马修·阿诺德所说：

> 认真思考工作就能起步，
>
> 历经磨难工作就能完成。

如果真是这样，马修·阿诺德为什么不写一首优美的诗篇，非要攻击不同观点、打击自然宗教的基础呢？这位桂冠诗人还说：

> 我很清楚，
>
> 任务要来了，我感受到上帝在工作了，
>
> 就在这个新年。

再引用一句："即便是做最卑贱的工作，人的整个灵魂也会在工作时进入一种和谐状态。"

　　我并不是有意推荐年轻人将文学当作职业。事实上，我反对将文学当作职业。根据现代标准，新闻也许是门职业。我有很多理由不鼓励那些年轻人靠爬格子谋生。正如培根所说文学是好东西，但不能拿来当饭吃。授人以鱼不如授人以渔。文学不是挣钱养家的最好职业，也不是最有用的副业。年轻人根本分不清渴望追求文学事业和有能力追求文学事业之间有什么区别。在文学界竞争也太大了。很多杂志编辑说他们收的稿子非常多质量又高，可以连发好几年，根本不愁没有稿子可发。搞文学还有很多不利的社会因素。尽管很多文诌诌的人非常高看文学，但并不推荐广大社会青年从事文学创作。

　　我们谈谈文学的另一面，也许会鼓舞热爱文学的青年们。每天早上、每星期、每月、每季度、每年都会有大量作者写出很多文章和书籍，并大量出版。文学水平较高、知识又比较渊博的人能够在作家大军中找到一席生存之地。文学界的巅峰是世界文学天才们，他们的学术平台远远高于同行，但文学界还有一大批普通成员。文化功底扎实、观察力敏锐、聪慧颖悟、思路清晰、表达流畅的人应该找点儿事做。"*Poeta nascitur, orator fit.*" 这句谚语的意思是说"天生我材必有用"。如果一个人有空闲、能独立，如果他有耐心、肯用功，如果他能经受时间的考验并坚持不懈，那么他的坚持必将带来回报。故意引诱年轻人从事文学，你会感到可耻的。但对那些收入不多的教士、没有案子可办的律师来说，物价飞涨但收入不涨，就应该干些爬格子的活儿补贴家用，也许最后还能歪打正着，修得正果。

　　成功总是迟迟到来，但成功一旦到来就补偿了先前的失败。注定成功的天才也得像受过教育的庸才一样学会耐心等待。要想成功就要学会等待，一蹴而就、一夜成名也许未必是好事。拜伦（注：1788—1824，英国诗人，被公认为是浪漫主义运动的先驱。著作有《查尔德·哈洛尔德游记》以及讽刺长诗《唐璜》。由于他的恋爱经历和反传统的生活方式，拜伦在当时是名誉扫地的。他死于为希腊脱离土耳其而独立所做的工作中）早上醒来就发现自己出名了，但声名却毁了他、扼杀了他。彭斯（注：著名苏格兰诗人）在爱丁堡的冬天过得非常成功，但后来的事实证明那个冬天是最不幸的冬天。就像时髦的东西很快会过时一样，如果人年轻时就闻名于世，那最好是年轻时就死掉，否则后半辈子只会往自己脸上抹黑。很多人一本接一本地发表作品，可每本都不怎么成功或者根本就是失败。他们就是觉得有话要说、要写，就不断地说下去、写下去，最后还真成功了。也许晚点儿成功对一些人来说是好事，对另外一些人来说则是毁灭性的，就像严霜摧残了花蕾一样。从人性角度上来说，如果济慈（注：1795—1821，英国最伟大的诗人之一，他的作品音调优美，古典意象丰富，包括《圣爱格妮斯之前夜》《希腊古瓮》和《秋颂》，但过早夭亡）活着时有坦尼森（注：1809—1892，英国诗人，其作品包括《悼念》和《轻骑兵的责任》，反映了维多利亚时期的情感和美学思想。1850年他获得"桂冠诗人"的称号）那样的成就，也许能活得长一点儿。但《季刊》杀死了他，正如它后来想扼杀坦尼森，《爱丁堡》想扼杀华兹华斯（注：1770—1850，英国诗人，其最重要的全集《抒情歌谣》同塞缪尔·泰勒柯尔斯基合作出版，为建立英格兰诗歌的浪漫主义风格作出了贡献。他于1843年被授予"桂冠诗人"称号）一样。

> 脑海中奇怪的思绪，
> 要靠文章吸出来。

现在《季刊》已经不敢再拒绝华兹华斯的稿子，华兹华斯也坐上了胜利的战车。

伟人成名的道路是多么漫长而艰辛啊！华兹华斯是经过了多久才得到公众认可的啊！有些著名的小说在未出版之前曾经一次又一次地被拒绝。夏洛特·勃朗蒂（注：英国女作家，《简爱》的作者）出名的道路也是充满艰辛。萨克雷（注：1811—1863，英国作家，著名小说《名利场》的作者）的《名利场》也曾遭到退稿。人在一生中能遇到好运气也不能说明人不坚持就能战胜困难。相反，只有坚持不懈才是战胜困难的不二法门。

艺术也是如此。当你坐下来聆听第一堂课，那是多么神圣的时刻啊！你跟着老师朗读诗歌，很喜欢也很欣赏，但不管怎么说诗歌对于你来说还是远离了你的生活圈子，有些陌生。你坐在椅子上，心中似乎有种思绪在翻滚，脑海中有种冲动，一些美妙的思绪喷薄而出，你发现自己有音乐天赋。你长久地观察大自然，发现散落在地上的五颜六色的落叶和远处的一带青山，突然之间你发觉自己有描画自然的本事，可以重现这些颜色。瓦萨里给米开朗琪罗讲述了一个非常美妙的故事。有一天多米尼歌在画桑塔·露琪亚教堂的时候，偶尔出去了一下，米开朗琪罗就用多米尼歌的绘画工具和脚手架，接着他的画画起来。多米尼歌回来看见米开朗琪罗的画，惊叹道："这个小孩儿比我还懂画。"上天赐予了米开朗琪罗非凡的创造力和创新能力，多米尼歌叹服了。维斯特说，是母亲的一个吻使自己成了画家。伟大画家麦克莉斯的经历也差不多。他刚刚去世，我们为他的故去悲痛不已。

1825年秋天，瓦尔特·斯科特在洛克哈特夫妇和埃奇沃斯小姐的陪同下匆忙地去爱尔兰旅行。他在科克待了一小段时间，在那儿的时候造访了书商大亨博尔斯特的书店。著名作家斯科特光临吸引了很多文学人士。麦克莉斯当时还是个小孩子，突发奇想想给斯科特爵士画个素描。他躲在书店不被人注意的一角，几分钟之内就画好了三幅素描，每幅都是不同的姿势。他把画拿回家，选了一个最满意的，用整个晚上继续加工。第二天早上他拿给了博尔斯特一幅高质量的铅笔和钢笔画，细节处理得非常好。博尔斯特把画放在店里最显眼的地方。那天斯科特爵士和朋友们又来书店，一进门那幅画细腻忠实的表现力就吸引了他的注意。他立刻问是谁画的。麦克莉斯一直站在远远的角落里，别人把他引见给斯科特爵士。伟大的作家温和地抓住他的手，很惊叹这么一个小孩儿竟有这样高的绘画水平，并预言他能出人头地。斯科特爵士要了支笔，在肖像画的角上亲笔签了名。瓦尔特·斯科特爵士的肖像画引起了艺术评论界的轰动。麦克莉斯虽然犹犹豫豫地缺乏自信，但还是在朋友的怂恿下在巴黎大街上开了家画廊，而后名声大噪。

巴里还是小孩子的时候从科克徒步旅行到都柏林（注：爱尔兰首府和最大城市，位于该国中东部，濒临爱尔兰海）。他随身带着第一幅画作《圣·帕特里克异教徒的对话》。画放在展室的一角，不太引人注意，但它没逃过埃德蒙·伯克的眼睛。他问秘书画家是谁。"我不知道，"秘书回答说，"是那个小男孩儿拿来的。"他指着巴里。巴里毕恭毕敬地站在自己的画旁边。"你在哪儿弄的这幅画，孩子？"伯克说，"谁画的？""我画的，"男孩儿回答说，"我画的。""啊？那不可能！"伯克说。他扫了一眼衣衫破旧的男孩儿。我们就不必赘述伯克是如何善待他，让他出名了吧。

一个人才智不断进步就会获得新本事。我记得有个嗓音条件很不错的人讲过自己是如何第一次发现有唱歌天赋的。她的妈妈带她去听著名歌唱家的演唱会，回到家以后，她就唱出了和著名歌手一样高的音。经过系统训练，她发觉了自己非凡的天赋。

我们再看看科学发展史和科学家一生中的转折点吧。布莱兹·帕斯卡尔是属于横跨文学和科学两个领域的英才。

布莱兹·帕斯卡是法国最纯洁、最高尚的名字之一，也可以说是全人类最纯洁、最高尚的名字之一。他生活在英国大革命时期。那时宗教腐败、法庭腐化，法国正酝酿着一场更可怕的革命。他出生在欧维涅的克莱蒙特。布莱兹还是孩子的时候就特别早熟，而且早熟得非常不自然。他的父亲觉察到了他比别的孩子早熟，不鼓励甚至制止他做超出年龄的工作。父亲不允许他干过多的工作，让他做的功课也是在同龄孩子接受能力范围内的。十二岁时父亲才让他学拉丁文。父亲亲自教他语言理论，他非常聪明总能立刻领会。在正式学习语言之前就已经理解语法本质了。十二岁时的一件事改变了他的思想。他和别的孩子都注意到，敲击玻璃杯会发出很长的颤音。但手一放到玻璃杯上，声音就消失了。这个小科学家感到很疑惑，决心发现其中的秘密。他做了很多实验，最后写出非常精彩的论文。他父亲就很喜欢做实验，当父亲做实验的时候，他就在旁边饶有兴趣地看着。不弄清楚事情真相，他决不罢休。不过，聪明的父母觉得孩子太小，科学对于他来说可能有些太严肃了。因此让他先学拉丁文再学数学。越是不让布莱兹学数学，他就越感兴趣。不管怎么说，他可以问问父亲什么是数学。他父亲跟他解释了什么是几何。"几何，"他父亲简单回答说，"就是教人如何得出准确的数字，和数字之间的比例如何。"父亲就给他解释这么多，就再也不让他多想、多问了。不过是金子总要发光，是天才总能自我显现。上课时间父亲规定一定要学拉丁文，活动时间他可以想干什么就干什么。他的小脑袋瓜总是想着父亲说的话。他一个人坐在大厅里，用木炭画着圆形、三角形，思考着它们之间有什么关系。父母小心翼翼地将科学书籍收好，不让他看。他也就不知道什么术语了。圆形他叫"圈"，直线他叫"棍"。就这样过了一段时间，这个小孩儿就掌握或者说发现了这些数学元素，而其他孩子要费好多力气才能从书本上学会。一天，帕兹卡正聚精会神全力以赴地搞研究，根本没发觉他父亲走进屋。他父亲问他在干什么，他说他正在研究欧几里得（注：*古希腊数学家，他把逻辑学中的演绎原理应用到几何学中，借以由定义明确的公理导出语句*）第一本书中的第三十二个数学定理。"你是怎么想的？"他父亲问。"我发现了这个。"他回答说。然后他又提到欧几里得的其他定理，然后一点一点地跟父亲阐释基本知识，一直说到几何学的最基本定义和公理。父亲为儿子的天才感到万分高兴。父亲什么也没说就离开了房间，想找个朋友聊聊，看怎么培养他的儿子。后来大家一致同意不再限制他学习数学了，还给他一本欧几里得的书，让他在空闲时间看。

正如人们预料的那样，他在数学方面突飞猛进。年仅十六岁，就写出了关于圆锥截面的论文。同时代著名哲学家笛卡儿（注：*1596—1650，法国数学家、哲学家，因将笛卡儿坐标体系公式化而被认为是解析几何之父。他的哲学思想基于唯理性的前提"我思故我在"*）读完他的论文叹为观止，几乎不敢相信论文竟出自如此年轻的人之手。十九岁，他发明了著名的数学仪器。二十六岁，完成了著名的空气重力实验，使他和托里切利（注：*1608—1647，意大利数学家和物理学家，发明了水银温度计*）和玻意耳（注：*1627—1691，爱尔兰裔英籍物理学家和化学家，他对化学元素和反应的精确定义将化学从冶金术中分离出来。1662年他提出了波义耳定律*）

齐名，他的实验和数学论著使他成为那个时代最伟大的数学家之一。

在他的一生中，曾发生过几次有趣事件。一天，他去探望他的姐姐杰奎琳，碰巧那时祈祷钟声响了。他的姐姐走进教堂，帕斯卡也从另外一个门溜了进去。布道师演讲的主题就是如何开始基督生活。他说性情温和的人因为世俗的牵绊，为自我解放设置了障碍，失去了响应天堂召唤的机会。帕斯卡认为这就是在说他呢。他把布道师的话当作上帝的警示。他还经历过一次更可怕的死里逃生。一天他坐着马车去纽利（注：法国中北部的一个城市，巴黎城郊居民区和工业区），还有几个朋友和他同行。那天是个假日，桥很高，有一部分还没有护栏。正好走到这段的时候，两匹头马惊了，一带缰绳就向一边跑去，冲出桥身跳进了塞纳河。也许是天意，缰绳断了，车并没有和马一起掉下去，而是牢牢地卡在了桥边。帕斯卡的虚弱身体根本受不了这种惊吓，立刻昏了过去，好半天才醒过来。这次事故给他留下了长期的深刻印象。这次事故很蹊跷，马本不应该受惊，马受惊后，车本应该掉下去但没掉下去。以后，他时常感到不安，而且危险好像总在左边。桥上事故就发生在左边，在桥上还留下了一个深坑。帕斯卡后来在一篇文章中谈到这次历险，说人类的虚荣总是屈服于想象。他说："世上最伟大的哲学家无一不是走很窄的天堑，下面就是万丈深渊，理性告诉他自己是安全的，但他总想象自己会掉下去。一想到走这样的路，就免不了心惊胆战。"

有一次他想写一篇著作，和朋友们热烈讨论著作大纲。他给著作起好了名字、拟好了大纲，并解释了他想要研究阐释的命题和关联。后来很多欧洲著名的法官聆听了他的演讲，他们说从未听过这么美妙的演讲，它说服力强，使人信服。帕斯卡用一两个小时阐述他的设计大纲，听众纷纷猜想这会是多么伟大的作品啊！后来有些听众将他的演讲加工整理，并发表了简介。他写这部著作是向宗教界表达敬意。这部著作奠定了宗教基础，证明了上帝的存在，证明了基督教义的存在。为完成这部著作，他用去了十年的空闲时间还搭上了健康的身体。他没有写完整部作品。他死后，人们发现了好多零散纸张写的都是关于这个主题的。后来有人将它们编辑整理命名为《帕斯卡的思想》保存了下来。这位伟大的作家似乎从没借鉴过任何一本书，只是经过深度思考，灵感一现，就随手找张纸像旧信件的背面或其他零碎纸张记录下来。他把这些零散纸张订好存档。也许是想等身体好一点以后再出版，不过他的身体再没好起来。《帕斯卡的思想》能保存下来就是个奇迹。破船载了好货，破纸记了美文。

科学历史上，总是反复发生奇迹时刻。有个奇异故事讲的是曼彻斯特的长袜织机是如何发明的。据说十六世纪一位叫威廉·李的牧师倾心于一位女士，可那位女士关心织艺甚于喜欢和他聊天，这让他感到很落寞。他决心造个机器免除手工劳作之苦。他成功地造出了机器，因为专心工作甚至忘记了那名女士。这项发明非常重要，但发明者的结局却很悲惨。伊丽莎白女王只给了他生产丝袜的专利权，却没有赐予他财富，所以他带着发明出国了，在国外伤心痛苦地死去。威廉·汤姆森最近在爱丁堡发表了一篇演说谈到艾萨克·牛顿爵士精彩的一生。牛顿发现了万有引力定律，万物彼此之间都存在引力。然而，他又发现了一些现象对自己的理论产生了怀疑。他将月球上物体的重量同地球上质量相同物体的重量相比较，发现二者重量相差很大。好多年他都没有公布他的发现。一天，他在皇家学院听了皮卡德的测地论文，论文指出以前对月球半径的测量存在严重错误。牛顿认为他的发现也许是正确的。回家以后，他继续计算，很兴奋地将计算结果给朋友看。计算结果论证了月球的运转轨道。威廉·汤姆森爵士的电学发明——检流计，尽管现在对它的价值下定论还为时过早，但它确实是科学史上的奇迹。看看著名科学家们是如何度过生命的最后岁月的吧，看看他们是如何希望在天堂进一步完善人世科学的。埃迪斯通在斯密顿（注：地名）病危的时候，一轮明月照进他的病房。他目不转睛地看着月亮说："多少次我充满好奇地看着它啊！我突然有了灵感，一下子明白了许多问题，这多让人高兴啊！"

查尔斯·贝尔爵士一生中也有很多光辉时刻，毫无疑问最重要的是他发现了神经系统。他的发现和马尔斯·霍尔的发现是我们这个时代医学界最重要的成就。他论文的责任编辑生理学家穆勒权威地声称，神经系统的发现和血液循环的发现同样重要。他的妻子说他将一页一页的纸叠加起来演示神经是如何随着功能增加而变得更加复杂的。人类的神经功能复杂多样；由最简单、最原始的行为功能直到人类最完美的嗓音和表情，神经系统控制着人类的一切行为。他的桥水论文阐述了神经系统的发现。贝尔爵士的另一篇论文《手》开辟了另一个学术纪元。他满脑子里想的都是设计理论。他和别人讨论、写信、给大英学术联合会做演讲都是这个内容。他想告诉科学家们万能的上帝是如何做的绳子、造的拱门。在《手》一文的结尾处，他说："人类灵魂每走高一步就能积累更多的理性知识。我们相信人类的最终目标是改善生活，改善为人类服务的机器，并不断革新。"毋庸置疑，贝尔爵士一生开创了两次重大纪元：一次是他结婚，一次是他用假苍蝇钓鱼。他的妻子是他嫂子的妹妹，所以他和家人有着十分密切的关系。他在结婚前后给妻子写的信中充满爱意，十分动人。"上帝无处不在，我的爱人，"他给未婚妻写道，"这是我的思维习惯。你认为我想都没想就当了设计师了吗？我是因为痴心狂热于建筑才当上设计师的。"他用假苍蝇钓鱼，向往喜欢乡村生活。在乡村的时候，他也总觉得自己应该思考点儿什么。他高兴地写道："我已经定好到考珀勋爵在潘桑泽的水塘去，那儿的鲑鱼和小马哈鱼一样大，我很有兴趣去钓鱼。要知道，那些英国公园非常美丽，它们装饰、点缀了英格兰，使英格兰更加幽静、更加美丽。我们在旁边的乡村小店临时安了家，这些小店还是很舒服的。常去乡村，我才能体会住在伦敦的另一番好处。"查尔斯爵士发现了幸福的秘密。我们也明白了，他之所以能写出《手》这么好的书，是因为钓鱼充分放松愉悦了自己。"除非手拿钓鱼竿，否则根本无法看到湍流的溪水、池塘、岩石、树木的美来。"阿美迪·皮索给他著书立传，他还写了自传。读他的传记，我们明白这些休闲场所使他获得了一个又一个学术成就。

解剖学家古德塞也有着相似的人生逸事。朗斯戴尔博士给他写的传记命名为"古德塞的一生和贡献"，书中详细描绘了他生命中的最后岁月。

"为拒绝见客，他每天晚上八点半就上床睡觉，早晨五点起床。这样在大多数爱丁堡人吃早餐前他可以工作五个小时。他生活俭朴，任何事都亲力亲为。白天把沙发当办公椅，晚上把沙发当床。这样他就睡在论文中和特殊文件中，不必担心会打扰到家人，可以随时穿上衣服开始工作。

"他经常收到欧洲解剖界和自然科学界的同人们的来信。人们都用景仰的目光崇拜他。如果因为不是非常熟识，人们不敢过于亲近他，向表达温情的友谊。他不太愿意写信，比塔利兰还不愿意写信，总是日复一日、月复一月地推迟回信。给他的信内容很奇怪，来自于各行各业、各种层次的人，像炮弹工匠、乡村医生、英格兰和爱尔兰的博物学家以及苏格兰的贵族。

"有人说他的公开课极有宗教理论意义。我并不是想改变我以前对他的看法。他在临去世前表达了单纯的心灵和对上帝的忠诚，他的所有宗教理念都源于单纯的心灵和对上帝的忠诚。他勤奋地研究上帝的意旨，完美地诠释了上帝的意愿，是个真诚卑微的基督徒。

"当他的身体不允许他再上课，无法体会上课的快乐了，就总说起学生们，谈到他以前那么尽心尽力地提高学生们的学业。他相信自己的学生会阐释他的学问，将他的哲学知识传授给下一代。可以预见他的成就经得起时间的考验，他教授过的学生能发扬光大、继续发展他的事业。坐在古德塞家的沙发上就像享受艺术熏陶，像呼吸清新的空气。他去世了，但他会享有永恒的荣誉光环。

"在生命的弥留之际，他仍然潜心哲学、宗教和思想研究，他的床头柜上放着艾萨克·牛顿爵士的著作、五卷关于圣经的著作、一部结晶学著作和一碟标本，他本想发表以三角形为基础的有机物学理论，但终于没有完成。那个瓶子里的标本是他晚年理想生活的最重要贡献。

"约翰·古德塞和爱德华·福布斯年轻时就是一起念书的同学，两个人共同亲密地从事自然科学研究，共同在自然科学研究和欧洲地区获得了声誉，并且同一个屋檐下尽享生命的最后时光。不是同年同月同日生，但求同年同月同日死，他们生前友情深厚，死后约翰·古德塞埋葬在爱丁堡大公墓爱德华·福布斯的旁边，墓前竖立着花岗岩的方尖碑。约翰·古德塞的螺旋形墓志铭刻在了方尖碑一侧。螺旋代表了古德塞著作中所讲的生命力量，表彰了教授在有机物生长方面的成就。

"有位作家在《帕尔默公报》上说，自约翰·亨特以来没有谁在解剖学方面能出约翰·古德塞其右，没有谁比他更专注于研究现象，没有谁比他能更深刻地理解、总结，没有谁比他更清晰、更有效地从事解剖学、人类学和比较学的研究。唯一的遗憾是他没留下什么发现和总结的记录。他积极地从事科学研究，几乎没有时间将他无数的科学研究发现成果加工整理永恒地保存下来。但仅存的一些著作也足以证明他聪明智慧、推理正确、总结有力，在哲学方面理解力深厚。无论任何学科，即便和他最喜欢的解剖学风马牛不相及，他都十分了解。1854 年，他接替死去的朋友爱德华·福布斯教博物史。博物史和他的专业稍有联系，他在博物史方面也是个大师。

"他的去世对于科学知识和学术教育来说是无法估量的损失，希望他慷慨大度的感染力和人性光辉不会因为他的去世而消失。他的弟子中也有像他那样的人，那样具有男性热情、那样高贵坦诚、那样具有骑士般高贵的自我奉献精神。"

他的一生主要研究和讲授解剖学知识。在英国似乎没人像他那样深入研究，将解剖数据列表合成。古德塞的历史地位不能用他发表的论著衡量，而只能用他的广泛创新和研究来衡量。他教授了万千桃李，为世界医学界带来恒久的影响。他用自己的方法教课，鼓舞、教育了很多人。他不但找到了解剖数据和事实，而且用各种方法诠释了这些事实。像展示水晶石的不同侧面一样，发现了全新的偏振现象。

古德塞干起工作来玩命，甚至不知道放松一下换换心境。每天如此，执着倔强地工作。他干起工作来就像自己的身体是部机器一样。他的脑子不停地运转，就像有煤不断送进英国炉一样。他的生命一点一滴在繁重的工作中消耗掉，他的每根神经都像紧绷着的琴弦，好像随时要上台表演。很多朋友要么亲口建议，要么写信建议让他工作悠着点儿，但古德塞拒绝一切娱乐，只知辛勤工作；根本不管明天该怎么消遣，脑子里永远想的是他的研究。他对工作有无尽的热情，不允许耽误、拖延实现工作目标。多年不停地工作很自然导致了健康的破坏、身体功能失常和病变。所有解剖学者都想逃离解剖室到安静的乡村去，聆听大自然的喃喃私语；所有解剖学者都想彻底地放个假，但古德塞好像不知道什么是放松。他出国度假，不是在拉贡·马吉奥河或布鲁昂河岸边欣赏风景，而是在柏林和维也纳的博物馆里学习研究。从欧洲大陆旅行归来，朋友问他假期过得怎么样，他头脑简单地说了实话："啊，很好！我一天六个小时待在博物馆里，和穆勒、海特尔和高利克在一起。"异域优美的景致丝毫不能引起他的兴致，唯一使他感兴趣的就是研究有机体，没有什么比自然科学发现更吸引人的了。

下面讲的人不是科学界的泰斗，但在他那个时代，他还是很出名的，他一生收获颇丰，他就是亨斯洛教授。

他能力卓著、热情肯干，哪怕是普通工作，他也能创造出非同凡响的成绩来。作为一名大学教师，他孜孜追求理想，因而成功地获得了大家的关注。在无知、低俗的芸芸众生中，作为一名牧师，他给大家带来了知识和光明。在剑桥学习的时候，他以卓越非凡的口才见长，以致力于自然科学而闻名。获得学位一年后，他被任命为矿物学教授。他的演讲风格流畅、生动，是那个时代最杰出的演说家之一。作为博物学家，他先后到过怀特岛、曼岛、安格尔海和其他许多地方，并彻底勘察了剑桥郡。他的传记作家热情地说他很幸运发现了一种特殊淡水双壳贝类，以前人们不知道总是将这种特殊淡水双壳贝类和普通的淡水双壳贝类相混淆。后来这种贝类就以他的名字命名，也使他流芳千古。三年后，他被任命为植物学教授。他立刻显示了他的实践精神，重建了废弃的植物园，并充分利用，在一所废弃的博物馆里收藏既完美又有价值的展品。他的教室里很快坐满了感激的学生。夏天他和学生们一起坐着大马车去芬思的偏远乡村。他们带的大箱子和各种设备引起当地人的极大兴趣。三十岁时他结了婚并被任命为牧师。他一周一次敞开大门在家中迎接学生和其他人。这个方法非常好，他家就像大学生喜欢的俱乐部一样。他著名的学生达尔文先生盛赞他的品格："没有什么比他给予学生的鼓励更简单、更温暖、更真诚的了。我很快和他熟悉了。尽管我们十分敬畏他渊博的知识，但他身上有种神奇的力量能让人感到跟他在一起很随意。在见到他之前，有个学生只用一句话简单地总结了他的成就：他无所不知。他比我们年龄大得多，在各个方面都比我们强，每当我回想起和他在一起时总感到十分轻松惬意。我想这是由于他个性真诚、透明、热情，从不以自我为中心。"

也许是由于他政治方面的贡献，他被国王提拔到舒福柯的希区安。那里生活环境更好一些，一年挣一千镑。教区太大，工作任务更重，他聪明地决定放弃大学教师工作，全心全意干牧师工作。他的新工作使他的毅力、勇气和旺盛的精力得以充分施展。这个教区原来风气很差。村民们生活穷困，道德水平低下。没人去教堂，教会费非常高。人们游手好闲、思想堕落，犯罪频频发生。人们内心深处还是渴望最普通的道德教育和最基本的宗教知识。新官上任三把火，他最急迫的就是整治风尚。没人帮他，教民们无知、不讲理、迟钝，反对他搞道德建设。他的第一项工作就是唤醒教民们沉睡的对知识的渴望。他决定用喜闻乐见的方式慰藉他们。他组织了板球队，给大家放烟火。他亲自撰写并出版一系列《致舒福柯农民的信》。在信中他的科学知识派上了用场。他积极支持承包制，建立铁锹承租制，并在自己的教区里推行。他全然不顾他的主要教民——农民们——的坚决反对，将植物学引入乡村教室。后来孩子们也会写双子叶植物、阔叶植物和花托这样非常难写的词了。该区的教育检察官向上级部门报告说希区安教学状况很好，后来国家教育委员会同意将植物学作为学校正式教学科目。亨斯洛教授还用另外一个办法——娱乐基金——激发了教民沉睡的智慧。他用娱乐基金的钱带领村民参观了很多好地方，包括1851年的大英博览会。在他的详细筹划和积极关怀下农民们还参观了剑桥。后来诺里奇（注：**英格兰东部伦敦东北的自治区**）主教位置空缺，上级考虑是否应让他担此重任，还是派他做稍低级一些的工作。他的朋友给他透露了这个消息。他躲进屋里，跪在地上做了一次特殊祷告，祈祷永远不要让他担任这么重要的职位，因为他觉得自己不适合干这么高的职位。即便让他干，他也不想干。后来他还是在希区安当牧师而不是去诺里奇当主教。他十分感谢上帝的安排，认为这是他祈祷的结果。

亨斯洛先生讲课非常出名，已故的女王丈夫曾邀请他到白金汉宫给年轻的皇子们讲课。据说"他在乡村讲课时语言简练、全情投入，在皇宫他以同样的魅力征服了年轻的皇子们，他们都听得聚精会神，认真聆听他的教诲"。他参加了 1860 年在牛津举办的英国协会会议，是博物学分会主席。与会会员激烈争论达尔文的理论，他起到了很好的缓和作用。"我非常尊重朋友们的见解，"有一次他写道，"但我也告诉他们除非他们能提出更有力的证据，否则无法使我相信达尔文的理论。"他反对一切否定上帝的科学理论。他在生命的最后一段日子里，突然对凯尔特人漂流非常感兴趣。1860 年秋，他到法国去看亚眠（注：法国北部城市，位于巴黎以北索姆河沿岸。建于罗马以前的时代，中世纪以来一直是纺织中心）和阿布维利著名的砾石坑，就阿布维利文化写了好多封信，反对别的科学家确定的遗迹年代。然而，他的观点也并不确定。在病入膏肓的时候，他想在牛津哲学协会发表他的结论。据说，他相信阿布维利文化并不像地理学家说的那么久远，但确实比已知的人类在地球上的生存时间早。

他去世得也很神奇，大夫在耶稣受难节（注：复活节前的星期五）告诉他他活不了多久了，从那以后他对自己的命运就漠不关心起来，完全超越了对生的欲望、对死的恐惧。在死亡最终将他解脱之前，他还是面临了很多痛苦，但他决不退缩。死亡越来越近，他的痛苦也越来越深，他冷冷地看着生命即将终结时一次又一次的征兆。他和医务人员交谈，和他们一起从哲学角度讨论生死问题，因为自己正面临着这个问题。病重时，他是个模范病人，耐心地顺从上帝的安排。他虔诚祈祷，从不因身体状况糊弄了事。他完全、充分地相信上帝，感谢上帝对他的无比仁慈，完全不再畏惧死亡。他说："真荣幸活着的时候能当基督徒，真荣幸能作为基督徒而死。我很吃惊，我本该畏惧死亡的，可我并不畏惧。我早将灵魂放在了造物主——上帝手中。"

著名的解剖学家威廉·亨特堪比这种精神。他在弥留之际对朋友库姆博士说："要是还有力气握笔的话，我就写下来死是多么轻松愉快的事。"

没有谁比布鲁内尔（注：1769—1849，法裔英国工程师，发明了隧道掘进铠框，1825 年至 1843 年在建泰晤士隧道时，成功地运用了此项发明）的一生更有意义、更有收获了。他的事业屡遭不幸，蒸汽铁路就是一大惨败。他的宽幅铁路标准尺在标准尺竞标中失败；他的大英轮船遇难，公司也因此破产；开辟大东轮船航线也遭遇重重困难。这些失败是伟大的失败，预示着成功的来临。大东轮船航线将大英轮船航线和美洲相连，将法国和美洲相连。大英轮船至今仍是澳大利亚一线最快的船。布鲁内尔还阐释了返祖现象，这个理论借鉴加尔东先生（注：1822—1911，英国科学家，他 1869 年出版的书《遗传本质》奠定了优生学的基础）优生学理论。

布鲁内尔指挥的著名工程就是泰晤士河隧道，他发明了著名的隧道掘进铠框，穿越了河床。在这项工程中，儿子伊萨姆巴德起到了显著作用。父亲夸儿子机警、热忱工作，贡献很大。最后十天，伊萨姆巴德将工程推进了七节。十天之内他一共只睡了三小时四十分钟，他那时还只有二十一岁，他能力出众、头脑灵活让父亲很高兴。然而，因为河水入侵，他们不得不停工七天，耽误了工程进度。布鲁内尔爵士活到了八十一岁，欣慰地看到儿子的巨大成功。无独有偶，斯蒂芬森〔注：1781—1848，英国铁路的先驱，1814 年制造了第一辆实用蒸汽机车，1825 年修建了第一条客运铁路。他的儿子罗伯特（1803—1959 年）建造铁路、火车并架设桥梁〕也亲眼见证了他的儿子——工程师罗伯特·斯蒂芬森——的非凡能力和成功。

想要了解布鲁内尔的卓越天才就要到大陆沿海看看。没有铁路比连接德文郡和康沃尔郡（注：英格兰西南端的一个地区，位于一座由大西洋和英吉利海峡环绕的半岛上）的铁路线更雄伟壮观的了。看看那些火车是如何飞驰过海岸线，经过一系列隧道穿越海峡的吧。火车穿过海洋经过埃及桥能到达稻里斯小镇。有个故事说在稻里斯附近住着位特别讨厌和人交往的绅士，他在海边上住着就为了不和别人来往，但布鲁内尔和他冷冰冰的火车搅扰了他的清静，让他彻底绝望地死去。我相信是布鲁内尔出主意装饰铁路线的。他很乐意装点自己的家乡，让它特别漂亮。连火车厢的颜色他都考虑到了，铁路线和火车成了当地的一道风景。离泰恩茅斯几英里远，在泰恩茅斯和托克雷之间，是可爱的瓦特库姆，附近人常到那里去玩儿。布鲁内尔在那儿买了块地，盖了所大楼，住了进去。铁路线穿过达特穆尔高原（注：英国西南一高原地区，因其裸露的花岗石突岩而闻名，还保留许多青铜器时代村落的遗迹），路过此地的人无不惊叹艾维布里奇美丽的高架铁路桥。美丽的石桥清幽地横跨天际，俄恩河穿过郁郁葱葱的峡谷，流过高沼地，经过高架铁路桥的拱门，汇入海中。一离开普利茅斯就能看到在萨尔塔斯的阿尔伯特亲王桥（注：阿尔伯特亲王，维多利亚女王的德裔丈夫。他对女王影响很大，并且是艺术、科学和工业的鼓励者）。在建桥以前，布鲁内尔考察过这个地方，认为塔玛尔河的河口太宽阔了，不适合建桥。但困境激发了他勇于发明创造的天性，他终于完成了他的伟大杰作。桥的主体部分是桥墩，公众往往忽略它，不过专家们倒是对它很感兴趣。他们找到块石头可以放置桥墩并垫上气压装置。因为必须切开牡蛎壳堆积的岩石，堵住河底岩石上的泉眼，工程耽搁了。这座大桥的中心桥墩是布鲁内尔事业的顶峰，但不是让他十分满意，没有达到他理想的顶峰。阿尔伯特亲王亲自为桥揭了彩，布鲁内尔本人因为身体健康问题没有出席揭幕仪式。后来医生允许他第一次也是最后一次参观他的工程。从阿尔伯特亲王桥沿康沃尔线往西走，可以看到布鲁内尔最喜欢的一系列木质高架旱桥和水桥。铁路跨过一座又一座山谷越来越高，桥墩好像一点儿也不结实，但实际上结实无比，而且花的钱也不多。康沃尔以其景色优美著名，有铁路经过半岛，也成为当地一景，人人都很愿意到那儿游玩。

布鲁内尔的成功主要是源于他对成功的热切。他第一次努力尝试竞选设计克利夫顿的斜拉桥时，最著名的工程师特尔福德任评判长，否定了布鲁内尔和其他设计师的设计。他认为布鲁内尔设计的桥身跨度太大、不安全。特尔福德也提交了自己的设计方案，但因为桥墩太多，建筑资金不够用。最后还是布鲁内尔当了总设计师。有一次他坐着铁索吊篮过河差点儿丢了命。吊篮卡在了半道上，他不得不爬出吊篮，爬到铁索上等待救援。开工没用几年，建筑基金就用光了，工程被迫半道停工，在他去世后大桥才完成，一方面纪念他的丰功伟绩，一方面抹去了国家没有建设能力的污点。当时并不算成功的桥却成为伟大设计师的杰作。竞标设计克利夫顿的斜拉桥是他事业的起步。他儿子说："他后来的成功都来源于他最初的成功竞标设计克利夫顿的斜拉桥。他努力奋斗，最终获得了成功。"他竞标成功成了大西铁路线的总设计师，一天常常工作二十个小时。他的助手说这段时间是"他人生的转折点"。"他的体力和精力都处于最佳时期。为了克服重重困难，他的能力不断迸发。他给委员会提供的翔实设计展示的天分和知识使他成为设计大军的顶尖人物。"他事业的光辉时刻就是将海洋蒸汽轮船航线同大陆运输线相连，无限拓展了运输范围。有人评价说，伦敦和布里斯托尔（注：英国西部的港口）连接起来了。布鲁内尔说："为什么不在布里斯托尔和纽约之间增设航线，就叫大西运输线呢？人们当时把他的话当成了大笑话。不过当晚布鲁内尔就和一名董事谈了这件事。于是就有了后来的大西运输线、大英运输线和大东运输线。他大胆创新，想打造一艘足够大的铁船并配上足够大的螺旋桨，第一个将螺旋桨引入海上商运，并逐渐将船队都配备上了螺旋桨。

布鲁内尔个性鲜明有趣。他想知道把钱吃进肚里人会怎样，就吞了半镑硬币，命差点儿丢了，让人觉得他这人挺痴憨、挺有意思的。他个性温和、判断准确，拥有很多真心真意的朋友。他工作起来不要命，能一连二十小时不睡觉。正像我们提到过的其他人一样，长期艰苦的工作破坏了他的健康。平心而论，要不是他工作起来不要命，他应该能多活几年的。构建大东运输线更是极大地破坏了他的健康。有一天他打算坐船去维摩斯，但突然瘫痪了。

回顾这些在艺术、文学和科学界作出杰出贡献的伟人的一生，他们不是由于生命中出现转折点才名扬四海的，是孜孜以求地工作实现了他们的人生价值。一位古老的希腊悲剧作家说人到死那天才感到幸福。这种说法无疑是错误的，临死那天和生命中的其他岁月没有什么重大区别。一辈子都过得很凄惨，临死最后一天过得很幸福；或一辈子都过得很幸福，临死最后一天过得很凄惨，并不能从本质上改变人类生存的复杂状态。况且，一天不足以改变人生的整体状态。临死最后一天也许过得很快乐，也许一点儿也不快乐，甚至很凄惨。安逸、舒适的一生结局一般不会很凄惨。让具有科学精神的人们按照培根说的那样勤勉地过一生吧，"仔细观察、有据可查地做结论，做出有利于民的发明和发现，你迟早能实现你的人生目标。"要想成功，我们必须深思熟虑、积极实践、努力坚持这些伟人教会我们的每一课。任何成功时刻无论多么光辉灿烂，终会消失掉，生活又恢复平静。偶尔的波澜不能改变生命之河的流向。诗人曾说：

> 工作赋予我名望，
> 名望又赐予我工作。

毕竟，工作是伟大的，远远超越了名望。伟人告诉我们，人生的最大快乐在于运用能力，让生命燃烧，为最高目标而奋斗。艺术家从工作中获得的快乐不是赞誉和奖赏，而是付出最大努力后所获得的最大快感。我付出努力并不是为了将来戴上荣誉的桂冠。不要想着天上掉馅饼的好事，真实的幸福来自于工作，最高的工资奖励在于"留得身前身后名"。

用席勒的话作为本章的结尾最合适不过了。他说："在科学实验方面，信仰和知识同样重要。在现实生活中，要怀有信仰开始事业。想想当年哥伦布，手拿指南针，坚信指南针引领的方向，坐着他那弱小的船穿过未知海洋的惊涛骇浪，怀着坚定的信念找到了新大陆，开创了科学和人类历史的新纪元。他所有的好奇心、所有对知识的渴望和探求、所有的思考、所有的猜想、所有的假设也并不足以给他完全充分的信仰，是别人提供的事实，毫无疑问亲身经历的事情才使他大胆坚信新大陆的存在。一切重大发现多多少少都是这样实现的。人做出重大、决定性的行为，个人或国家发生重大事件也莫不是出于同样坚定的信仰。"正是信仰促成并决定了人生重大转折点的出现。

第十章
成 功 的 律 师

英国历史上出现过很多成功的律师，以正直、勤奋和虔诚闻名于世。律师界有很多大名鼎鼎的人物留给我们很多值得学习的人生一课。像正直、虔诚的黑尔，才高八斗、拥有拳拳爱国之心的谢尔顿和极为虔诚、和蔼可亲的大法官威尔顿，还有现代英格兰曼斯菲尔德的大法官凯尼恩、埃伦伯勒、坦特登、登曼和坎普贝尔。每个名字都代表一段历史和生命，我们可以从中受益。所有的大法官无不虔诚地信仰上帝、品格高尚，那么令人怀念，那么慈悲悯人。还有很多大律师，你也许不太知道他们的名字，但他们在任职期间，努力使法律部门成为国家政府部门，像里兹代尔勋爵、威廉·格兰特爵士和斯托厄尔勋爵。威廉·格兰特爵士的一生对我们尤其具有教育意义。他是加拿大的前总检察长。在英格兰律师界曾经有相当长一段时间是个无名小卒，无案可办，后来皮特找他负责加拿大的案子，他的事业才有了转机。总理还给了他议员席位。尽管那时他在律师界还默默无闻，但他毕竟穿上了律师丝袍，有机会证明自己是个伟大律师，而且还是个伟大的议会演说家。据布鲁厄姆勋爵说，除了皮特先生，没人比格兰特在议会的影响力更大，他的口才无与伦比，能说服整个法庭。"他的口才魅力无法描述，他对听众的影响力就像弥尔顿画亚当时描述的那样，'亚当聆听鸟儿的私语，而鸟儿早已不再私语。'"

另一位和威廉·格兰特爵士一样伟大的律师是斯托厄尔勋爵，他的名声被名声更大的兄弟埃尔登勋爵的光芒给掩盖下去了。斯托厄尔勋爵的美名也许会誉满全球，也许会更持久。他是国际法的撰写人之一。如果读读像《国际法律的惠顿因素》这样的公共法律课本，就能知道是杰里米·本瑟姆的才华。他给这本书提出了很多意见也多次被采纳。在长期的法国战争中，杰里米·本瑟姆主持并部分撰写了《民法》。《民法》规定英国人和外国人一律平等、一视同仁。英国的法律作为英国胜利的标志在欧洲扬名。还有很多你不熟悉的伟大律师，他们使外国对英格兰有了正确公正的评判。斯泰尔夫人曾反复引用过伯克说的话：预见了后世子孙对我们的高度评判。斯托厄尔勋爵回首往事总把牛津求学岁月当成他一生中最快乐的日子。在牛津的求学引发他无数联想，那段日子对他来说比任何诗卷都感人。

几年前，成功的律师彭伯顿·利——金斯宕勋爵——去世了，身后留下很多私人印刷但从未公开出版的作品。有些顶尖的评论报纸获得国王批准出版了回顾他的议会和律师生涯的文章。他五十岁就从两项工作退休了。他拒绝当大律师也拒绝当大法官。公众没太听说过他的名字，他本人也讨厌出名。但二十年来他一直是最高法院最好的法官之一。他从不拿工资，贵族头衔是从国家获得的唯一回报。他生动地描绘了自己早期贫穷和艰苦的工作，接着又说："早期的艰苦就是为了准备后来的收获。不知疲倦地工作是成功必不可少的条件。经济独立就像美德和幸福一样是人生不可或缺的。为了躲避苦难和债务做多大的牺牲都不算什么。"彭伯顿·利获得了大量实践，说服平民院进行了几次有效改革。他描述了第一次选举获胜时的心情："我永远也忘不了那天晚上，我那么激动，当选了国会议员。我跪下向上帝祈祷赐予我所有力量能够忠诚、成功地履行职责。"他的远亲罗伯特·利爵士去逝后，他继承了遗产，拥有了一年几千英镑的收入。五十岁时，他决定退休，开始乡村生活。"我有显微镜、望远镜、绘画工具和车床工具，别的我就不知道还有什么能赶走无聊烦闷的了，不过我一样也没用过。十七年之后，我可以打赌地说，我从没有感到过一小时的无聊。只是有时遗憾不得不放弃孤独出席律师会议。"据说金斯宕勋爵热爱英国国教，曾自己出资建过或恢复过不止一个教区教堂。

让我们再看看在英国律师界取得最高成就的著名律师，他们都先后成为爱尔兰大法官。希腊历史学家的兄弟米特福德，有一些像他这样的著名律师在法律界和政治界一样有名，但为数不多，他们通过撰写律师书赚了一大笔钱。他用法律的态度研究议会使他在政界和律师界都获得了最高荣誉。他个性平淡无奇，最好的律师都这样，不过绝对技巧高超、能言善辩。当平民院谴责黑斯廷斯时，他请求平民院处理问题一定要坚持两个原则："不要恶意对被告诽谤中伤；不要故意煽动法官的情绪。"他总是平静公正地从事法律工作。平民院自然而然选他做发言人。米特福德坦率地说他的职业是律师，不是政治家，只希望通过当律师得到升迁。他后来成了莱德斯德尔法官和爱尔兰法官。从爱尔兰回来后，很多年他都是贵族院最能干、工作最有效的一员。他的儿子也当了很多委员会的主席，能干、为人诚实正直和他一样。人们总是指责律师碌碌无为，但很多像他们那样的律师为律师正了名，胡克曾文雅地说："我们认为法律是上帝的胸膛，法律的声音就是宇宙的和谐之音。天上人间的一切都会向她致敬。最低贱的生命也能感受到她的关爱，最伟大的力量也离不开她的支持。尽管身份不同，但无论天使还是凡人都是法律的产物。一切生命都一致同意，将法律奉为和平和快乐之母。"

乔治三世有一次当着贾斯蒂斯·帕克的面说："这个小脑袋瓜里储藏着英国所有的法律条文。""不，先生！"帕克回答说，"它只是蕴藏着发现法律的知识。"

一位聪明的律师曾谈到怀尔德中士，也就是后来的特鲁罗勋爵。怀尔德刚开始只是个小律师，一连四十年一直非常关心伦敦的所有重大经济案件。英国所有法律都是经过无数考虑后才制定出来的，国家的法律制度也日益健全。正如朱尼厄斯所说："昨天还只是件事实，今天就变成法律了。"怀尔德中士博学强记、脑力惊人，因为以前当过记者文笔不错，所以记录下很多大案要案，大半个世界的所有头条案件内容和随后制定的法律他都烂熟于心，令常人叹为观止。只要有年轻人向他咨询，他都可以信手拈来，张口就说。每个案件的名字、涉及人物的名字、卷宗号甚至页码他都能随口说出。怀尔德中士有时一天要处理六个案子，能根本不用看摘要或其他任何文字备忘录，完全凭记忆说出涉案人物的名字、日期、涉案金额。

我们随手就能挑选出故事内容丰富、教益深刻的律师传记。腾德顿勋爵的一生坚毅不拔、不断成功，无人能出其右；他的头衔很多，他的传记作者匠心独运赞美他"出身微贱、公正廉明"。

让我们仔细研究一下这位伟大律师、大法官腾德顿勋爵的一生吧。他的生平展示了在律师成长的过程中转折点的重要性。在坎特伯雷大教堂西大门街对面的拐角处，曾经有一家理发店，后来为了建教堂把它给拆了。原来在它的门前有个传统的理发店标志——好多颜色的柱子。理发店看起来很寒酸破旧，窗台上堆着砖，有些砖头上还套着假发。门上挂着个标牌，上面写着店主的名字，还有价目表。刮脸一便士，剪头二便士。理发师手艺不错，头发能理得很时髦。当地人还记得理发店的旁边原来有家文具店。理发店的老板叫阿博特。高个儿、腰杆笔直、不加修饰，扎着个粗粗的马尾。他经常带着理发工具为人上门服务，他的儿子——查尔斯跟着打下手。查尔斯是个"体面、严肃、不加修饰的人"。查尔斯后来总回忆起他谨慎的父亲和虔诚的母亲。住在大教堂旁边，穷苦的一家人学会了爱它，珍视它带来的好运气。我们有理由相信他们一家经常参加教堂仪式。教士们对这家人也非常好。父子俩为教堂所有的人理发。他甚至夸耀说，主教即便三年才理一次发，他也给主教理了九年了。

他的儿子查尔斯后来成了英国政界最好的地方官。这都是虔诚、慈善的父母为子女教育不遗余力带来的好处，也是帮助教士带来的好处，那些教士虽贫穷但值得人们帮助。我们只要沿着上帝的指引做事就可以了。坎特伯雷的国王学校为生意人的孩子提供了和富人家孩子一样完整彻底的教育。校长是位资深学者，他天赋非凡，能将他丰富的学识完全教给孩子们。他热切地在学生中寻找能力出众、注意力集中的好孩子，然后尽一切能力帮助和鼓励他们。他很快注意到了聪明能干的小阿博特。学习没多久，小阿博特就能写出和温彻斯特及伊顿学生一样好的拉丁诗句了。同学们后来说他严肃、沉默、举止优雅、特别用功，甚至体育活动时间都在看书。他非常用功，功课几乎不犯错，总是努力做到精准。

十四岁时，他如饥似渴地学习，成绩非常好，但他父母却认为他应该学习谋生手段，继承父亲的衣钵当个理发师。碰巧这时，教堂缺一名唱诗童，老阿博特就想儿子性格不错，又挺活跃，应该有机会进唱诗班。教士们当然很乐意让他们的理发师儿子进来，不过还得看看小阿博特的音乐基础怎么样。可小阿博特的嗓音嘶哑，而另外一个小男孩的嗓音却很动人，结果后者进了唱诗班。很多年后，小阿博特成了绅士，当上了英格兰的大法官。他和别的法官巡视到了坎特伯雷教堂。他指着唱诗班的一名歌手说："看啊，理查森兄弟，"他说，"我唯一嫉妒过的人就是他。当年我们俩一起竞争唱诗班歌手的位置，可他赢了。如果当年我如愿当上了唱诗班的歌手，今天也许就是他指着我说这番话了。"

查尔斯·阿博特没能进唱诗班，继续在国王学校完成学业。也许没必要提他在学校还当上了队长。查尔斯十七岁时，他爸爸认为绝对有必要让他自食其力，当个理发学徒，然后开个和爸爸一样的店。但爸爸的想法却让校长大吃一惊，他认为这个前途无量的学生应该上大学，坎特伯雷的教士也愿意帮助他。人们悄悄地凑了一笔钱给他置办了一套行李。学校理事们给了他一笔奖学金，但很快花完了，钱根本不够用。据说查尔斯·阿博特迫不得已签署了当理发师的契约。学校理事们很显然达成了一项有利于他的协议，从学校基金里拨给他一笔奖学金，够他节俭地继续完成三年学业。后来他成了大法官，也成了学校理事会会员。在牛津学习期间他给理事会寄来信要求增加助学金。理事会秘书找了半天，也没找到可以多资助的先例。查尔斯·阿博特说："我没钱念书，就写了求助信。"理事会秘书后来从自己的钱包里拿出钱给了查尔斯·阿博特。

理发师的儿子成了牛津的大学生，进了考布斯·克里斯蒂学院，很快获得了古典奖学金。他在给朋友的信中写道："我接到敬爱的母亲两封信，她说坎特伯雷很多朋友都诚挚地祝贺她儿子的成功。她的朋友们境况都比咱家好得多，她几乎不敢相信这样的好事能被理发师的儿子遇上。如果子女不争气又怎能给父母争光呢？我的理想不仅仅是当个考布斯的学者。感谢上帝，我已经成了考布斯的学者了。我眼前浮现一个又一个目标。总而言之，在我登上剧院的讲坛成为知名学者以前，我是不会驻足停留的。"牛津没有优等生榜，大学生的最高荣誉就是戴上校长奖章，在谢尔丹剧场发表获奖感言。那时还搞了一场拉丁诗词比赛，他没拿到冠军，但评委给他的诗以鼓励性的评语，他得了第二名。第一名的获得者是 W. L. 鲍尔斯先生，后来成了一名小有成就的牧师和不太出名的诗人。四十年后，当查尔斯巡回视察的时候，他在萨里斯波利遇到了鲍尔斯。他准确地回忆大学时代的生活，想起他们的诗文比赛，说起学校一直保持这条规矩——最好的诗文才会赢，用拉丁文说就是："detur digniori。"

那时诗文的题目都是当时引人注目的事件，最受人关注、激动人心的事就是鲁纳迪乘气球旅行，当然他们根本没想过气球竟有我们现在在法国看到的那样有那么广泛的用途。气球飞得快，能加速国家间的交流。《气球》就是诗歌比赛题目。阿博特成功地登上了领奖台。第二年，他因为写出美文《讽刺的用处和滥用》获得了校长奖章。正当他的学业如日中天的时候，父亲去世了，母亲卖掉了香料店，继续经营着坎特伯雷大教堂对面的理发店。毕业后他很高兴地打算到弗吉尼亚当老师，因为五十镑的年薪也能帮衬帮衬母亲。他写道："父亲没给他留多少钱，五十镑也许能让母亲工作起来不那么辛苦，日子过得舒服一点儿。她现在已经越来越老了，干不动重活了。"但后来计划落空，他也就放弃了去美国的打算。

幸亏他没去，否则他就不能获得极高的法律声誉了。他私下教了很多学生。在获得学位后，他就留校任教，当了初级教师。他衣着朴素、生活简朴，从不骑马。有一次他骄傲地对朋友说："我的父亲太穷了，养不起马。而我为别人牵马还能挣六便士呢。"大概就是那个时候，他想从事神职。碰巧有人让他给著名律师贾斯蒂斯·布勒的儿子当家教，就此和那位著名律师谙熟起来。贾斯蒂斯·布勒经常待在德文郡的乡村家中，是英国最著名的律师之一。他在西敏寺的名声就像伯克在参议院的名望一样高。布勒的一生也有很多奇异的地方。他十七岁就早早结婚，三十二岁就成了英国历史上最年轻的法官，去世得也很早。曼斯菲尔德勋爵慧眼识珠，看到他才能卓著，刻意提拔了他。曼斯菲尔德勋爵提拔了布勒先生，而布勒先生又提拔了查尔斯——后来的腾德顿勋爵。他清楚地看到儿子的老师才智过人，就鼓励他当律师。据说布勒还资助他一笔钱。如果不是布勒先生一直对前途无量的年轻人提供帮助，他也不可能帮助阿博特。这位远见卓识的律师还推荐阿博特去律师楼干了几个月，了解法律的具体细节。阿博特很快了解了法律并建立起颇有价值的法律关系网。他又设法筹到一百金币当了乔治·伍德的学生。坎普贝尔勋爵曾称赞伍德是"特殊诉讼案大师"。那年年末，伍德对阿博特说他已经倾囊相授了。据说阿博特在布里克法院日夜攻读。他不断地在法庭之外练习做一名辩护律师，直到完全有胜算，才应召替别人打官司。

　　一连七年，他经营着一家律师事务所，没干别的。朋友们知道他什么案子都接，无论是诉讼、诉讼回复还是抗辩都会全力以赴，用最妥善的方式办好。他雇一个小男孩儿当职员，每星期给他十先令。阿博特忠厚诚实、学识丰富、用功勤勉，总是待在房间里积极办案，从不失信于朋友。他的大门为所有人敞开，分析案子时观点正确、服务及时。他当律师挣了不少钱，后来决定上法庭当律师。他应召到内寺，到牛津当巡回律师，立刻声名鹊起。他不像有些律师是伟大的演说家，也不像有些律师能明察秋毫，但同行们都喜欢他，律师们愿意聆听他的陈词。他的陈词对审判长帮助很大。作为商务律师，他技巧高明，具有远见卓识。他出版了一本书叫《商船和海员》，十分畅销。有人告诉我，这本书的手稿还在，字体非常漂亮、干净、清晰。这本书在英国的权威地位已经被那本新的商务航海法令取代，但在美国它仍然是该专题的范本。他还保持着和教堂的老关系，并为他带来了财路。他是一位成功的律师、闻名的教士。坎普贝尔勋爵非常了解他，说他是所有教士的法律总顾问。当他的财富积累很多以后，他想结婚了。女方的父亲是个乡绅，到他家里去见了他，问他如何供养未来的妻子。他说："靠这房间里所有的书和靠教隔壁的两个孩子。"结婚后，他们在布卢姆斯伯里广场的一间小房子里幸福地生活了很多年。据说，他是一位快乐虔诚的丈夫。他给妻子写的动人的、充满爱意的信件还保留着，他还写过下面调皮的诗句：

> 酒吧吵闹，大厅人头攒动，
> 我早就希望离开了，
> 我的思绪已经回家了，我回想着
> 我快乐美丽的爱人。

> 女儿温柔的面庞，儿子甜美的声音，
> 他们调皮的怪样，爱好和运动；
> 他给家盖了房子，可她却日夜操劳磨粗了灵巧的手指，
> 她要求吻他请求他的原谅。

> 母亲的眼中充满温柔、愉快和骄傲，
> 看着孩子们嬉戏，
> 如果我不看，就怪我太古板，
> 邀请我像他们一样去玩乐。

> 她邀请我去玩乐，我服从她的命令，
> 忘掉了我的辛苦和悲伤；
> 她美丽、甜蜜、善良、快乐，
> 我为和她相识的那天欢呼。

> 她充满了生命旺盛时的魅力，
> 我五年前和她肩并肩走出教堂，
> 现在我发现她比那时

更可爱、更美丽。

在律师界度过一段很长的成功日子后，他的健康状况每况愈下，害怕视力不断下降。他期望能在律师界有个相对安逸舒适的位置，但他失望了，没人提拔他。当终于有了空缺，他却没得到。他决定从律师界退休，唯一的麻烦就是住在牛津还是坎特伯雷。民事诉讼法官约翰·希斯拒绝接受骑士头衔，八十岁时寿终正寝，像他自己说的那样"死在了马厩里"。阿博特决定去牛津，在那儿当上了法官，还有了中级职称并获得了徽章。下面的字句恰如其分地描绘了他简单、勤勉的一生。

他真当上了法官。年轻时他曾经梦想过要穿着法官的衣服衣锦还乡，如今实现了。很快他就发现当法官比当律师要快乐得多。寻求真理比寻求论据要有意思得多。很快他由民事诉讼转为更辛苦的国家法律诉讼。1816年，当时的国家大法官是埃伦伯勒勋爵，其他的几位陪审法官除了阿博特还有霍尔罗伊德和贝利。不出两年，西敏寺法庭的法官们就十分清楚又一位法官之星正在崛起。1818年，埃伦伯勒勋爵瘫痪，卧床不起。人们极为关注谁会是下一位英格兰大法官。人们也纷纷猜测了很久，最终阿博特由陪审法官晋升为大法官。阿博特的非凡人格魅力突放异彩。他是最敏锐、最正直的法官。他主持的法庭成为律师们所说的"超强"法庭。坎普贝尔勋爵描绘起那个时候，兴奋得满脸放光。"真人面前不要拖拖拉拉，真人面前也不能令人生厌。"律师们说的每一句话阿博特都能立刻明白，他瞥一眼就能理解该如何运用权力。只要是他当审判长，案子就没问题；只要他当审判长，委托人的案子就能成功。在那段金色时代，法律和理性大行其道，根本不用法庭辩论就能充满信心地预测到诉讼结果。审判结果也让所有在场的人都信服，即便是败诉方也心服口服。在这样的法庭办案，律师们可以完全为自己负责。其他任何一个国家、任何一个法庭都不可能这么快、这么好地办好所有案子。主要的功劳当然都归阿博特，没人能像他那样当好大法官。

当大法官九年之后，他晋升为贵族。1827年坎宁先生给他的信中写道："晋升律师的时间快到了，那时国王将封不止一名律师为贵族。我认为，由于您作为大法官功劳卓著，并拥有这样高贵的大法官位置，您应该有希望晋升为贵族。"他顺理成章地成为了坦特登勋爵，作为肯特郡人，他有很多朋友。很多读者都会记得拉蒂默的话，他说他容易将古德温·桑兹和坦特登·斯蒂普联系起来。坦特登晋升为贵族那天，是西敏寺盛大的一天，整个英国律师界都想庆贺大法官所获得的荣耀。"我们都去了法庭。"坎普贝尔勋爵说，"从来没有看过这么多戴着假发的律师们。"第二天，坦特登勋爵通过很多律师的手给检察长传了张字条，说他们能来参加他的册封仪式他从心里感到荣幸。因为法律事务繁忙，他不能经常出席贵族院的会议，不过他至少在贵族院做了一次精彩演讲。罗切斯特主教说他的演说给人印象深刻、令人信服。坦特登勋爵还推行了一些行之有效的法律改革，在改革法案实施以后，他再也没有出席过贵族院的会议。

坦特登勋爵健康彻底毁了。他靠学习园艺、作拉丁文诗消遣。他写下很美的拉丁文诗叫《山谷百合》《湖边淑女》和优美的《保守》，希望诗句能缓解他的焦虑，在年老时也能采撷年轻时的花朵。他对朋友非常礼貌，总是愉快地谈起年轻时的日子。这位大法官也有非常糟的缺点，就是脾气特别不好，但他依靠信仰、靠基督徒的教养克服缺点，几乎把他给毁了的缺点使他的性格更显可爱。"他为此付出了很大努力，"坎普贝尔勋爵说，"他终于制伏了性格中的反叛情绪。这算得上战争也算得上胜利，值得我们研究，因为人们对很多成功斗争视而不见。"在办案的过程中，他心平气和地指导陪审团就好像一点儿也不生气。"坦特登勋爵的故事启发了我们。原来他的情绪是受案子影响的，后来他完全像个数学家研究抽象真理一样平静祥和、无动于衷地处理案件了。"塔尔福德法官说，"大法官的个性优点就是公正无私，不受外界影响，丝毫不会偏向这边或偏向那边。这是法官的最好素质。"

拥有坦特登勋爵是英格兰的幸事。他的一生公正而无私，下层人经过努力奋斗也能成为上等人。无论一个人出身多么微贱，只要他肯努力就能获得荣誉。

　　坦特登勋爵死在任上。他主审了一件大案，头两天还好好的，但第二天晚上回家就病倒了，是高烧，连亨利·哈尔福德爵士、霍兰博士和本杰明·布罗迪爵士这样的名医都束手无策。他就像后来的怀特曼和塔尔福德一样都死在了任上。在弥留之际他仍然幻想着他在总结案子，在说完"现在，先生们，你们可以做出判决了"之后就死了。孤儿医院里耸立着他的雕像，他曾在那儿任院长。像座上写着他自书的墓志铭，墓志铭总结了他一生的品行，说他出身微贱，但非常虔诚、谨慎。他的经历告诉我们，有上帝保佑，通过努力就能获得荣誉。他的儿子又加上下面的文字：

　　　　Hæc de conscripsit

　　　　Vir summus idemque omnium modestissimus.（此处为拉丁文）

　　坎普贝尔勋爵作为教子续完了墓志铭。他的孙子也为坦特登家族增了光，作为英国委员会会员跨过海峡商讨华盛顿合约，在日内瓦仲裁法庭的表现也深受国王嘉许。他孙子的一生也无愧于坦特登这个姓氏。

第十一章
商 人 之 信 仰

　　站在伦敦的市中心，站在成千上万拥挤的伦敦人中间，就好像浏览世界上最大金融交易中心的传奇故事。"世界是上帝的，完完全全是上帝的。他的影响力波及全世界，无处不在。"伦敦的确也配得上这样的传奇故事。伦敦的商人大都是皇族贵胄，伦敦的商人都是世上值得尊敬的人。这些鼓舞人心的词语都是赞美伦敦的生意人的。人们认为陆地和海洋的所有物产、森林和矿藏、凡是北极圈和南极圈内的所有物产都是上帝的。上帝大度地把所有物产布施给人们使用，为人们的生活带来方便和奇迹，增进人们的友情。上帝甚至分赐给人们各种各样的高级物质财富和机器。好像早期的伦敦商人更能理解这一点，深藏于心并落实到行动上。你买我卖，我卖你买，将心比心的思想从来没变过。我站在伦敦桥上，回首看着这个城市，巍峨的天主教堂圆顶和街道、房屋融为一体。细看城市并不广阔，天主教堂圆顶周围耸立着无数房屋的尖顶。想着天主教堂的历史，想着其他教堂的历史，想着普通公司的历史，想着市政慈善机构的历史，就能理解基督商人自由、淡薄的个性，就能理解像格雷欣（注：1519—1579，英国金融家。皇家证券交易所的创建人，以其格雷欣法则而闻名）和格雷欣一样的商人们的情怀。我想到了富有的巴兹莱，他忠于上帝、忠于大卫；我还想到了阿劳那，他慷慨地帮助了国王。我们了解到伦敦历史上曾出现过令人遗憾的地方保护主义。安闲的人们满足于温饱，但我们也奇怪为什么有人会发疯似的想发财。我们对桑顿和亨利·霍尔的记忆犹新，也为信仰基督教的英国还有很多基督商人而欣慰。

商人是庄严、高贵的，他们举手投足从容潇洒、社会关系众多，无不显示他们的身份。看看凡·戴克（注：1599—1641，比利时弗拉芒族画家，是英国国王查理一世时期的英国宫廷首席画家，查理一世及其皇族的许多著名画像都是由凡·戴克创作的，他的画像那种轻松高贵的风格，影响了英国肖像画将近一百五十年。他还创作了许多圣经故事和神话题材的作品，并且改革了水彩画和蚀刻版画的技法）和提香（注：意大利画家，他把鲜明的色彩和背景的混合使用带入了威尼斯画派。他的作品包括1518年圣坛背壁装饰画《圣母升天》）笔下所画的阿姆斯特丹（注：荷兰法定首都和最大城市，位于国家西部艾塞尔湖的一个入口处，经过内河航道与北海相连。阿姆斯特丹有重要的股票交易所，而且是主要的钻石切割业中心）的市长和威尼斯的商人吧。他们就像是真正的政治家和基督徒，预见到了共和制度会给更多的人带来越来越多的利益。我的脑海中浮现出一幅幅画卷：威尼斯商人刚刚从东印度公司运来大包货物，从苏里南（注：在拉丁美州）运来香料盒，现在正在和商业伙伴们谈着市场行情，穿着美丽飘逸衣服的东方外国人在市场上漫步，一会儿又高谈阔论起战争、和平和政府。他们在一个灯火辉煌、四面环海的大理石宫殿里欣赏着精美的艺术品、聆听着美妙的音乐、享受着丰盛的晚宴。荷兰商人具有经商天才，他们的经商天才和冒险天才是相辅相成的。他们英勇献身真理，粉身碎骨也在所不惜。因此，我特别喜欢徜徉在威尼斯和阿姆斯特丹的水道上和伦敦安静的大街上。我知道如果有必要，这些普通的商人同样能经受困难、拿起武器。以前，当祖国面临危险时，他们慷慨解囊，自愿为祖国投入战斗。他们和中世纪意大利的商人一样热衷科学、文学和艺术，而且，最重要的是很多人心中都怀着对上帝的爱，将对金钱的爱控制在合理范围内，以基督的名义做很多善事，将爱播撒给别人。

著名的宗教事务部长瑞弗·威廉·阿瑟写了一本书叫《成功商人》。这本书写得非常好，是关于布里斯托尔（注：英格兰西南部一城市，位于伦敦西部。十二世纪以来一直是一个重要的贸易中心）的威廉·巴吉特先生的传记。他是位著名的基督徒，个性中带有纯粹的商人特征，既会赚钱，又能广施阴德。这本书让我想起比尼博士的那本著名小册子。"人能在获取和给予两个世界都做到完美无缺吗？"严肃地说，可以肯定地回答这个疑问。就我而言，我本能地反对这种提问方式。我不想细说原因。如果读者跟我的想法一样，就会很快理解原因。巴吉特先生是在两个世界都做到完美无缺的人，他确实在各个方面都做得完美无缺。读他的传记能了解到，他很懂经营之道。有些商品他按成本价出售，有些商品甚至低于成本价出售，就是想让顾客喜欢他的店，认为他的所有商品都是最便宜的。这种做法有点儿不够君子。他当小商人当了很多年，到了后半生，生意才越做越大，成了大商人。为满足顾客的要求，他表现出不同寻常甚至有些不健康的工作热情。我认为平凡的工作一定要以平凡的方式去做，非比寻常的努力要留到特殊场合再用。他精力特别充沛，如果他的雇员在工作中缺乏同样的激情，他就会立刻用眼神和言辞责备他们。用他的传记作家的话来说就是："成功商人的生活节奏太快，他精力充沛，能克服一切困难。但他很快就明白自己该怎么工作就怎么工作好了，不能过于投入，否则最终会毁了自己毁了别人。"我相信很多商人都想在两个世界都做到完美无缺。巴吉特先生伤害了自己、伤害了别人，除非他能弥补他时不时强加在别人身上的压力，这是成功商人的弱点。阿瑟先生也许把《成功商人》改为《基督商人》就更好了。巴吉特先生为人高贵、悲天悯人，是基督商人的典范。

商人和零售小贩之间是有区别的。古代希腊人非常讨厌零售商人，甚至鄙视、憎恶零售商人。拿破仑带有强烈的异教情绪，说英国是店主国家，喜欢恃强凌弱。据说拿破仑分不清什么是商人、什么是店主。但细想这个问题，也许商人和店主的区别本来就不大。有了零售业才有了自由发展的商业，所以说零售业可耻太不应该了。休斯先生说朗伯斯（注：伦敦南部地区，伦敦坎特伯雷大主教宫邸）地区的商人大都欺骗顾客。那天我在报纸上看到一则报道大意是这样的：在纽英顿一个区就有多达一百名商人因为缺斤少两、短寸少尺被罚款。上帝最讨厌做生意不老实了，做生意没有基督精神，就不能成为基督商人。真正的商人会仔细称重、测量甚至多给顾客一些的。长途旅行的水手喝了掺假的橙汁把身体都搞坏了，这是商人还是零售小贩干的呢？店主用伪劣食品伤害了在克里米亚（注：乌克兰欧洲部分南部的一个行政区和半岛，位于黑海和亚速海沿岸）勇敢作战的战士们；骗子用假腌肉骗了远征的探险家们，他们正和约翰·富兰克林爵士一起冒最后一次生命危险。掺假是英国商业最可憎的地方。有个真正的基督徒跟我说他不做买卖了，因为不骗人根本活不下去。不过，做生意可以耐心点儿、老实点儿，也能赚到钱。我相信只要有上帝关照，只要有上帝的指引人生就足够了。零售商受到的利益诱惑要比商人大十倍。这种诱惑无休无止、花样翻新。伟大的人能为上帝和别人坚守正直。即便生意再卑贱，也要道德高尚、诚实守信像个基督商人。

下面就讲讲几个基督商人的故事吧。我们这里讲的是广义上的基督商人。至于平庸卑贱的商人还是让其他作家去说吧。所有人都熟悉《尼古拉斯·尼克尔贝》（注：狄更斯的小说）中切利布兄弟的伟大人格。我慢慢理解了书中描绘的那个曼彻斯特公司。当然斯科特先生在苏格兰城市里遇到了很多像贝利·尼科尔·贾维那样的人。我这里还想再举十八世纪的三个基督商人的例子。任何一个人的故事都能写满一章，我只能简短截说，读者如果要想了解更多的东西就看他们的传记吧。

乔纳斯·汉韦是位慈善家，在他的后半生他广为人们熟知和赞赏。他一生从商经历辉煌壮观，虽说险象环生，但人们因为他的成功忽略了他当初的冒险。斯迈尔斯先生在《自助》一书中叙述了他的一些故事，不过没有充分地从基督商人的角度来描绘。汉韦从事的是俄罗斯贸易。他勇敢地通过伏尔加河（注：俄罗斯欧洲部分一条河流，源于莫斯科西北部瓦尔代山，长约三千七百零一公里，大致向东流再向南注入里海。它是欧洲最长的河流和俄罗斯主要商业水道。）和里海（注：世界最大的咸水湖）建立了波斯贸易。他的马车里放了一件奇怪的画。画上的人波斯人打扮，暴风雨中在险滩登陆了。他平静、闲适地挎着宝剑。画的背景是一艘被巨浪掀翻的船，前景是枚家族徽章，靠着大树，徽章上写着："永不绝望。"这幅画讲的是他在里海的遭遇，所有旅行经历无不充满魔幻色彩。在圣彼得堡（注：沙皇时代俄国首都）赚了一笔钱后，他决定退休，回国安度晚年。汉韦总是怀有一种高贵的职业心。人们为他歌功颂德，称颂他作出的有用贡献，他获得了广泛尊敬，充分享受着来之不易的清闲。他的传记作家写得挺有意思："他特别愿意享受一起吃饭的快乐，席间一边喝酒一边聊天很愉快。"如果欢笑变得吵闹，他也会离席而去，据说他曾说过："我的同伴们兴奋过度了，我并不高兴。为了让我自己愉快点儿，我离开了他们。"他开始了无休无止、规模空前的慈善活动，也许只有沙夫茨伯里勋爵的慈善活动能和他相媲美。他从事的每一项慈善活动都有宗教目的、慈善目的和公德心。他的努力使伦敦铺上了新路、有了路灯。他还是第一个带伞出门的英国人，别人刚开始还觉得特别奇怪，后来带伞出门成了绅士的习惯。他的努力和大度主要贡献给了慈善事业和宗教事业。现在我们仍然需要汉韦！他曾经到最贫穷、最肮脏的教区视察，到囚犯工厂的住处视察，记录下伦敦及附近所有囚犯工厂的管理情况。他付出极大的努力成功地记录了伦敦穷教区婴儿的死亡率。他建立了船员寡妇协会和从良妓女收容所。他第一个关心英国和非洲黑人的利益、扫烟囱男孩的利益，并积极通过自身的努力提高了他们的待遇，建立了主日学校。在他的全盛期，他建立了无数此类的慈善机构。在晚年他作为一名基督商人从事了很多慈善工作。即便在他弥留之际，病痛已经无药可医，他仍然是那么开朗。人们记下他说的最后一个词是"基督"。

乔纳斯·汉韦死的时候，乔舒亚·沃森还是个十五岁的孩子，他刚从专门为商人子女设立的学校毕业。在学校里他学了记账、兑换钱币和外语，并到他父亲的账房实习过。他父亲是坎翠湖政治家的儿子，在塔山贩过酒，后来又在民星街十六号干过。乔舒亚刚开始是他父亲的得力帮手，后来成了他的生意伙伴。当父亲退休后，别人找他在马克街的同类店里当合伙人。

他通过和政府合作挣了一笔钱，退休了。很遗憾他的传记虽然写得非常精彩，但作者没能给出足够的细节描绘他的从商生涯。传记的每一页都是精彩华章。沃森先生是个严格的教士，坦白地说，他勤俭克己并有点儿宗派倾向。他和最高宗教官员有着极为亲密的关系。在很多方面他都有点像艾萨克·沃尔顿，两个人都同样热爱英国国教，和主教们关系密切，做生意诚实，为人简单善良。1825年经济大萧条爆发，乔舒亚·沃森受到了严厉的冲击，后来再也没有缓过劲儿来。沃森自己没觉得怎么样，可人们知道他遭受经济损失就会间接伤害到他大量捐赠的慈善事业。坎特伯雷大主教召见他时，声音颤抖、泪光盈盈，看看是否能为他做点儿什么。"法官，"坎特伯雷大主教有一次对巴伦·帕克先生说，"我爱我的儿子也不过如此。"伦敦主教布鲁姆菲尔德给乔舒亚写信，说他银行里的钱乔舒亚可以随便用，可以无限透支。乔舒亚·沃森当然不会接受他们的好意。我们也许会嫉妒基督商人为何能受到这般礼遇。毫无疑问，是乔舒亚·沃森热情地帮助主教、赞助宗教事业换来的善待。有一次他给杜汉姆主教写信："教会愿意公平分配我捐赠的钱，但是不知道这么一大笔收入该怎么花。我们向上帝保证，我们没有违反基督徒的精神，一五一十地将财产分配情况原原本本地告诉了所有的人。"他说的是实话，"我们仍然支持那些宣称教会收入应平均分配的人。"我们承认还有很多例外，怀疑捐赠分配的真实情况和沃森说的仍然有出入。在万·米尔德特（德拉姆兼任主教的大公）案子里，沃森说的话很权威、很中肯。我们不得不说说万·米尔德特的事。沃森很早就认识他，当沃森到德拉姆的时候，万·米尔德特就和他住在民星街，后来两个朋友又一起住在西敏寺的大乔治街。万·米尔德特是个穷困、热情的学生，他之所以过得不好，财政上有很大困难，是因为他不得不重修祖上留下的别墅。乔舒亚·沃森和其他几个朋友把债务都承担下来，万·米尔德特为此写了封十分感人的信："这种感觉很痛苦，有时我觉得自己都无法承受了。因为有了这些高贵的朋友，我有了快乐。当初由于经济无法独立造成的伤痛很难平复。没有钱我又不得不靠朋友们的帮助。我现在是有薪水可拿的神职人员，这是好事，但又是件尴尬的事。每挣一分钱就有一分钱的心理负担。尽管那么多的朋友帮助我，我还是个贫穷的人。"我们很高兴地看到这个可怜、奋斗不止的教士最后成为议会最富有的高级教士，成了德拉姆大学最富有的高级教士。成千上万的私人慈善机构都得到了他的慷慨馈赠。万·米尔德特进一步验证了乔舒亚·沃森的理论：受助于人的人，有一天一定会施助于人。布鲁姆菲尔德主教也是这样一个乐善好施的人。布鲁姆菲尔德主教在为乔舒亚·沃森的慈善机构——教士孤儿学校——捐赠的时候说，他对学校事业非常关心，并希望自己的孩子也能到这儿来上学。我们不用费力就能找到很多乐善好施、慈悲心肠的人们，像芒克主教，任何褒奖他的话都不为过。他死后留下了二十五万英镑，都是他的职务所得，无可否认他是名真正的基督商人。

　　布鲁姆菲尔德主教在沃森死的时候说："我用崇敬描绘我对乔舒亚·沃森先生的感情。他是我了解的最佳基督商人。他拥有用上帝赋予基督徒的一切才能，竭尽所能提高上帝在教堂的尊严，这点在世界上弥足珍贵。"毫无疑问，正是这位商人自由、博大的社会关系，为基督徒增添了荣耀，使沃森多年以来成为宗教协会的顶梁柱。他享有很高的社会地位，经常回顾以前做生意的日子。"他经常顺道，"一位亲戚说，"在他去伦敦的路上拜访我们。那天他还领我们看了他在民星街的房子。现在那所房子已经是商店了，他过去用过的帐篷和桌椅现在都没变。我们过去和他一起做生意还能得红利。那天国王学院主教给医学院的学生发奖学金我们陪他去观礼，伦敦和理茨菲德各教堂主教、R.H.英格利斯爵士和格拉德斯通先生都在场。我叔叔坐在格拉德斯通先生旁边，和他聊了很多。"他在帕克街的家中总有很多盛大的聚会。我在这里就不一一赘述到会的神职人员了，相信读者们能理解。"除了他的朋友帕克和理查森，有正式职业的与会人员有大法官亭达尔，令人尊敬的法官伯顿，法官帕特森、科尔里奇和威廉·佩奇·伍德爵士，还有医学院的赫伯顿夫妇，巴恩斯比·库珀，托马斯·沃森博士，还有位基督慈善家——医术高超的内科大夫托马斯·托德。聚会的大门也为科学界的著名人士敞开，像威维尔博士、塞奇威克教授、地理学家查尔斯·莱尔。当华兹华斯和骚塞到伦敦的时候，他们也常去那儿聚会。到会的还有一些著名的艺术家弗朗西斯·常垂爵士、洛、科普利·菲尔丁和乔治·罗布森。"他为人善良、富有人格魅力使他身边聚集了一批朋友，而这些人本有可能因为身份和财富无缘聚在一起。乔舒亚·沃森高寿而终，后来基本上是退休状态。他的宗教思想越来越成熟，越来越像个孩子，直至升入天国。"在他升入天国之前，可以这么说，他让上帝很欣喜。"

12月5号在雷堂斯顿又一位杰出的基督商人去世了，我们从后来出版的《记忆》选了几篇有趣的文章纪念他。威廉·科顿在伦敦享有最高声誉。他做生意头脑机敏，比做生意的本事更大的是他的人格魅力和基督徒般的宽宏大量的心。他出生于十口之家，家庭环境使他不能从事圣职，进了胡达特公司做生意，后来还成了公司的主要合作人。他工作勤勉，对工程学有种天分，还是詹姆斯·瓦特的朋友。他还认识汽船之父。他参观了我们的大工业化城市，看看机器织布机是怎样织出厚实的海军用帆布的。他废除了伦敦东部令人讨厌的薪水发放体制，从此机械师不必只能在星期六的晚上才能根据收税官的订单拿钱了，每星期四就能拿到周薪。我们了解到：

1821年哈曼先生首次当选为英格兰银行行长。这个位置他一干就是四十五年，去年3月因为健康状况不能再参加竞选才退休。凭借聪明才智、对金融原理的真正了解、敏锐的洞察力和同事及下属的鼎力支持，他在英格兰银行锐意改革。1843到1845年是他最劳碌的两年，那时他还出任地方长官。就在那时，已故的罗伯特·皮尔爵士制定了现行的银行宪章。罗伯特·皮尔爵士认为威廉·科顿是位头脑清晰、诚实的顾问。他有主见，从不为任何个人谋利，从不计较个人付出多寡。为了能让银行宪章顺利通过，威廉·科顿经常出席平民院的议会，这样罗伯特·皮尔爵士有任何疑难都可以随时向他咨询。罗伯特·皮尔爵士还会常常在半夜派到华伍德他的住所向他咨询。罗伯特·皮尔爵士非常喜欢威廉的个性，认为他个性深沉忠诚，因此最后由他来代表银行同议会进行谈判。不过他的突然离世让罗伯特·皮尔爵士万分难过。他的银行同事们连续三届选他当地方长官，希望他能凭借他的好运气有始有终把银行宪章工作做好，这种荣耀空前绝后。在任期间他爱好机械的天分得以充分发挥。当时极有必要重新测量全国的金币，有些金币因为使用过久已经变轻了，他认为用自动机械秤会更精确，他亲自设计制造，广泛推行使用自动秤，不但速度极快而且精确度也高，性能稳定实用。直到现在，银行、造币厂和地方财政部门还在用，而且样子没变，还是当初威廉设计的那样。自动机械秤在1851年的英国博览会上展出，获得了广泛关注。我们现在仍有充分理由声称它匠心独具、完美无缺。自动机械秤能给金币称重并根据轻重分送到不同的重量单位，好像会思考一样。人们理所应当把这部机器命名为"地方官"。

科顿的光辉成就还远不止这些。他到伦敦医院积极投身于具有实际意义的基督工作中去。伦敦的圣·托马斯医院、盖斯医院和国王医院都得到过他的热情帮助。宗教和学校也是如此。他和乔舒亚·沃森还是很多大宗教协会，如福音传播协会、基督知识传播协会和国家宗教协会的最大资助人。作为国家大面积土地的拥有者，他还是地方官和地方议会主席。他第一次踏入商界就立志将收入的十分之一用于虔诚的公益事业，他信守了诺言，上帝也保佑了他。他赚了很多钱，自称拥有很多钱。"他并不为他一辈子的成就感到欣喜若狂，而是遗憾他没有做得更多。他从不夸耀自己的善举和无尽的乐善好施，只虔诚地信仰上帝。他活到八十岁，和他父亲一样高寿。

这些基督教商人都有几点共同之处。首先，每个人工作都非常勤奋，都取得了成功。其次，每个人在积累了一笔财富后都非常聪明地适时退休了。他们有知识，懂得享受，懂得在被上帝召回天国之前要好好休息一下。再有，他们感化了社会，提高了社会的道德水准。他们尊崇上帝因为上帝赐福给他们。最后，每个人都将精力和财富赐给了其他人并奉献给了上帝。他们每个人都天资卓绝——积极热情、聪明敏锐，能窥一斑以知全豹，能举一反三，触类旁通。他们能够完整地看待永生，而不是单独地看待短暂的今生今世。他们不会为一时的利益得失所左右，时刻注意为子女和朋友做出榜样。洁身自好，爱惜名誉，最后任由上帝对他们的行为做出评判。他们明白人生得失，人获得了整个世界却失去了自己的灵魂是多么可悲啊！获得了财富，他们才懂得智慧比红宝石更加可贵。他们热切地寻找真善美，并终于找到这颗无价之宝。和这颗最珍贵、最恒久的珠宝相比，世上一切财富都如同渣滓。

第十二章
飞 黄 腾 达

　　我想没什么比看到好人在世界上出人头地更高兴的事了。他们稳扎稳打最终走到了人们前列。"忍受贫穷最终换来飞黄腾达是值得的。"老约翰逊写道。他的个人历史也是这样的。一天，我去拜访一位德高望重的药剂师。他医道高超，我一有病就愿意去找他。在他的药店里我没碰着他。他一般足不出户，只在家中问诊，没想过要扩大宣传成为全国名医，我也不知道他为什么放弃在医学界立万扬名的机会，甘当默默无闻的普通医生。我记得还有位兢兢业业的外科大夫，在医学界竞争如此激烈的时候，他一直努力拼搏，但没有什么建树。时隔多年，我去拜访他。他家门口停了一辆很贵的大马车，我很快明白他现在手头挣钱的活儿特别多。有理由相信，这位可爱的白衣天使是不会为穷人或付不起药费的人免费医治的。一切不挣钱的活儿他一律不接，专业性太强报酬又少的活儿也一律不接。有天晚上，我去看望大学时的老同学，他兴奋地告诉我他已经是白厅的内阁部长了。内阁部长也许对我来说不算什么，可对他来说却是巨大的成功。后来，我去他的办公室看他，为了见他不得不在接待室等着传唤，看着他前呼后拥的样子，我开始完全相信我的朋友确实飞黄腾达了。我很高兴另外一个年轻的律师朋友找到了一份正式工作，加入了一个高级律师协会，不用再住公寓，还成了地方议员。他白天很忙，只在晚上才像夜宿的鸟儿一样回巢。我也很高兴另一位商人朋友清闲许多，早饭后半个小时还待在家里，然后才驾车去他的公司。我去他的大房子拜访他，他告诉我等他赚够了钱，就宣布退休。

有些人是注定要飞黄腾达、光宗耀祖的。当他们把脚放在成功梯子的第一级的时候，就注定会往上爬。总检察官后来会成为大法官或至少律师总长。如果他在某些案件中展示了天分，像专利权案和选举案，赢得了陪审团的心，他就肯定会飞黄腾达。如果你当上了主教的私人牧师、学校校长或皇家教授，就已经踏上了一条星光大道，注定能成功了。《星期六评论报》说，已故的朗利博士是张万能牌，政府总是一而再、再而三地打他这张牌，什么难办的事都让他去处理。他还只是西敏寺一个年轻的神职人员的时候，人们就叫他"荆棘中的玫瑰"。后来他在各地当主教，得到了广泛的欣赏。卡农·梅尔维尔是他那个行业中最出名的一个，想当牧师的人都去听他布道。我甚至听说平民院的议员在演说时也学习他的特殊风格。他是基督医院的学生，也在圣·约翰学院学习过，后来不但成了彼得豪斯的成员，也成了剑桥最富影响力的人物之一。加入伦敦社交圈后，他的影响力继续扩大。近些年，人们似乎不太看重公众演讲才华了，而过去人们认为演讲是唯一能在学术方面和宗教方面激励群众的手段。人们现在更愿意翻翻报纸，看看有没有愉悦自己的小道消息。也许时代改变，宗教会使人们收益更多。灵魂最深层的需求要靠宗教来满足，富于文采的演讲也不能阐释宗教的全部。宗教将能解决人生的许多重大问题，并借此解决当代生活琐事，教导人们树立正确的观点，形成所谓的"时代精神"。总有一辈一辈的人在努力解决道德问题、人生问题和宗教问题。越来越多的布道者广受欢迎，吸引了大批听众。他们凭借个人天分鹤立于世，也许现在他们已经达到了他们的人生顶点。为著名的演说家、布道者作传的人越来越少，传记内容也越来越雷同。

人们常说有人天生就会出人头地，有人天生就要遭贬谪沦落。如果把这样两个人放在伦敦大街上，背景完全相同，过不了多久，一个就会穷困潦倒，另一个则会名利双收。也许有人会说这完全凭运气，就像已故的法国国王在威海姆索鹤的遭遇一样，尽管当时好像被命运完全抛弃，但最后却峰回路转。无法否认机遇有时很讨厌、很麻烦，不过把机遇还原，就会发现机遇关键在于人如何利用、如何应用。首先要给人以工具，才能了解他到底会不会用工具。我听说过一个故事，有个年轻人很想当工程师，但他了解到那家最好的工程师事务所——能帮他实现梦想的最好的事务所——不收学徒，就是交的学费再高也不收。但这位未来的工程师决不气馁，在事务所下属的工厂里找到了一份普通蓝领工作，每星期挣一英镑。他穿着工人服，干着工人干的活儿，总在早晨五六点钟工厂一开门就第一个上班。最终引起了事务所高管的注意。后边的故事您猜也能猜出来了。

那天，我读了篇一位律师给他的连襟写的演说词，在这篇演说词里他谈到了人如何才能出人头地：

"对于检察官来说，会一门外语是很有用的知识。我年轻时没太看重外语。有远见的父母却会送孩子去法国或德国学习。在这种情况下，孩子多半会学制造、商务或经商的本事。五十年前懂外语的律师凤毛麟角。伦敦的律师——拉维先生——年轻时被父母送到法国疗养，因为会法语，所以有了很多诉讼实践并赚了很多钱。我认识的另一位律师说德语、法语和说英语一样流利自如，这给他带来了大量的诉讼机会，有时他甚至还到法国当检察官办案子。法国比英国还看重国家团结，因为他是英国人，特别允许他在法庭上陈述证据、出任公诉人。这样他在英吉利海峡两岸建立起了声望。

"人们习惯把所有搞法律的人都叫律师，就像所有品种的狗，无论大小、颜色、品种都叫狗一样。事实上律师有很多种，就像动物有很多种一样。纽卡斯尔（注：英格兰东北部自治区，位于丽兹以北泰纳河畔）的老律师在市里的文学和哲学协会的讨论会上说，他不能允许手下职员在上班时间读小说，就像不允许把犯人当庭释放一样。这种对待手下的方法是正确的吗？只懂法律的律师和懂得世界的律师是没法比的，律师更应该懂得管理之道、生产之道，要尽一切可能了解历史、传记和地理，了解物品的制造过程，了解聪明机智的发明和人类各种伟大成就，也就是说了解地理和人物。千万别学阿瑟·黑兹伍德的样子，他是瓦尔特·斯科特爵士家的儿子，他们家世代都是当律师的。他到法庭上审理一个蜡烛商的案子，因为要不得不提一些专业的商业词汇，感到很麻烦，所以后来他干脆把公文包一扔，不办这个案子了。很多关于专利权的案子会涉及特别多的商务、制造和航海知识。所有的知识——人类的知识、人性的知识，总而言之世界的知识都是很有用的。"

那位作家还讲到律师出人头地的类似故事。

"有位伦敦老律师在朋友离开伦敦动身去纽卡斯尔的时候给了他一项建议。那项建议很有效，但也有点儿奇怪，就是别在办公室待得太久，到处走走，让别人看见你。干律师这行的，也许用不着大肆宣传，但到处走走在小的理性范围内是种简单的小广告。委托人一般不会雇佣一个他从未见过的律师。我听说有位伦敦律师夸奖他的同伴能力超群，说他还没走过街拐角，就有人委托他办案。十个人中就有十个人会做生意，可只有一个人有生意做，这句话是我六十五年前评价一位伦敦律师说的话。他获得了比别人多得多的经验。有很多年轻律师刚刚起步就落后了，就是因为他们自己不去找案子，而让案子找他。理论上讲，只有主动找案子，才能在半路遇到案子。"

有句俗语：自助者天助。成功者注定成功。那些为权力拼搏的人受到幸运女神的眷顾，获得了她的帮助，到达了成功的巅峰。我们从金斯宕勋爵未发表的传记中节选一段：

"1830年发生的一件事决定了我的后半生。1820年罗伯特·利爵士从议会退休。他一生审慎、节俭，积攒了一大笔财富，另外还有祖上传下来的土地。尽管他过去很喜欢库克夫妇，但后来再没和他们来往，甚至很明显挺讨厌他们的。他自己没有孩子，土地应由罗伯特·利爵士的父亲处理，由他的弟弟（我的外祖父）的孩子继承，将土地分给外祖父的五个女儿，我的母亲是长女，也应分得一部分财产。这么分财产惹恼了罗伯特爵士，因为他讨厌那些不劳而获的人。在 1828 年或 1829 年，他和维甘的教区长吵了一架，教区长让他交辛德雷大楼土地的什一教区税。罗伯特爵士坚持说他已经以农业税的形式交过了。教区长向大法官法庭上诉，打算在罗斯就地解决这个案子。罗伯特爵士立志留住他的土地比克斯泰克，可法庭只判给他河对岸的土地，他很生气。更让罗伯特爵士生气的是，在法庭上他只能雇用我替他辩护。他不得已同意了，但很不痛快，因为我还是个毛头小子，给他办案他认为就干等着败诉吧。检察官加斯克尔先生（这是我第一次见他）来咨询案情，我觉得我对这个案子感兴趣了，至少对案子涉及的财产问题感兴趣了。加斯克尔先生告诉我，罗伯特爵士要求的限定继承权有问题，罗伯特爵士要求他的绝大部分财产由他本人的男性子嗣和他弟弟的男性子嗣继承，剩余的由他自己管理。这个案子难不倒我。深入调查证据之后，我发现案子并非无懈可击。罗伯特爵士要想留住农场，就必须弄清楚农场到底有多大。他提供的农场地图把不应该包括进去的包括进去了，而该包括进去的没包括进去。原告和被控方暂时达成的协议有问题，法庭裁决不利于被控方。仔细观察老地图，我发现五十年前有一小块地从派宁顿格林被划分出去，划进了老农场里。我们唯一胜诉的希望是不被对方击中弱点。"金斯宕勋爵后面继续讲案子是怎么办完的，他最终成功地继承了亲戚的大笔财产。

我们看看菲普世家和派蒂世家缔造者的故事，他们分别在诺曼底（注：**英吉利海峡的历史地区，以前为法国西北一个省**）和兰斯登分封了侯爵领地，达到了人生的顶峰。他们勤勉刻苦是成功的一方面，好运气也是必不可少的。相似的故事还有斯塔特世家的故事，他们家也在贝尔普获得了贵族领地，创造了家族辉煌。

菲普世家的缔造者被传记作家称为"我们的菲普"，出生于新英格兰一个贫穷地区，是机械工人的儿子，从小和另外二十五个长大后成名的小孩子一起玩耍。他虽然年纪小，但有种难以解释的冲动不断向他暗示他是生来干大事的。

他身上闪耀着一种伟大的气质，这种伟大气质不是来自于物质成功，而是一种无法比拟的宽容大度。但年逾二十三，他还是个小木匠，有幸和一个富有的寡妇结了婚，做起了自己的生意。他告诉妻子说将来他会在波士顿北部的格林雷拥有一座漂亮的砖质大楼，这是上帝告诉他的，妻子听了将信将疑。尽管他自己觉得将来一片光明，但刚开始还是很不幸的。在干造船生意的时候，他听说在巴哈马（注：大西洋沿岸的一个岛国，位于佛罗里达和古巴东部）地区有艘满载珠宝的沉船，就不再造船，改当水手。他满怀冒险精神去了英格兰，看看能不能在白厅获得点儿支持和帮助去找沉船。等了很长时间以后，政府派给他一条船，他开始了冒险之旅。他到了那个地区但就是找不到宝藏。他的船员背叛了他，他不得不又换了一批人。找宝很不顺利，也不安全，他想着该回英格兰了。在动身之前，在伊斯帕尼奥拉岛（注：西印度群岛中的一个岛屿，为海地和多米尼加共和国所在地），他设法凭他的三寸不烂之舌从一个老人嘴里套出了失踪沉船的更多消息。回到英格兰后，没人信他那个古老的宝藏故事，人们为他感到失望。阿尔贝马勒公爵还有其他一两个人被他的话给迷住了，愿意冒一冒险。所以他再次出航，来到半个世纪前"放满鱼饵的捕鱼场"，随身带着一份投标书。他来到巴拉它河港（注：巴拉它河，位于南美洲东南部阿根廷和乌拉圭之间，由巴拉圭河和乌拉圭河形成的宽阔的河口流，开口于大西洋），费了好大劲儿，用木棉树造出了一条能容纳八条至十条桨的木船，当地人叫派里阿佳。派里阿佳能划到二三英尺深的浅滩。那片浅滩很危险，浅的地方很浅，可深的地方却深不见底，当地人叫作"锅炉"。

有一天，一些船员坐着派里阿佳出航了，尽管一连好几天都一无所获。其中有个人看着清澈的水底，瞧见了有种叫海毛的海洋植物伸出岩石，就让印第安的潜水员去把它摘来，至少这次不会两手空空地回去。潜水员摘回了海毛，也带回了一个惊人的好消息：他在海毛不远的地方看见了很多散落的枪支。所有人都惊呆了，他们让印第安人再潜下水去。这次他拿上来很多银子，值几百英镑。他们设了一个浮标，记下地点，划回了大船。有一段时间他们谁也没告诉。"把捞来的银子"藏在船舱里，直到船长发现了它。他看见了银子，很生气地叫起来："这是什么？从哪儿来的？"然后，立刻换了一副表情，喜笑颜开，船员告诉他他们是在哪儿、怎么发现的。"啊！"他说，"感谢上帝，我们成功了！"

他确实可以说成功了。他在格林雷盖了所漂亮的砖质大楼。他们一共打捞上来三十二吨银子，银子都生锈了，像石灰石一样，有几英寸厚，必须用仪器才能把锈去掉。"他们继续打捞上来很多生锈的东西。"后来，又发现了很多金子、珍珠和奇珍异宝，总价值约三十万英镑。菲普原来一直忧心忡忡、焦虑不已，现在幸运终于垂青他了。他害怕船员们会造反，卷钱逃跑。他发了很多誓，"如果上帝能让他平安返回英格兰，他就会给上帝进献海珍和财富。"他安全地回家了，阿尔贝马勒公爵也很走运，得到了一大份财物。菲普拿到了一万六千英镑。公爵很佩服他的勇气，将一只价值一千英镑的金杯送给了他的妻子。国王授予他骑士头衔。他当时真是意气风发啊！詹姆士二世很想把他留在英国，但他的心早飞到了漂亮的砖质房子那儿。他被任命为新英格兰高级州长，衣锦还乡。回家路上他又去看了沉船，又捡到不少好东西。

威廉姆·菲普爵士的一生很有历史纪念意义。他回到家乡，在三十九岁的时候接受了基督教洗礼。"好多次潜水，"他说，"都很危险，我觉得都是上帝救了我，我欠他的。"遗憾的是，他在当高级州长的时候，烧死了很多无辜老妇，给她们定的罪名是施用巫术。他的统治理念使他后来征服了加拿大。尽管和法国动武他没有成功，但为最后征服加拿大铺平了道路。他的妻子没给他生过孩子，但他仍然十分爱她，这是他个性十分动人的地方。他死得较早，四十三岁就死了。在死前，他将康斯坦丁·菲普立为继承人，这个人很可能是他的侄子，是他二十一个兄弟中一个人的儿子。康斯坦丁·菲普是一名优秀的律师，后来成了爱尔兰的大法官。他在失去官职以后又重返法庭，重操旧业。他的儿子和昂格里希第三任伯爵的女继承人结了婚，他们的儿子被授予爱尔兰的贵族头衔——马尔格雷夫。后来他成了马尔格雷夫子爵，接着升至马尔格雷夫伯爵。他的孙子尽管经历了无数失败，但却是最有能力和最有成就的人，荣誉头衔至诺曼底侯爵。那位诚实、勤恳的威廉姆·菲普爵士，那位西班牙海域宝藏的发现者，被尊为菲普世家的缔造者，始终名扬朝廷内外。

在派蒂世家缔造者的奇异自传里我们读到了很多派蒂的故事。他的父亲是个呢绒商，一辈子都干这行。还在孩提时代，派蒂就十分热爱知识，对赚钱和攒钱也很热衷。他曾说学数学和攒钱对他来说是一回事。还在少年时代，他就经商坐船到诺曼底，挣了六十英镑。他后来在欧洲大陆待了几年，花掉了他所有的积蓄。他对奥布里说，在巴黎曾有一两个星期他穷得就靠吃核桃过日子。后来他去了牛津，上了内科大夫学院，还加入了几个道德俱乐部。作为内科大夫，他成功地救治了安·格林。她是被绞死的，吊了足足有半个小时。后来她的朋友又把她的"尸体"翻过来，踩她，确认她死了，才把她送到派蒂那儿。派蒂成功地救醒了她，她后来又活了好多年。他的财富是在1641年英格兰镇压了爱尔兰反叛起义之后获得的。那时他在军队当军医，他意识到这是赚钱的好机会，他弄到一份合同获得了一块被没收的土地。靠着这份合同，他每年挣一万三千英镑。拿着这笔钱，他又以低价从士兵手里买来他们分得的没收土地。他买得很便宜，奥布里说那些地每年能挣一万八千英镑。这么多钱当然招致了人们的艳羡和嫉妒。奥利弗·克伦威尔的骑士向他决斗。他说他近视眼，如果硬要打的话，就拿木匠的板斧，在漆黑的地下室里打。结果他赢了。国王复辟他也没倒霉。尽管他是一个温和的克伦威尔派，但他巧妙地掩饰说自己是新政府的忠实追随者。他被任命为爱尔兰的测绘局长。《安置法》一公布，他的所有财产都合法地归他所有。他对爱尔兰的测绘是国家级的伟大壮举。从克立（注：爱尔兰西南一郡）的蒙加托山放眼望去，五万英亩的土地都是他的。但他对此并不满足，还忙着从事采矿业、渔业、钢铁业和木材业。他干什么都干得聪明，并且具有发明创造的天赋。既具有朝臣的优雅举止，又具有演员的多才多艺。他赚钱凭的是天生的直觉。派皮斯也提到过他："1684年2月1日，他去了白厅。在公爵的房间里，国王接见了他，和他待了一两个小时。国王喜欢派蒂爵士，不让他坐船离开。派蒂爵士有些无所适从，但很小心地和国王应对，忍受着国王毫无理性的愚蠢。其他旁观的人也小心地劝说国王，劝国王用最好的船送派蒂爵士走，国王最终还是没让派蒂爵士走。"派蒂爵士后来结了婚。据奥布里描述他的妻子非常漂亮，长着棕色头发，眼睛十分迷人。派蒂后来死在了皮卡迪利（**注：伦敦的繁华街道**）。他的遗孀被封为赛尔本男爵夫人，她的小儿子封为赛尔本伯爵。除了在英格兰拥有大笔财产，在爱尔兰还有一百三十五平方英里（1英里=1.609344公里）的土地。他的孩子比他死得都早，因此他把所有财产留给了他的侄子洪·约翰·菲茨马瑞斯。他继承了派蒂的名字，成了英国贵族，封为维肯博男爵。他的孙子就是后来非常出名的维肯博侯爵，在博伍德和伯克利有很深厚的社会基础，但拒绝被封为克立公爵，关于这一点我们能理解。

贝尔普家族的真正建立者是杰迪戴亚·斯特拉特。他的父亲是自耕农。德比郡的传说说杰迪戴亚还是小孩儿的时候，就用小河修了个瀑布灌溉他爸爸的农田。他娶媳妇也娶得不错，尽管刚开始好像没看出多有福气，娘家是干针织行业的。因此这个年轻人的注意力集中到了针织业，他可以充分发挥他的发明天分。他造了一个很奇怪、很复杂的机器，是蕾丝机的前身。这种机器可以织螺纹长袜。他后来又把机器搬到德比，申请了发明专利。他又遇到一件运气的事：一个叫阿克赖特的人知道他发明了棉花纺织机，就请求合作，给他提供资金将发明付诸实践。杰迪戴亚·斯特拉特的科学天赋立刻意识到发明的重要价值，二人立刻合作。在那个可爱的克罗姆福德村，建起了第一家棉花纺织作坊，作坊附近是美丽的马特湖。很快他的发明又应用到织印花布。在他的带动下，德比郡成了纺织工业的伟大摇篮，并成为现代工业繁荣昌盛永不枯竭的源泉。他在贝尔普建了四家作坊，并定居下来。克罗姆福德的财富最终成为斯特拉特家的一部分。斯特拉特家三代人广泛分布在全国从事纺织业，他们家是德比郡最主要的生产商，拥有最大的生产力。他们家也因为慷慨大度、热心慈善而闻名。他们热心积极地从事社会公益事业，尤其关注员工的抚恤和福利，是贵族对贵族外阶级同情关怀的绝佳典范。斯特拉特家族不但在工业上很成功，还十分热爱文学和艺术。托马斯·莫尔在1813年住在德比郡的时候提到过斯特拉特一家："他们家有三个兄弟，每个人都能继承一百万英镑。他们家的女儿家教很好，热爱文学、音乐，他们的富有使他们能充分享受这种优雅。我特别喜欢他们一家人。他们家十六岁的小姑娘读书已经读到维吉尔的第六本了，没有被宠坏。约瑟夫·斯特拉特的大女儿是一位出名的女诗人。事实上，他们全家都是诗人。我像他们那么大年纪时，还不及他们一半呢。我们常常优雅地弹着钢琴、风琴，在漂亮的房子里喝着美味的饮料，一起共度美好的时光。"

还有很多更好的出人头地的例子。一个人有精力、有能力就能飞黄腾达，获得人生最伟大的成功。也许这种观点并不正确，并不能鼓舞人们奋力拼搏。有利因素推动人们朝成功发展，不利因素却迫使人们向相反方向退步。很多人在个人发展道路上都会遭受挫折、灰心失意。但那些一心为上帝服务的人就永远不会失败，永远能获得成功。有个聪明人写了自己亲身经历的事："奋斗就是快乐；心中要始终满怀希望、意志坚定、慷慨大度、情怀高尚。不仅如此，失望也不要失去勇气，要坚信快乐的光芒终会照耀最黑暗的人生。人生就应这样度过。成功与失败都是人生必不可少的东西，犹如历史上发生的里程碑式的事件一样。把一生经历的成功和失败都考虑进去才能公正地评价人生得失。"那些一生平淡无奇的人们过得可能没什么意思，但他们的人生故事更让人信服，是他们行使了社区的参政权，积极资助世上的穷苦人。他们才是真正的伟人，他们成就光辉事业并非出于私心。詹姆斯·斯蒂芬爵士就是这样一个绝佳的例子，柯尔克洪先生称为克拉彭（注：英国伦敦西南部一地区）一族，并写进了他的《当代的威尔伯福斯》（注：威尔伯福斯，1759—1833，英国政治家。1780年至1825年曾任英国下院议员，致力于废除奴隶制的工作）。威尔伯福斯的故事值得所有英国作家广为传诵。

这群卓越的人们影响了英国国教，改变了社会面貌和英国形象。这群所谓的路德教派成员思想开放、个性坚强、富有创意。他们的一生引人入胜，甚至他们的爱情故事和浪漫史也闪耀着迷人的光辉。首先，我们看看老米尔纳，原来是干织布苦工的，后来成了学院的高级辩论家和院长。他坐马车旅行的时候也带上一本威尔伯福斯送给他的道得磊奇的《崛起和进步》。上帝知道，这本书影响了两个人的一生。威尔伯福斯有事的时候总是向牛顿求助和求教。在我所有的朋友当中，只有一个去过牛顿家吃早餐。牛顿把他奉为圣人，倾听他富有启发性的演讲。哪怕那位朋友咳嗽一下，听众们都会急切地想知道咳嗽是不是有什么深层次的含义。人们到圣·玛丽·伍弩思去听他布道，问他的仆人他都讲过什么了，仆人告诉说他讲了耶稣基督。还有位非凡的年轻人约翰·鲍德勒，他在有些方面让我想起了亨利·柯克·怀特，甚至是帕斯卡尔。他意志坚强、多才多艺，因为过分搞学术研究弄坏了身体。他深爱着一位年轻的女士，但他前途未卜，所以他的恋情并不被朋友们看好。最后，在结婚前夜，他用剑刺穿了胸部自杀了。他个性纯洁高尚，赢得了同样纯洁高尚的朋友们的深深爱戴。"我多么热爱鲍德勒啊！"威尔伯福斯发出由衷的感叹。一群和威尔伯福斯有关系的人被柯尔克洪称作内阁议会。其中有大法官法庭的首席法官斯蒂芬，他娶了威尔伯福斯的姐姐。他是历史之父，从事枯燥、无趣的研究，但他精力充沛、富有激情，能激励起威尔伯福斯和他的朋友们从事更好的工作。他很高兴地辞去了大法官法庭首席法官的职务，回到了绿树碧草的乡间。他是个聪明的伦敦人，他写道："乡间对我来说再合适不过了，我喜欢乡村，我喜欢自然、无邪的快乐，我喜欢自然富有教益的悲伤。在平静、炎热的夏天，看看山毛榉树也能即兴作出一篇精彩的演讲。四周很静，一丝风都没有，树叶一动不动，阳光随处洒下斑驳的影子，像上帝从黑暗中透出的希望之光，指引着我们。"牧师托马斯·吉斯伯恩更热爱乡间生活。他住在更僻静、树木更繁茂的尼德海姆林。那儿橡树参天、金雀花怒放、栗子树繁茂。他的朋友们在伦敦一感到厌倦就到他那儿去换换环境。他给朋友们讲他看见的鸟儿、花儿和小虫子，带他们去林间的小木屋。冬天他就去伦敦的皇宫大院、百特西高地或肯星顿三角地，但人头攒动、声音嘈杂，丝毫感觉不到清静安逸，他还是愿意回到林间。

桑顿家的两兄弟，约翰和亨利很有意思。牛顿在昂立的时候，约翰给了他相当多的资助金帮助他研究。约翰最大的放松方式是拉着虔诚的国教牧师和非国教教徒们到处溜达，给每个人提供足够的雪茄烟。那时，英国国教牧师和非国教教徒很亲密，两派都非常憎恨路德教的美以美教派。柯尔克洪公正地说："当涨潮的时候，海滩不平坦的地方都被淹没了；退潮的时候，小丘又露出来了，人们踏上小丘，把它也称为高地。"意思是说，有大矛盾的时候，小矛盾是可以互相融合、暂时一起对抗大矛盾的。亨利·桑顿秉承了父亲的乐善好施，性格最好、最平和。他任骚斯沃克议员三十年，从没贿赂过上司一分钱。他的位置好像总是岌岌可危，幕后黑手总是反对任命他，但他终于打败了他们。所有好人都钦佩他的基督精神，所有理性的人都赞美他的独立和高尚，愿意选他做议员，紧紧围绕在他身边。孩子们看到长长的庆祝队伍都欢呼雀跃起来了，他却说："我宁肯和老朋友牛顿握握手，也不愿接受那群傻瓜的欢呼声。牛顿知道如何表扬我，可他们却不知道，净跟着瞎起哄。"他的观点就是这样，财富在他眼中如粪土，财富的唯一好处是给别人带来福利。威尔伯福斯超越了亨利·桑顿获得了更高的荣誉。威尔伯福斯尽管工作紧张繁忙，但谁都不许在早上和星期日打扰他，这段时间他只献给上帝。桑顿的一些老朋友常常在克拉彭的村子里聚会。他们坐在皮特设计的椭圆形的书房里，看着窗外的草地。那时伦敦城市扩张已经扩张到那个村子了。在那些老朋友当中，有个前途无量的年轻律师——科普利·斯蒂芬——和几乎建立塞拉利昂的严肃苏格兰人的儿子托马斯·巴宾顿·麦考利。麦考利毕业于普雷斯顿先生的学院，和雷彻斯特郡（注：英国爱尔兰东部的郡）乡绅同名，也是他的亲戚，他还是十字军战士的后裔，本人积极从事废除奴隶制和其他一切邪恶的斗争。还有很多绅士像贝克斯雷勋爵、西德茅斯勋爵和泰恩茅斯勋爵。还有温婉细腻、善于思考的格兰特夫人。可怜的鲍德勒说："她很温柔，永远不知疲倦，上帝派她来到这个世上就是让她来安慰病人和悲伤的人的。"还有一位不太显眼的亨利·桑顿夫人。柯尔克洪说格兰特夫人："在印度结的婚，在那个炎热的国家度过很多难忘的岁月，她天性温柔，似乎有完全融入东方太阳的温婉可人。她离开印度，回到我们这个冷酷、严肃的社会。她的举止、表情和情感细腻敏感，像南方阳光下生长的繁茂植物。她的语音柔和低婉，举止平静安闲，她的衣服、头上戴的纱巾，飘逸地垂下妙曼的身姿，无不透出不张扬的诚实和温柔的纯洁。"

桑顿死了以后，他的妻子也很快追随而去。罗伯特·哈里·英格利斯和他年轻的妻子没有孩子，以世间少有的无私和勇气，承担起抚养九个孩子的责任，而且非常圆满地完成了责任。当桑顿的长子再回到故园的时候，无论从能力和财富上都能胜任继承父亲遗产的责任。但他却没有以主人的身份住在那儿，而是以英格利斯儿子的身份一连十二年在二老面前尽孝。罗伯特爵士用神奇的魔术手段召集了当初让他自己在社交界和学术界扬名的那些人，让这些人继续帮助桑顿的长子。麦考利和他不一样，久仰他的大名，以晚辈的身份向他表示敬意。他在平民院任职多年，每次回家，纽扣眼里都插着一枝鲜艳的玫瑰。不过玫瑰花不是他自己在乡间采的，而是了解他、热爱他的人送的。他是资历最深的伦敦人，他经常到国外旅行，举止简洁、优雅，迷倒了不少外国人，很多外国人甚至认为他是公爵。他是愉快和礼节的化身，受过很好的教育，而那宝贵的教育来自于达官显贵的耳濡目染和交往。他和基佐（注：1787—1874，法国历史学家、政治家，提倡君主立宪制，1847 年至 1848 年曾任首相，发表过数本历史专著。）、哈勒姆（注：1777—1859，英国历史学家，他真实但缺乏色彩的著作包括《中世纪的欧洲》）、帕尔格雷夫（注：1824—1897，英国诗人和人类学家，以他的在英语语言中最好的歌曲和抒情诗篇的宝库（1861 年）而闻名）、麦考利（注：1800—1859，英国历史学家、作家和政治家，著作包括受欢迎的《英国史》，为爱丁堡评论撰写的众多文章和一卷叙述诗集《古罗马之歌》）、骚赛（注：1774—1843，英国作家，以其浪漫主义诗歌、评论和传记作品著称）、克罗克·洛克哈特（注：1794—1854，英国作家，主编《四季评论》。他最著名的作品是七卷本的《瓦尔特·司各特爵士回忆录》。）一起讨论过历史和文学；和威伟尔、欧文（注：1804—1892，英国解剖学家和古生物学家，他是大英博物馆自然历史部的负责人，也是早期的达尔文的进化论的反对者）、萨拜因、墨奇森谈论过科学；和拉弗尔斯（注：1781—1826，英国殖民地执政官，1819 年他为东印度公司获得了新加坡，并在此建立了定居点）、巴兹尔·霍尔、约翰·富兰克林、沃尔夫博士（注：1733—1794，德国解剖学者，以其在胚胎学方面的先驱工作而著名）谈过旅行；和常垂、劳伦斯、威尔基谈论过艺术。这些教育比基督教会给的教育要好得多。为证明自己教育良好，他和这些人在一起往来，成为大英博物馆贡献最大的理事。

上面提到的那些人的名字构成了现代教会圣徒传，他们的言行值得我们尊敬。我们要以他们为楷模，明确地把他们当作仿效的对象。他们的演说和行为被当作公式、当作口令，我们要照说、照做。不过话说回来，这种僵硬严格的做法有悖于这些伟人坦率、自由、快乐的精神。偶然因素和必然因素混淆在一起了。人们在讲台上大肆宣讲他们的观点，但威尔伯福斯却很鄙弃这种做法，认为它阴暗、落后、毫无必要。

不管怎么说，模仿出于好心，是好事。人们希望能获得像威尔伯福斯、桑顿和英格利斯在平民院里获得的声望。刚开始威尔伯福斯这些人在平民院里并不受欢迎，人们躲着他们、嘲笑他们、责备他们、反对他们。他们不属于任何一派，然而这些人最终获得了国家权力。他们的言辞和影响决定了国家大事，大臣们悬而未决的问题由他们来做决定。人们知道有他们在，在平民院里就有哪儿也买不到的正直。现在我们仍然需要忘却个人私欲和耻辱，真诚履行职责的人，全心全意爱国的人，全心全意信教的人，这些人团结起来就能为祖国作出她需要的贡献，为自己建功立业。

要想成功就要有耐心，要学会等待。约翰逊写道："人们忍受贫穷才能慢慢地出人头地。"他自己就是这句格言的最佳例证。早年当穷书商的经历似乎不能预示他将来能成为文学界的泰斗。他刻苦学习、努力工作、道德高尚，使他成为了成功的天才。如果说在成名之前有什么成功时刻的话，他并没有记载下来。文学、科学和艺术也记录了同样的故事。我们听过制陶工人帕利西奋发图强的故事。工程师斯蒂芬森也讲述了类似的天才逐渐成功的故事。年过四十，他才得到一份年薪一百英镑的职位。他不顾全国人的愚蠢反对，率先建立了英国的铁路系统。斯迈尔斯先生的《工程师的生涯》还记述了其他几位像斯蒂芬森一样的人的故事。像东部洛锡安（注：英国苏格兰行政区名，包括原来的三个洛锡安郡）农场主的儿子——

著名的特尔福德——的故事。他建造了伦敦三座著名的大桥，设计了普利茅斯（注：英格兰西南一自治市，位于普利茅斯湾沿岸，该湾为英吉利海峡的一个小海湾）的防浪堤和伦敦码头以及东印度码头。还有艾斯克代尔的浪漫梦幻者伦妮的故事。他是名诗人，和其他诗人交情深厚。他一生设计了很多杰作，像桥啊、隧道啊，这也使他的人生变得美丽辉煌。我们再看看法国人达莱姆波特的故事。他的母亲出身于名门德·丹赛，但他却被他的母亲遗弃在市场里。政府把他作为弃儿交给玻璃匠抚养。他从小就显示了超乎寻常的求知欲和学习天赋。他成长的每一步都充满艰辛。别人嘲笑他在家搞研究，学校老师不让他学习数学，可他后来成了数学界的领军人物。最糟糕的是，每次当他相信自己有了新发现，却发现早有别人在他之前就发现了。然而，他的创新能力无人能打垮。二十四岁时他就成了皇家学会的会员。他那位伟大但却没有抚养过他的母亲想和他相认，达莱姆波特说："你只是我生理学上的母亲，玻璃匠的妻子才是我的母亲。"

我们已经讲了很多学术界的成功例子了，他们的成功不是因为天分或机遇，而是由于目标坚定、坚持不懈。让人们光看别人成功的例子是很危险的，这样人们就容易误认为成功很简单。不断追求成功的人比享受成功的人闪耀着更加耀眼的光芒。大多数成功的人，在获得成功之前都饱受磨难和失去。天生成功的人是不存在的。有位文笔流畅的作家写了一篇宗教文章《人生如海市蜃楼》。那些梦想在尘世间获得成功的人往往发现成功离他们很远。他们追求成功破灭的故事成了寓言。我们有时难免批驳人类的幻想，感叹人生的苦难和多舛。

皮特的朋友——威尔伯福斯——写道："这些事情说明尘世的伟大其实是多么虚无啊！可怜的皮特，我相信他是死于心力交瘁。心力交瘁啊！他像奥特韦、柯林斯和查特顿一样，食物只能满足他们的肉体，却不能满足他们的灵魂。他们的天才没有发挥出来，因为无法展示天才最后郁郁而终！他们的命运是不是像苏瓦洛夫呢？苏瓦洛夫长期对国王尽忠尽孝，但最后却被无情地抛弃、放逐。不，皮特有着至高无上的力量，是全国人民仿效的对象。他死于心力交瘁，时任国家财政大臣。"

瓦尔特·斯科特在永远离开阿博特斯福德时说："我想我再也回不到这个地方了，我的心碎了。我年事已高，孤苦无依，亲人不在身边，穷困潦倒。"他还写道："死亡已经关上了爱和友谊的门。我隔着墓地的门看着爱和友谊，眼前闪过一幕幕爱和友谊的故事，别无他求，但愿在不远的将来，我能重温爱和友谊。"他后来又写道："我每时每刻都很难受，病越来越重，朋友越来越少。想到年轻时的健康和活力，现在已经无法享受，空留一丝悲戚的安慰。希望死亡早点到来，结束这一切。"这就是在尝尽人间一切快乐的人的临终告白，对那些仍然痴迷于虚荣的人是一种警告。

诗人坎贝尔〔注：1777—1844，英国诗人和编辑，以其叙事诗《尤林地主的女儿》（1809年）而享有盛誉〕说："我是世上的独行客，妻子儿女都已死去，唯一活着的孩子还被关在了活死人墓——精神病院里。我的老朋友们、兄弟姐妹们都死了，只剩下我一个，还奄奄一息。我最后的希望破灭了。名誉，也不过是肥皂泡，早晚会爆掉。有所期待、有所分享是很甜蜜，但到了我这个年龄像我这样孤苦无依，则是苦涩的。我一个人待在房间里，有时突然会改变想法，我会去找人做伴、求助于人，但不能医治我的伤痛。我又开始讨厌这个世界，讨厌我自己，重新缩回到孤独。"

文学作品描绘了的人们成功前后的巨大反差，反差再大也没有大仲马自己的故事更大。成功后他获邀进了巴黎宫廷。奥尔良公爵（路易斯·菲利普）当时正在宫里，身边围绕着二三十个王子和公主。奥尔良公爵完全不知道他面前站着的是谁。第二天大仲马就在巴黎家喻户晓了。他获得了朋友的祝贺，匆匆地赶去见生病的母亲。"今夜多少人嫉妒我啊，"他写道，"可没人知道我在母亲的病榻前度过了一夜。"

友善的马蒙代尔提到过伏尔泰（注：法国哲学家和作家，其作品是启蒙时代的代表，常常攻击不公正和不宽容。他著有《老实人》和《哲学辞典》）："对他来说，他不了解最大的幸运是休息。确实，他在走进坟墓之际才稍稍厌倦了追求。在长期放逐返回巴黎后，所有人感激他给他们带来的快乐，他也为此激动不已。当他身体虚弱无力，仍最后一次想把大家逗笑，而这次是他最成功的一次。但他得到迟来的安慰和努力工作的回报了吗？第二天，我去探望了他，我说：'你最终为你得到荣耀感到满足了吗？''啊，我亲爱的朋友，'他回答说，'你跟我谈荣耀，而我却要死于可怕疾病的折磨。'"

让我们读读伟大的霍尔海姆的回忆录吧。他出身于文学世家，达到很高的学术造诣，同时也饱受磨难痛苦。不要为他的英年早逝感到难过，因为即便英年早逝，人们也见识了他的才华和成就。他在圣保罗大教堂墓碑上的铭文，也许是麦考利所写："亨利·霍尔海姆，中世纪的历史学家，国家宪法撰写者，欧洲文学巨人。"很多朋友瞻仰他的丰碑，敬佩他博学多才、文风简洁优雅、学识宽广博大、判断敏锐真实、一生道德高尚。人们将对他的记忆永存在神圣的石碑上。他绝佳地诠释了英语语言、英国人的性格和英国人的名字。

阿瑟·亨利二十三岁就去世了，他的墓志铭用的是坦尼森的《记忆》内容是这样的："在阴暗孤独的教堂，安歇着一个人的遗骸，他的死是人民荣誉的损失。因为他出众的天分、深刻的理解力、高贵的性格、热忱的宗教信仰、生命的纯洁在同时代人中出类拔萃。离去了，望你在墓中安歇。"

还有另外两个孩子的墓志铭："艾莱诺·霍尔海姆，卒于二十一岁，她那悲痛欲绝的双亲，已经失去了第二个孩子，他们的死去带走他们温柔的性格和对上帝的虔诚，望他们走向回报他们德行的天堂。"

"亨利·菲茨莫里斯·霍尔海姆，卒于二十六岁。他那么善解人意、性情甜蜜、生命纯洁，作为长子他永远活在爱他的人心中。他出类拔萃、美名远扬、朋友众多，在异乡由于疾病失去了年轻的生命。"

我们不能再对这些动人的墓志铭多说什么了，但他们讲述了天才和成功的动人故事。怀有理想就能解答人生的难解之谜，为一切痛苦和失望带来安慰。

第十三章
叱咤风云政治家

　　研究历史和人生的最大主题之一就是研究政治家和治国之术。政治家的生活比普通人具有更大的影响力和意义。他们的个人生活细节能广泛影响历史事件和历史发展趋势。历史上很多动人心魄的篇章或柔和优雅的段落都与伟人有关，是伟人缔造了历史。有种奇怪的理论说，伟大的政治家是时代的产物，而一个国家的真正历史要到广大人民群众中去寻找。这句话或许有点道理，可很多普通的历史学家都忽略掉了。全世界都承认伟人给时代刻上了自己的印记，影响了国家的命运，并且在无形之中影响了历史发展的进程。

　　约翰逊博士在歌德史密斯的《旅行者》中插入了这么一首诗，开头是这样的：

人的内心能承受的东西多么少啊！

国王和法律能造成悲哀也能治愈伤痛！

　　这两句诗里包含了一定的真理和错误，人们一般能体会到这些真理和错误。

乔治时代，英国大部分，除了一些偏远地区，很难说英国政治家造成了人民的苦难还是解除了人民的苦难。所有国家都会在一定历史阶段，颁布好的或坏的法律，对社会造成具有深远意义的影响。有时，政治家的生涯深刻地影响了国家。政治家经过一系列思考和观察采取某种实际行动避免了战争、缔结了合约，这一时刻成为人类历史的里程碑。在雅典历史中最受人瞩目的是梭伦（注：古雅典政治家和立法家）宪法和克利斯提尼（注：西塞恩的希腊暴君，他曾领导此地区的居民反叛多利安人）宪法。阿诺德博士曾言古代历史和现代历史没有区别，只不过古代历史比现代历史更具现代感、更真实。阅读历史是很快乐的事，"用国人的眼光读历史就像往微笑的土地播撒大量的种子"。人们最重要的是要理解什么是政治家，政治家能做什么不能做什么。政治历史实际上是人民历史。任何时代的伟人都能很好地控制自己的感情，和谐发展自己的复杂个性。伟人总能将自己置身于和谐的发展环境中。他们不但能启发你的良知、平息你的痛苦，还能赐予你财富。伟人可以给你提供发挥才能的平台，使你具有自知之明和超凡的自控能力，使你能适应现代政治生活。一切革命的最大弊病是人们试图从政府那儿得到政府不能给予的东西，实际上人们可以从自己这儿得到。政治家的工作是有局限性的，政治组织形式相对也并不重要，政治家本身都非常聪明睿智、精神矍铄和纯洁高尚。在历史上闪耀最耀眼的光芒的政治家是那些使国家富裕和道德高尚的人。他们关心国计民生，关心人民的物质生活，也关注人民的精神生活。人们对政治家的个人生活特别感兴趣，因为他们的个人生活影响了国家和人民的生活，他们的行为影响了国家继而影响了我们。我们探寻他们逐渐获得权力的脚步，对他们的故事很感兴趣，并从中受到极大鼓舞；我们细细阅读、慢慢品味他们曾经轰动和感染参议院的演讲。顺便说一下，这些政治家的演讲结束语一个比一个精彩，光就演讲结束语写一篇论文也是不错的题目。他们的演讲具有强大的启发和感召力，文字绚丽，但充满了不祥的预言。部长们想废除、修改和发布关于爱尔兰的法令时，每次都宣称只要采纳他的建议就会将国家建成乌托邦式的理想境界！爱尔兰议员的演讲结束语感召力是最强的。议会的辩论舞台就更热闹了。代表军界的议员最容易得到议会的支持，他们长篇大论地庆祝自己派别的胜利。细细品味政治家的生活，也能感到很多令人失望的东西。"看，儿子，"奥克斯提耶那说，"我们有时多蠢啊！"伟人也有非常渺小的心态。惠灵顿公爵强烈反对俄罗斯就是因为他觉得自己在圣·彼得堡没有受到礼遇，后来还和利文斯一家大吵了一架。无独有偶，基佐特先生一直对英格兰持不友好的态度，因为他认为自己在英格兰没有受到关注。政治家的感情和观点也有偏狭的时候。因为习惯于和群体打交道，往往忽略同情个人生活，满足于政治组合而不去关注国家的深层倾向。因此，由路易斯·菲利普领导的议会政府管理法国时发生了重大错误——他们每提出一个议案就绝对依赖议会的大多数，大多数同意就同意，不管对错。政治家还把宗教看成是政府管理方式，并不理解宗教问题是一切问题的核心，比其他问题都重要。如果说他们认识时代特征的速度慢，实际上是冤枉了他们。佛朗哥〔注：1892—1975，西班牙军人和政治领袖，领导民族主义政府在反对西班牙内战中（1936 年至 1939 年）击退共和党员的武装力量。他在 1939 年至 1975 年期间以独裁者姿态统治直到死，其后波旁皇室君主政体复位〕同普鲁士战争还没打响，和邻国还很平静友好的时候，人们已经大张旗鼓地宣讲，庆祝议会推翻了王权。格兰维尔勋爵时任外交部长，人们对他说，他们从没有对欧洲事务如此漠不关心过。

　　了解政治家的人生转折点，既要从大处着手，又要从小处着眼。从大处看，这些转折点影响了政治家的思想，也影响了国家的命运。海德宣布和圆颅党（注：英国 1642 年至 1652 年内战期间的议会派分子，与保皇党相对）脱离关系，伯克宣布脱离雅各宾派（注：法国大革命中激进的民主分子）都是如此。已故的罗伯特·皮尔爵士一点一点地接受了天主教，接着放弃了对清教的保护。从小处看，政治家的人生转折点决定了他和党派的关系和职位的晋升。坎宁先生和自由党站在了一边，他的学生格莱德斯通先生虽出身于托利党（注：创建于 1689 年，是辉格党的反对党，1832 年以后托利党名为保守党）但最终与托利党决裂。当然两党之间没有什么特别明显的界限。当然也不能说如果政治家推翻了一种体制，那么这种体制就是错误的，采取哪种政策应随情况的不同而不同。地方保护主义在国家的某个历史阶段是正确的，如果换种情况，**政府也许应该采取自由贸易**制度。在某种社会，贵族政治也许是最好的；在另一种社会，人民代表制度也许是最好的。当民主智慧得到更广泛的传播，就要广泛推行以全国投票为基础的代表制度。政治家无论是推翻一种制度还是建立一种制度都不应该无休止地歌功颂德或谴责批评。他们为所处的那个时代作出了最佳贡献。敌对派不过像摆来摆去的钟摆一样，没有永恒的敌人，也没有永恒的朋友。有时候需要创立制度，有时候需要摧毁制度，有时候需要重建制度。这是英国王室历史给我们上的一课。君权独裁的都铎王朝〔注：英格兰统治王朝（1485年至1603年），包括亨利七世及其后代亨利八世、爱德华六世、玛丽一世和伊丽莎白一世〕被推翻了，接着建立了还是君主制的斯图亚特王朝（注：英国王室，137年至160年统治苏格兰，1603年至1649年统治英格兰，1660年至1714年统治苏格兰〕，直到大革命建立君主立宪制。政治家的争端让我们目睹了政治的实质。有人在平民院实实在在地争论过这个问题，但没人能说出政治的全部实质是什么。像英国议会这样的议会在争论时不要那么尖刻，这一点很重要。我们必须明白，所有党派的人都是朝共同富裕的目标而努力工作的。研究政治家的生活能更好地理解政治，这对一切国家都很重要。政治家具有一种特殊的高贵、痛苦和自以为是，他们的个人历史不知不觉地融入国家历史，个人意识反倒淡化了。

让我们看看两位著名政治家皮特和福克斯的人生转折点吧。两位都与现代历史有着直接的密切关系。很奇怪，二人在早年就交好。霍兰夫人对她的丈夫说："今天早上我和赫斯特·皮特夫人在一起，她有个儿子叫威廉·皮特，还不满八岁，但却是我见过的最聪明的孩子，家教严格，举止得体。记着我的话，只要我们的儿子查尔斯活着，他就是查尔斯的眼中钉、肉中刺。"威廉·皮特第一次在议会演说就一举成名。汤姆莱主教说在他之前还没有人能一进议会人们就寄予这么高的期望。每个人都以皮特为楷模、为动力走向成功。皮特演说完一坐下，福克斯就急忙热情地走过去，祝他演说成功，可皮特不屑一顾。"皮特不是一小块榆木脑袋"，伯克说，"他是一大块榆木脑袋。"后来皮特让福克斯给他弄一张谢尔本勋爵的邀请函，让他和朋友有机会能觐见国王，为国王效劳。汤姆莱主教说："我想，这是最后一次皮特和福克斯单独共处一室。从那时起两个人开始在政治上交恶一辈子。"

国王派人找来皮特委以重任，皮特是唯一能和福克斯抗衡的人。皮特接受了邮政大臣一职。"他丝毫没有犹豫，接受了委任。"就在皮特接受委任的同一天，年轻的佩珀·阿登闪亮登场，接受了阿普尔比教区的委任状。那时皮特已经是财政大臣了，就在他的房间里，人们爆发了一阵哄堂大笑，不是嘲笑，而是自己党派成功后的欢笑。皮特后来组织了自己的内阁，他的党员占议会绝大多数，而福克斯的影响力却减弱了。二十四岁，年纪轻轻的天才部长就开始了他的独裁统治。

斯坦霍普勋爵描述了皮特的一段非常感人的人生经历。皮特向奥克兰勋爵发誓他爱他的女儿，奥克兰勋爵说很感激他的真情，但作为未来英伦的伟大公主，她不可以嫁给一个一文不名的穷小子。那时很多年轻人就是因为没钱所以不能娶到心仪的女子。因为如果万一男方不幸死去，女方作为一个穷寡妇就活不下去。皮特不具备娶他女儿的结婚条件。奥克兰勋爵大致了解皮特有债务、有财政困难。皮特自己完全承担了拒婚的耻辱。后来这件事就结束了。

在皮特的一生中，两件事对他影响最大，而且最终结束了他的生命。第一件事有些不大真实，是威尔伯福斯先生发难谴责梅尔维尔勋爵。威尔伯福斯先生非常正直，能影响很多摇摆不定的人。皮特看着他的朋友，知道这位约克郡的议员会造成轩然大波。"无人能抵御那双具有穿透力的眼睛的魅力。"马尔姆斯伯利勋爵说正反两方的票数相当，"阿博特·威尔伯福斯演讲时脸色苍白，停顿了足有十分钟，投了关键一张反对我方的票。皮特戴上那顶小高帽，压低了帽檐，他通常只在晚上参加晚宴时才戴那顶帽子。我看见他泪水顺着脸颊流了下来。"莱加德上校在给威尔伯福斯勋爵写的信中说，"我相信梅尔维尔勋爵犯了罪，而皮特的老朋友又对他造成了难以愈合的精神创伤，导致了他英年早逝。"威尔伯福斯先生在信后面加了这么一句话，"这件事没有伤害到他的健康。"

他们迫害沃伦·黑斯廷斯遭了报应，所以皮特才会感到伤心，才会谴责梅尔维尔勋爵。两个人好像都特别妒忌沃伦·黑斯廷斯，担心他会在内阁获得席位，借国王的力量发展自己的党羽。斯托勒先生对伊登先生也就是后来的奥克兰勋爵说："那天邓达斯先生在好多人面前说过，他的性格就是那样有什么说什么。反对派已经帮他把事办好了，他们已经把黑斯廷斯干倒了，他进不了内阁了，并且他的根基也给摧毁了。"如果皮特和邓达斯出于政治私利干了这件事，他们也一定会遭到报应的，这也给政治家历史提供了航标灯和范例。"

但彻底毁掉皮特的是奥斯特利茨（注：捷克城镇。1805年12月2日，拿破仑在附近决定性地击败了沙皇亚历山大一世及弗朗西斯二世的俄国和奥地利联军）战役。斯坦霍普勋爵的父亲说："这场战役是他的直接死因。"那时他的脸上始终带着忧心忡忡、郁郁寡欢的神情，威尔伯福斯管他那表情叫奥斯特利茨表情。那天，他从巴思（注：英格兰西南部的一座市镇，在布里斯托尔港的东南面。以其乔治王朝的建筑和温泉而著名。这些温泉是公元一世纪古罗马人开凿的，是颇受青睐的疗养胜地）回家，走过他在帕特尼别墅的长廊时，看见了欧洲地图，很难过地说："收起来吧，十年都用不到它了。"想想两个月前在卡姆登勋爵家用餐时遇见阿瑟·韦尔斯利时，他怎能知道那位出类拔萃的在印度服役的军官，注定会挖出那只法国雄鹰的眼睛，把它串起来挂到石头上。

福克斯还没到二十一岁就进了议会，发表了几次成功的演说，但没有一次能像皮特的第一次演讲那么成功。乔治国王刚开始并不喜欢他，"那个年轻人毫无一般人应有的荣誉和诚实，他一定会被人瞧不起，惹人讨厌的。"除去他担任海军上将一职的时间不算，他一共在军界任职不到二十个月。在英格兰搞政治薪水也少得可怜。福克斯人格低下、嗜酒好赌很难打动一个既看重人品又看重才智的国家。霍兰勋爵说沃波尔曾经给他讲过一个奇怪的故事，说一个冒牌的格雷夫夫人向他提亲，女方是西印度群岛的女继承人，资产八千英镑。福克斯最终还是和他的情人——阿米斯泰德夫人结婚了，但却没胆量公开承认。罗素勋爵说福克斯说得很难听："他从青年时起就纵情享乐、荒谬沉沦。"劳德戴尔勋爵也发现了他的毛病。福克斯去了艰苦的切尔顿海姆，没有人知道他是否抱怨过。劳德戴尔勋爵的父亲在那儿得病后死于水肿，福克斯的朋友们注意到了他肿胀的双腿和日益衰竭的脖子和胸部，所以没人能确定福克斯看到这种情形是否会害怕。

乔治·康沃尔·刘易斯认为有一件事是福克斯的转折点。"有理由相信福克斯决定摆脱谢尔本勋爵是他政治生涯的转折点，对他后来产生了重大影响。"福克斯出于不忠摆脱了谢尔本勋爵，和诺斯勋爵结了盟，这是政治史上的一件大事。正如迪斯雷利先生所说，"英格兰不喜欢结盟，因此他继续毫无胜利希望地和皮特作对。"

中年的福克斯，上了岁数也摆脱了坏习气，或者说是坏习气摆脱了他。他在圣·安山脉安享富贵，像所有英国政治家一样天生就喜欢希腊文学，这时他有充分的时间满足他的爱好了。福克斯死得很突然、很安详。"好好读读我吧，"他临死的时候说，"我是维吉尔的第八本书。"他的临终遗言是："丽慈（注：他的妻子），我死得很快乐。"罗素勋爵用霍兰勋爵的话作为讲述福克斯篇章的结尾："在死的时候，知道自己被爱，床边的人都喜欢自己，是一种莫大的安慰，人有充分理由在结束一生的时候说死得很快乐。"没有人比福克斯更配得上那样的安慰了。也许，我们期望的安慰比这还要更有内涵、更好。

我认为罗素伯爵对皮特的评判既不能说完全公正，也不能说有失偏颇。罗素伯爵在尝试着写传记或研究历史的时候从未丢掉政治家的天性。他完全反对皮特和法国的第一场战争，这场战争使英国增加了毫无必要的大笔国债；他也没有公正地理解国人是如何看待这个问题的。我不相信皮特打这场仗一点没有挑衅负气的意思。在亚眠谈判破裂后（注：福克斯时任外交部长），罗素伯爵支持打第二场战争。罗素伯爵对于拿破仑个性行为的观点前后也不一致。下面的两段话好像有点前言不搭后语。

"从经验来看，第一领事好像不会表露个人热爱和平的倾向。他是被敌人逼着才全力以赴投入战斗的。"

"他是无可争议的欧洲的统治者，可以率性改变各国政府的版图和形状。如果有人胆敢憎恨他的暴力行为和傲慢的言辞，他能让他们老老实实的。"

罗素伯爵认为乔治国王是帝王之术的大师。他没让福克斯在皮特死以前接任他的部长之职，在皮特死后才让福克斯当了部长，这是对皮特的嘲弄。斯图亚特国王审时度势，从不做不可能的事，是他和汉诺威国王们的最大区别。我们很瞧不起王室理解问题的方法，他们的水平比商人、乡绅和教区院长的水平高不出多少。商人、乡绅和教区院长占人口比重很大，他们的威力和国王在议会的威力一样大。"国家的心仍然忠于乔治三世。"萨克雷先生实事求是地说，"他是有很多毛病，脾气又倔，但他诚实、单纯、勇于承认错误、虔诚。感谢上帝，这些品质大多数英国人都欣赏。"

福克斯是寿终正寝了，可皮特却悲惨地死去。"同胞们，我要离开我的祖国了！"这是他说的最后一句话。由于奥斯特利茨惨败，他伤心过度而死。有个人到他在帕特尼的别墅看他，发现仆人们都跑光了，一个一个的房间空无一人，后来他来到皮特待的那个房间，看见他躺在那儿，奄奄一息。他病入膏肓、万念俱灰、伤心不已，他没有料到自己的结局竟会是这样。他的朋友林肯主教，本来能为他做圣礼，但皮特说他实在没有力气，不做了。他说他害怕和很多人一样，闲时不念经，临时抱佛脚。他在临死时再虔诚也没什么用。回顾一生，自己活得还算干净、还算满意，没必要热烈地忏悔。他说："耶稣的美德教育了我，上帝会怜悯我的。"

很多政治家都将宗教看作社会组织、政府机器或大众观点，这实在是太不幸了。维吉尔抑扬顿挫的诗篇是无法安慰临死人的内心的。最后，至于皮特的例子，我们必须采纳已经检验过、证实过的理论加以分析，而不能用未经检验过的理论加以分析。我们不能希望烦扰不断、伤心不已的人临死时比皮特说出更好听的话来，"耶稣的美德教育了我，上帝会怜悯我的。"

我们看看倒霉政治家的命运吧。看看他们的内心世界，公众也许对他们的内心世界并不熟悉，但从他们的传记中我们可以略知一二。

没有人像克莱伦登勋爵那样经历了众多历史事件并书写了历史。我们对于他所生活的那个时代的了解来自于他自己的不朽文字。在他生活的那个时代没有谁的名字比他的更响亮、比他的影响力更大。在长议会（注：长议会是查尔斯一世在 1640 年 11 月 3 日起的，就是说除非全体议员同意，否则不得解散议会）设立的关键时刻，人民见识了他的号召力，后来国王才意识到他的影响力有多大。他是平民院自己党派的领袖，是贵族院的大法官，还多年担任英格兰首相，是两任英国国王的外祖父。他一身的荣耀在英国无人能及。但他宦海沉浮多年，努力奋斗但屡屡遭挫；他坚韧不拔、美好高尚，无论是非曲直、境遇好坏，他都坚守基督徒的信仰和希望。最后终于获得晋升，一飞冲天一如他后来沦落时一跌到底。放逐、贫穷和无端诽谤结束了他漫长的、跌宕起伏的一生，英国历史和文学都描述了他，他的名字也名垂千古。他最后的生涯，尽管最悲惨但也最快乐、最美好。他每一次的沉沦都是又一次崛起，他学会将放逐当成休假，平静地稍事休息，在结束了积极、繁忙的一生之前，他仔细地审视回顾了一生。了解他的历史要从他成为那个时代轰动事件惹人注目的主角开始看起。他过去是个成功的律师，现在是伟大的政治家。无论何时只要有宣称自由、纠正错误、调查询问、废除暴权、揭露罪犯的事，爱德华·海德都是头一个最受欢迎的角色。但过了一段时间，无论对还是错，他突然觉得自己有点儿过火了，他的良心和理性都过意不去了，用所有的影响力支持日薄西山的保皇派，到约克郡去勤王。新加入保皇派他好像不那么受欢迎。在保皇一派，他仍保持严肃、克己的共和党作风，当然保皇党们不欣赏。他勇于说真话，不管真话是不是动听。他刚正不阿、思想高贵、清正廉明。在他和党内其他成员明确对立之前，他的军事理论还有些用处，但当真正的战争开始以后，他就没用了，有一段时间他不再担任要职。

他所生活的那个时代也许是英国历史上最值得记忆的时代。他在西里的时候，发动了历史上伟大的起义。由于计划不准确、个人情感因素和党派偏见，最后起义失败了。但他指挥得当，起义仍然成为经典。他在泽西岛（注：英吉利海峡上最大的岛屿。933年被诺曼底兼并，自1204年被授予自治权以来一直为法国所属）继续搞起义。他在岛上住了两年，他总说"很高兴，我获得了心灵最大的平静安逸"。过了一段时间，他的朋友一个接一个地离开了他。乔治·卡特莱特把他迎进了伊丽莎白城堡。在那儿，他建了一座两室或三室的房子，他的武器靠着门边放着，上面刻着拉丁文："Bene vixit qui latuit."（注：意思是逃过通缉的人活得挺好）他在那儿过得很安逸、很愉快，每天长达十个小时看他从巴黎带来的书、写他的文章。查尔斯国王送给他各种他需要的研究资料。当皇储离开法国，海德接到国王和王后的命令去辅助他们。泽西那段愉快的隐居生活随即结束，他变得颠沛流离、穷困潦倒。他乘船去荷兰，半道被劫，身上最后的钱也没了。后来查尔斯二世又派他去马德里任大使，可他不愿意干。在马德里他自称是大臣，因为在查尔斯的伪政权里他任财政大臣的空衔。他研究西班牙语，开始创作《现身圣歌》。回来以后，他住在安特卫普（注：比利时北部一城市，位于布鲁塞尔以北的斯特尔特河边。它是欧洲最繁忙的港口之一）。查尔斯国王在沃赛斯特一役战败后，逃到了巴黎，想让海德到他那儿去。他就去了巴黎，跟着他的国王东奔西走流离失所。从他留下来的文字，我们可以看出他的境遇每况愈下，但他仍然忍受着。"人没面包难道会死吗？我不信。我们五六个人一天吃一顿饭。上帝知道我们欠给我们做饭的妇女多少伙食费。我没有衣服没有柴火，天太冷了。我冻得笔都握不住，可连买捆柴的三个苏（注：旧时法国的一种硬币，币值很小）都没有，好几个月我都没看到一枚金币了。三个月来我吃的肉都是从一个可怜的妇女那儿欠的，可她不再相信我会还钱了。我在安特卫普的可怜家人过得和我一样惨。我必须鼓足勇气，压力再大也不能被压倒。天真无邪才能让我们幸福快乐，幸福快乐是因为我们无所畏惧。无论谁对环境感到困顿、烦心都要努力摆脱。面对困境人或多或少总会动摇和困惑。如果贫穷不是我们自己的原因造成的，就不必害怕。只要上帝赐予我们健康（感谢上帝，我十分健康），我就会想上帝让我们活着就是让我们忍受折磨。当他让我们生病（我很心安理得地接受），我就会认为上帝是让我们避免遭受更大的灾难。我别无建议提供给你，像我那样做，按照上帝的意愿去做，欣然接受上帝赐予我们的快乐和评判。努力用诚实的方法避免肉体饥饿和精神饥渴，不要辜负上帝赋予我们的职责，努力坚持下去。"

苦难的日子似乎终于过去了：1660 年迎来了复辟。他获得的空头衔，原来只是个笑话，但现在变成了辉煌的现实。但回顾海德的一生，这段辉煌壮丽的时期似乎又是最悲惨的。他吃过苦，却不能承受成功后的繁荣。他获得的荣耀空前绝后，一如他受的苦难那么深长。他身上的弱点也开始显现，但别人包括他自己都没有察觉到。也许他得到了辉煌的荣耀后才显现出来了。他对权力贪婪无比，对物质具有强烈的占有欲。他从克莱伦登大楼搜罗来的奇珍异宝堆积如山。他好像完全背叛了诚实的品格，在某种程度上说他已经完全放弃了尊严和自尊。在年迈遭放逐的日子里，他忏悔自己有罪；在重新得势艳阳高照以后，他忘记了曾经的崇高理想。他坦言富裕的日子里他感到痛苦，而孤苦无依的日子里反倒感到平静和幸福。他如果在邪恶日子里充分施展邪恶，也许就能保全他那高贵的身份。感谢上帝，他没有那么做。

佩皮斯（注：1633—1703，英国公务员，他的日记包括有对 1665 年伦敦大火和 1666 年大瘟疫的详细描述）在他的《日记》中用两三段记录了克莱伦登大楼的荣辱兴衰。佩皮斯详细记述了海德最后一次被国王接见后离开的情形。沃德先生的那幅画《克莱伦登的衰落》就是根据他的描述画的。国王的朝臣每次看见海德都会对国王说他的老师来了。朝臣们学会了海德的幽默，给宫廷找点儿乐子。据说臭名昭著的白金汉公爵最拿手的就是模仿"那个严肃的人走路时庄重威严的样子"。国王刚开始还有点儿责怪的意思，后来就觉得拿他忠实的老仆人取乐挺好玩儿。海德严肃地走过皇家甬道。最后查尔斯建议伯爵立刻放弃掌管玉玺。作为回答，克莱伦登公爵要求国王接见。国王对此不能拒绝，在某一天早饭后召见了他。那天全体朝臣都知道。当然，这件事引起了所有人的兴趣。二人进行了两个小时的私人谈话。当朝臣们开完会后，他们都很急切地看二人的面部表情，觉得二人都是一副心事重重的样子。佩皮斯说国王名声狼藉的情妇跑进她的闺房，站在那儿感谢上帝，老头儿终于滚蛋了；好几个浪荡公子在她的闺房里和她聊起来（他们一直在那儿等着克莱伦登公爵）。克莱伦登公爵也总说那些人就是一直等着看他的好戏。一连几天，国王没有任何举动。朝臣们都感到很诧异。他们奚落他"当个老奸巨猾的律师还算有用，因为他把国王教育得像白痴一样"。最后国王屈服了，派国务卿拿着国王亲笔签名的委任状去要国玺。国务卿拿着这个垂涎已久的国玺回来了，一个重要的朝臣拍拍国王的膝盖说："先生，这下您是真正的国王了。"

这当然是克莱伦登公爵政治生涯中的一次重大贬谪，但他的敌人仍不满意。也许他们是怕有一天他会卷土重来，所以一定要斩草除根，喝干他的血。他们决定以叛国罪弹劾他。已故的大法官坎普贝尔说弹劾文"极为荒谬，纯粹是莫须有"。好像根本构不成指控他的罪名。国王害怕他会离开英国投靠敌国，满足他的敌人。尽管克莱伦登公爵极不情愿，但他还是一如既往地顺从国王，远赴盟国。他的敌人把这当成打击他的好机会，让议会通过一项法令永久地放逐他，一旦回国就算犯叛国罪。接下来的日子是克莱伦登公爵一生中最灰暗的日子。那些严肃认真对待生活的人，那些只关注人的生活意义的人，不会在乎白厅拥挤画廊的浮华，克莱伦登公爵就是这样的人。他不在意东山再起时的荣耀，而更多地在意他在蒙特佩利尔、木兰和胡恩的生活。

带着一颗几乎破碎的心和赢弱的身体，他动身去了法国。随着法国政府同英国政府的关系变化，法国人对他时而苛刻时而关照。很多苦难的日子过后，他在蒙特佩利尔定居下来。在那儿，他完成了他那部《现身圣歌》。用给孩子们的一封信做前言。我引用了一些，他被贬谪后的心境可见一般。

"我的孩子，你和我一起经历了我放逐过程中的一切不幸和苦难。我必须将我在放逐过程中的心得和你分享才算公平；在编辑大卫圣歌的时候，我想了很多，也从中获得了很多平静和安逸。我相信，将来如果你遇到什么困难或逆境，读一读也会让你感到放松和平静。这本书包含了与众不同的东西，它可以教育、鼓舞和重塑人的精神世界，使伟大的上帝能接受我们的生活。在以前的放逐生涯中，我就用这种想法教育自己。当国王和国家都遭受浩劫，尤其是我自己困顿潦倒的时候，我都是这样教育自己的。很抱歉多年以来，我不能陪伴在你母亲和你左右。我必须为国王效忠，而国孝、家孝不能两全。我很难过，但迫不得已。上帝保佑了我们，发生了一连串的奇迹，一切不可能的事情发生了，国王奇迹般的复位，我也获得了极大的富贵荣华。国王宠爱我、欣赏我，我很高兴。作为仆人，我勤勉、忠贞，保全了我的财富和名节。我心里、眼里除了国王的荣耀和快乐别无其他。我必须坦白我有充分理由相信上帝给我的理解还有很多不完美的地方。对于国王、对于国家我尽职尽责，但我却没有对上帝尽责，没能记着在困境和放逐的时候，祈求上帝的保佑和救赎，我忘记了我对上帝发过的誓。正因为如此，他让我遭受新的困难，并承受莫须有的罪名。等我垂垂老矣已经无力再和困难做斗争，他又放逐了我。我曾一度中断了写《现身圣歌》，读圣经，但仁慈的上帝把我从懒散的心境唤醒，责备我，虽然我不能完全理解他的意图。他用我最不希望的方式评判我，把我撵出了阳光灿烂的英国，失宠于国王。没了日理万机、心无旁骛的工作，我流离失所。我感到孤独，我那颗高傲自大、飘忽不定的心回顾过去，难以平静。"他把放逐称作是"上帝赐予的第三次休息，是上帝怜悯我，为我赐福。"他一生总共三次这样休息过。第一次是他住在泽西；第二次是他到马德里出任大使；第三次就是这次也是最后一次放逐。从出生上帝就赐予他无尽的祝福。他认为他自己那时最幸福："上帝赐予每个人荣耀和机会。我们要好好反思自己的行为，自己做了什么，别人又都做了什么遭了什么罪。将自己完全交给上帝，才能愈合心灵的创伤，坚定信心承受未来的苦难。相信我们遭受折磨上帝会满意，也会适时保护和解救我们摆脱苦海。只有发誓效忠上帝，忠诚正直才能永远获得上帝的保护和救赎。"

　　好多年过去了，这位老人越来越热切地希望看看祖国、看看故人，别等到无人可看再回去。而且他还有个很大胆的愿望——能够官复原职。他又搬到胡恩，至少是忧郁中的安慰，他离英国又近了一点。他给那位麻木不仁的国王写了一封请求信，希望能死在孩子们身旁。"已经七年了，"他请求道，"即便是犯了最大的罪过上帝也认为能够赎罪了。即便国王再不高兴，七年也够屈辱了，我不能承受也承受了。既然有人想让我死，我最大心愿就是能为自己选择死的地方。"

可事实并不是他想的那样，无耻的国王根本没有搭理这个可怜的要求。胡恩是他颠沛流离的最后一个地方。一个寒冷的冬日，他死在了那儿，身边没有亲朋，终年六十五岁。

克莱伦登公爵遭贬谪的故事告诉我们，政治家梦想破灭、心灵破碎是一个多么悲惨的故事！

"信上帝别信人！"

"信上帝别信国王！"

看看当代政治历史吧，看看乔治·康沃尔·刘易斯爵士，他最近出版的《生活和信件》能使我们了解现代政治家的生活。

乔治·康沃尔·刘易斯爵士被基督教堂称为本世纪最伟大的政治家之一。他在学术和思想方面的成就堪比他作为一名政治家和议会演说家的成就。他的成功归功于他高尚的道德和他的学术能力，没有哪位财政部长能像他那样激励国人。他演讲简单、直率、朴素，和格莱德斯通先生的预算、和迪斯雷利先生的演讲完全不是一路。在他的简洁和信仰里能感受到他对上帝是多么信任，同时也理解了他的结论是积极探究和理性思维的结果。当时我们根本没想到这个人能平安地应对经济危机。如果他能活得更长一点儿，就能当上辉格党的领袖。也许他并不只是坚强精神的简单结合体。乔治·康沃尔·刘易斯爵士的文学特点和政治特征更是如此。和当财政大臣相比，他更愿意当《爱丁堡评论》的编辑。事实上，编辑工作更对他的脾气。在文艺批评界，尤其在否定文艺批评理论方面，他都是领军人物。他对培根作品的评论见解独到，摒弃了内布尔的陈词滥调。他不是简单地破坏，也不是简单地合成，他带来的是光明，而不是粉饰。如果你熟悉纽曼博士最新力作《统一语法杂文》，就能从每页中看到完全矛盾的观点，你或许会对他的精神主导思想了解一二。他是传统习俗的破坏者，然而他没能留给后代子孙永久的丰碑。

　　乔治·康沃尔·刘易斯爵士的政治和学术生涯中有很多有趣的故事。他写信的时代，写信还是一种艺术，邮费很贵，人们不得不多挣钱才邮得起信。那时的信内容很充实，那种精神是后辈政治家和作家所欠缺的。他谈到同时代的人过于严肃，但也许人们实际上没有他写得那么严肃。单从他的文字上看，他的推理有些过分盲目，他写的是常识，但却透露出他是绝对的天才。他对任何事情都不抱希望，对于克里米亚的征战也不报任何希望。他无法欣赏和他不一样的天才，他不明白狄更斯和麦考利的作品为何永远受欢迎。他热爱文学甚于热爱政治，他很讨厌议会开会，在失去议会席位后，他觉得很难再愿意进入议会。不过，很遗憾，他后来成了内阁部长。他的书信吸引人之处在于触碰了当代的政治和文学，这对重现那个时代的历史很有帮助。当他继任为财政部长后，他提过格莱德斯通先生对他很好，对他帮助很大。他十分苛刻地评论麦考利和培根的文章："他们对古代哲学的评论大部分都极为浅薄无知，毫无理性、毫不通顺。对一些华而不实的装饰有着一种幼稚的、小丫头般的喜爱。很难想象，这种心态竟出自一个几乎四十岁的男人，我更相信麦考利充其量不过是个善于玩弄辞藻的人。"他说得有些地方挺对，有些地方不对，不过我们能看出乔治·康沃尔·刘易斯爵士根本不欣赏和自己毫无共同之处的人。刘易斯爵士没有意识到麦考利的天分。事实上是成千上万的人都读过麦考利的作品，可没几个人知道《政治观察和理性思维方法》和《早期罗马历史的可信度调查》。他最近出的书是他最好的一本，是他从1783年到1830年在大英政府统治时期，在《爱丁堡评论》发表的文章合集。在第十三卷历史书信中有这么句话："太长，细节过多。"路易斯写到如果他把所有历史都记录下来，供现代人餐飨，十三卷都不够，得三十卷才行。

　　再有就是一些他对同时代的人的评述。他评论迪斯雷利说："迪斯雷利攻击性较强，可一点儿都没说到正点。"对于罗伯特·皮尔他说："我不认为他的判断力有多高，作为公众事务的领导者有多伟大，如果他不是一个领导，他的价值反倒很大。他的眼界不宽，理论联系不上实际，没有看到山雨欲来的改革。皮尔的死对皮尔派来说影响很大。格雷厄姆是伟大变革的受难者，当皮尔的朋友一个个地离去，只有他还一直和皮尔站在一起。对格莱德斯通先生来说，这就像卸掉了一个巨大的包袱。"下面一段话也许是对当代平民院最严厉的批评，我们用这句话结束本章。很遗憾乔治先生并没有提到基督徒，很显然，他并不认为单凭基督教就能阻止某些人出于私利攻击公众法律。

"我给托克维尔写了一封长信，向他解释目前的政治毫无危险可言，但人们的道德有危险。我告诉他这种危险已经威胁到我们的两院。人们道德沦丧为那些放弃理论信念的人找借口。只有颂扬坚守理论信念的人，社会道德才能提升。可是很多人宣扬道德都是出于个人目的。"

第十四章
国 运 多 舛

　　国家历史也是充满转折点的，我们还是简单说说吧。国家命运和个人命运是紧密相连的，个人命运放大了看也就是国家命运，国家命运微缩了看也就是个人命运。用柏拉图的意象理论来说，小人物身上发生的故事也会在大人物身上发生。

　　有一本名著叫《影响世界历史的十五场大战》谈到了这些转折点。尽管选取这十五场有些武断，因为谁也不能确定这十五场是不是影响世界最大的战役。但不管怎么说，它确实证实重大事件对世界的发展方向起着决定作用。

　　米亚斯人和波斯人手拿大弯刀和月形矛，被雅典人打得溃不成军，一路逃到沼泽地，那情形是多么惨烈呀！当亚洲军队突然猛攻欧洲，西方的文明立刻摇摇欲坠，那情形是多么痛心哪！

　　大约两千三百年后，英国军队在滑铁卢遭遇了法国军队。惠灵顿公爵焦急地等待着布鲁切，盼望他能打赢这场仗。当佛朗哥和普鲁士人的战斗打响，这是多么壮丽的历史画卷啊！高压暴力统治曾几何时遇到过这样迅速、疯狂的报复啊！在杜勒伊议会上，拿破仑三世皇后和格哈蒙公爵说服了佛朗哥，勒布欺骗了他，使他重返议会，宣称要为国家的安全而战！这对当时的人来说无疑是晴天霹雳。沙贝勒伯爵很坦白地说全国人民热情高涨、积极备战，上上下下同仇敌忾。从历史角度上看，拿破仑三世这场仗打得是对的，可是从道德角度上看，他是错的。最终道德战胜了历史，结果证明他是错的。

我们这里讨论的战役，其历史和道德正误尚有待评说，但它们确实改变了国家命运。希腊人征讨西西里岛实在不是明智之举，正如阿诺德博士指出的那样，此举阻碍了希腊人向西方世界扩张的步伐，将本应属于希腊的霸主地位拱手送给了拉丁国家。希腊人应该在东方而不是在西方成就自己的霸主地位。希腊人逃过了锡拉库扎（注：意大利西西里岛东南部一城市，位于卡塔尼亚东南偏南，爱奥尼亚海沿岸。公元前八世纪由科林斯殖民者创建，五世纪其国力达到巅峰，但于212年落入罗马人之手）劫难，但由于犯了希腊人粗心大意的通病，在关键的羊河战役中陷落。霍尔海姆先生谈到某战役时说："如果战争的胜负和历史截然相反，那么整个世界的历史发展轨迹都将发生变化。"

达林勋爵（注：即早年的亨利·布尔沃爵士）在他最近出版的《帕尔默斯顿勋爵传》中认为帕尔默斯顿勋爵能洞察现代政治的转折时刻。赫斯金森先生被惠灵顿公爵逐出了议会。后来菲茨杰拉德先生当选，议会又有空席位留给了克莱尔，奥康奈尔先生也入选议会，天主教派因为获得胜利一片沸腾，第一次改革颁布施行，玉米法案被废除，第二次改革开始实行。这些后来的连锁反应，悄无声息地在英格兰推动了一场彻底革命。但我的概括总结也许还是有点儿过于草率。

哈姆波特称发现美洲也是"一连串不起眼的小事件的精彩结果"，它无疑对世界历史的发展进程起着重要的影响作用。华盛顿·欧文公正地说："这些小事看起来不起眼，可如果哥伦布拒绝了马丁·阿朗索·平宗的建议继续向西行，可能会行驶到墨西哥湾流里去，也许被湾流带到佛罗里达，带到海特拉海角和弗吉尼亚（注：佛罗里达和弗吉尼亚是后来美国的州名，海特拉海角是美国的地名）。这件事太重要了，如果哥伦布真的发现了北美洲，后来到那儿定居建立殖民地的也许是信仰天主教的西班牙人，而不是信奉清教的英国人了。"我好像有一种灵感，"平宗对海军上将说，"我的心指引我必须向不同的航向行驶。"1513年到1515年，平宗和哥伦布的后裔打了旷日持久、举世闻名的官司，他坚持是他发现了美洲。在法庭上，一个老水手也说到平宗所谓的灵感来自于一群飞翔的鹦鹉。平宗在晚上观察到它们向西南方向飞去，他猜它们一定要到有陆地的树上栖息。这是鸟儿晚上要做的最重要的事情，因此断定附近肯定有陆地。

《星期六评论报》上有句机智的话说明任何人对同一件事情都会有不同的看法。

"如果该发生的事情没有发生，后来又会发生什么呢？"现在这种想法很流行。没人能很确定地回答这个问题。回顾历史，细细品味重大的历史事件，很难说清楚如果有一丁点儿的不同会造成多大的变化。我们知道很多决定世界历史进程的战役。如果席米斯托克利（注：527—460，雅典将军及政治家，曾在萨拉米一役指挥舰队作战克敌，后被放逐）打萨拉米战役打输了；如果哈斯鲁巴尔赢得了米陶拉斯战役的胜利（注：西庇阿于公元前210年底登陆西班牙，在经过一连串作战之后，在206年的秋天收复了西班牙。这时，汉尼拔的弟弟哈斯鲁巴尔也穿过了阿尔卑斯山，和汉尼拔南北呼应，罗马当局大为震惊，这时罗马人又恰巧截获了哈斯鲁巴尔与汉尼拔联络打算穿过亚平宁山会师的信差，罗马执政官尼禄用了一个紧急的应变方法，他率着精锐的六千步兵与一千骑兵，以最快的速度抵达前线，漂亮地在米陶拉斯会战中歼灭了哈斯鲁巴尔）；如果查尔斯·马特（注：法兰克王国东部奥斯特拉西亚的宫相，曾重新统一法兰克王国。639年法兰克国王死后，朝政仍掌握在宫相手中。714年马特开始夺权，他打败国王和法兰克王国西部的纽斯特里亚宫相，征服了纽斯特里亚人。719年他成为全国宫相。724年远征萨克森人以及莱茵河和多瑙河两岸地区。732年萨克森人开始威胁高卢，进逼普瓦捷。马特迎战于城郊，击溃入侵之敌。733年马特迫使勃艮第称臣，734年又征服弗里西亚人。735年马特的军威曾远及卢瓦尔、波尔多一带）被撒拉逊（注：穆斯林人，特指十字军东侵时期的穆斯林）打败，他就不会赢得后来欧洲战场的胜利，整个世界历史也就改变了，也就不会涌现出后来许许多多的哲学家，他们的哲学思想也就胎死腹中了。这些历史关键事件经常发生，可不管它们经常发生还是不经常发生，一点儿小小的变化就能改变历史。很多人相信决定性的战役改变了世界历史，但很少费心思去想也许是某些细节问题改变了历史。人们认为拿破仑在滑铁卢和莱比锡（注：德国中部偏东一城市，位于柏林的西南偏南）的失败改变了欧洲历史，事实也许是这样，但并不是在某个战役遭受的致命打击改变了欧洲历史，即便战争的结果截然相反，历史也未必会朝完全不同的方向发展。相反，打了一场胜仗也许只是最终失败的前奏。撒拉逊和匈牙利人在西进的过程中受阻被认为是欧洲一方的决定性胜利。为了弄清楚这个问题，我们首先要说任何肯定的说法都彻底否定了一切可能性。如果他们赢了，他们是否能永远稳坐江山；如果能稳坐江山，他们最后是否会被战败国的人民同化掉呢？涨潮的时候，克努特（注：1016—1035 年任英格兰国王、1018—1035 年任丹麦国王及 1028—1035 年任挪威国王，其统治最初残暴，但后来因其睿智和宽容而出名，是许多传奇故事的主人公）拒绝他的朝臣让他下达的无理命令。如果朝臣们动动脑子，在潮水涨到最高点的时候劝说他下达指令，也许能行，历史就改变了。很多历史英雄都有克努特的怪癖，只在潮水涨到最高点时才下达指令。很多历史作家说要不是这位伟大的克努特，国家形势就会像失控的潮水，整个国家都会被潮水包围。也许这种比喻不很恰当。因为历史潮水的改变是因为英雄人物在适当时候阻碍了它的潮流。如果机会合适，英雄人物或许会创造光辉时代。

　　"我们谈了这么多的如果，即便这件事不发生，也会发生别的什么事，整个以后的历史就会发生改变。我们可以这样牵强地解释任何现象。比如说，我们甚至可以说预言者约拿造成了美洲的奴隶制。如果他不说教，尼尼微（注：亚述帝国的一座古城，位于底格里斯河沿岸，与今天伊拉克境内的摩苏尔城相接。曾为亚述帝国的首都，在当时影响极大且极其兴盛，尤其是在公元前七世纪西拿基立和阿叔巴尼帕统治时期）的人民就不会后悔。如果尼尼微的人民不后悔，它就不会被人攻破。有谁能说清结果会怎样呢？整个帝国的发展史改变了，美国也许到现在仍是森林一片，到现在仍然没有被开发。"

菲利莫尔先生在他的《乔治三世统治时期的英国史》中说写现代史太难了，而我们又没有希罗多德（注：希腊历史学家，他的作品主要涉及波斯战争，是最早的叙述体史书），没有修昔底德，没有李维（注：罗马历史学家。他所著的罗马历史共有一百四十二卷组成，现存仅三十五卷），也没有塔西佗（注：古罗官员和历史学家，他的两部最伟大的著作《历史》和《编年史》记述了从奥古斯都之死（公元14年）到多米西安之死（96年）这期间的史实）。他说如果这些希腊和罗马历史学家现在还活着，如果他们看到这些，如果他们很熟悉印度，如果他们很熟悉美国，如果他们知道得更多，他们也许会告诉我们更多。

在威泰克的《为苏格兰女王玛丽辩护》中，这位奇怪的作者参透了我这本书的精神实质。伊丽莎白女王临死时，施鲁斯伯里伯爵夫人特意让她的儿子待在伦敦，还有两匹快马随时恭候，以便将伊丽莎白女王的死讯尽快通知给被关押的玛丽女王。有位历史学家写道："不可能的事情还是发生了，否则现在的情况将有多么大的不同啊！玛丽就从囚徒变成女王了，所有人都会为她在狱中的明智之举而鼓掌赞叹的。她可以在图特玻璃、在谢菲尔德、在凯特沃斯掀起一场全国性的起义，反抗她那位独裁的表姐（注：这里指伊丽莎白女王）。人能轻易地改变历史，历史也能套上成功的光环，尽享繁荣富裕。

"如果玛丽女王能活得长一点儿，或者伊丽莎白女王早点儿死，"米尔先生说，"英国的改革也许就失败了"。相信人类思想应该平稳发展的人们不愿意新思想传播得这么快，国家历史仅仅因为一个女人的或早或晚地死去而改变。如果玛丽女王活得长一点儿，或者伊丽莎白女王早点儿死的话，我们不能确定我们现在信仰的是罗马天主教、摩门教（注：一种宗教流派，信奉一夫多妻主义）还是康德思想。

军事作家对汉尼拔（注：迦太基将军，他在公元前218年至216年率大约三万五千人穿越阿尔卑斯山，并且在特拉西梅诺湖和坎尼彻底击溃罗马军队。后来在公元前202年扎马战役中被击败）驻足不前到底有多少被迫的成分怀有疑问。这个疑问也许只有从庞培城（注：意大利南部的一座古城，位于那不勒斯东南。建立于公元前六世纪或五世纪早期，直到公元前80年，它一直是古罗马的殖民地，因有许多著名的别墅、庙宇、剧院和浴池而成为一个繁荣的港口和度假胜地。公元79年，庞培在维苏威火山的一次喷发中被摧毁。1748年，它难以置信地得以完好保存的废墟被重新发现，而后被大量地挖掘）挖出更多的文字宝藏之后才能揭晓。在当时的那种场合和情况下，我们可以确定汉尼拔在加纳之战后如果迅速向罗马挺进；如果纳瓦拉（注：欧洲西南部的王国，在西班牙北部和法国西南部的比利牛斯山上）的亨利在伊芙利战后能立刻进攻巴黎；如果斯图亚特王朝的查尔斯王能在攻占德比（注：英国中部的都市）后立刻向伦敦进攻，人类历史的进程也许就会改变。

如果没有宗教指引，历史和科学都将无比沉闷，毫无知性可言。从广义上来看，历史研究有种难以言表的悲伤和沉闷，它就像预言家的苦涩记录一样，悲伤、痛苦、难过。没有历史的民族是快乐的，因为历史记载多是悲剧和罪行。历史书上满是同样单调无聊的事件：包围了一个又一个城池，打了一场又一场的仗，缔结了一条又一条的条约。历史是尼尼微纪念碑故事的延续，无数的囚犯一队一队被放逐；历史是新版的福达（注：福达在棕榈树下被罢黜）故事。新版金属硬币上刻画了拱门的样子，流露出悲伤、痛苦、哀伤。如果发生那么一点点的改变，历史就会完全不同。历史不断地累积，历史车轮向前翻滚，我们才能走向一个新的高度，时间越长久，目的越明确。上帝引导人类走过复杂的命运。华莱士先生在达尔文发表惊世骇俗的观点之前就详细阐述了相关理论。华莱士原来信仰是上帝安排好了一切，"有一种更高级的智慧指引人类按照确定的方向，朝着确定的目标发展，正如人类指引动物和植物的发展一样"。一切对自然界适用的东西对历史同样适用。由帕斯卡尔提出、坦普尔主教阐述的教育世界的观点是正确的。世界是不断进步的整体，每一辈人都在前辈创下的基础上继续发展。生命像落入泥土的雨点，一点一滴都没有浪费。世上未完成的意愿也将实现，人性破碎的大旗曾经无精打采地低垂，现在又在快乐的彼岸竖起。

世界大战也和历史上其他事件具有相似性。历史哲学家中的精英们发现历史是重复的。有一些军事历史事件和普鲁士入侵法国有着惊人的相似。像 1793 年至 1794 年和 1814 年入侵，1794 入侵梅斯（**注：法国东北部城市**）和凡尔登（**注：法国东北部的一个城市，位于梅斯以西的默兹河**）。双方打了一场极为惨烈的战役，结果是法国更加一蹶不振。然而，刚打仗的时候，入侵者普鲁士人气焰高涨，锐不可当，可后来日渐萎靡，犹如一盘散沙，再也没有当初的锐气了。历史事件又惊人地复制了。1793 年 10 月 13 日德国人攻打了维森博格防线，并占领了这个地方，法国将军不得不退守哈格那，失去了大片土地。德国人因此获得了军队和资源优势，法国人面临更糟糕的境地。而在战争的初级阶段，德军磨磨蹭蹭、犹犹豫豫、懒散怠惰，犯了很多愚昧的错误。有一次，盟军甚至离巴黎只有一百五十英里了。法国军队极为沮丧，巴黎一片黯然，巴黎共和党掌权派正准备逃跑。但德军却没有乘胜追击进攻巴黎，到手的结束战斗的伟大战机弄丢了。如果盟军进一步挺进的话，英国也许就不必还法国六亿的公债了。即便是拯救大众委员会虽然冷酷地干了无数刺杀事件，此时也变得同仇敌忾、斗志昂扬，没有放弃对国家的希望。甚至是卑鄙的巴海贺也用激动人心的言语动员大家保卫祖国："自由是每个公民向往的目标，有些人为它付出勤奋，有些人为它付出财富，有些人为它付出忠告，有些人为它付出武器，而所有人都要为它付出生命。共和国已经是被围困的城池，它的所有疆土都成了军营。"1793 年德军在维森博格的作战方略和 1870 年在维森博格和沃斯的作战方略没什么区别。德军在 1793 年取得了重大的军事胜利，但传统的历史学家说："盟军过于怠惰，法军只在大溃退中损失了一千人。如果盟军不是这种作战状态的话，法军可能会丢掉一个军的兵力。盟军的这次胜利打开了共和国的大门，但并没有使盟军获得最终胜利。"当 1794 年法国反击入侵的时候，正处于民族危亡的关键时刻。内心反复涤荡着那句格言："快打！狠打！"现代人不会再纠缠过去的史实了。

当盟军旅途劳顿、萎靡不振的时候，法国的战斗热情空前高涨。一百二十万人应征入伍，并以难以置信的速度在相当短的时间内就训练整肃。一批杰出将才很快在法国军队涌现。有个年轻的负责军事工程的军官，击退了入侵的英军，夺回了土伦（注：**法国东南一城市，濒临地中海，位于马赛东南以东**），他后来成了一代帝国的缔造者。据说有十多个出身低微的士兵都身怀将才。他就是伟大的卡诺，他在危机时刻脱颖而出，成为一方军队的领袖。"有了卡诺，"拿破仑说，"才打了胜仗。"1793 年至 1794 年间还崛起了另一位帅才冯·摩尔托克，他也是被侵略的法国人。威廉·内皮尔曾说，冯·摩尔托克谴责士兵们为之流血牺牲的贵族统治。"他认为由特权阶层选拔出来的军官指挥的军队不可能打败由从底层人民选拔出来的军官指挥的军队。"卡诺和乔米尼一样撰写了很多战争科学的论文，其中最著名的一篇和战争天才沃邦持反对意见。论文是关于围攻问题的。沃邦的观点是守方永远比攻方处于劣势。攻下要塞的时间甚至可以精确到用短时计算。卡诺却认为只要城池坚固，守方与攻方相比势均力敌甚至更胜一筹。他对军事最大的贡献是将土质工事改为石质工事。卡诺无与伦比的数学才华助他成为军事天才。与之相比，盟军顽固不化地沿用陈旧的"位置理论"。法国人遏制了敌人入侵的潮水，开始反攻。由于法军坚固的工事阻止了盟军的进攻，盟军选择了围攻，但这却使法军有时间完成它巨大的军事工事。法军的军事工事举世闻名，凭借超级军事工事，它曾差点儿实现全球最大帝国的梦想。查尔斯大公爵说法国的军事优势来自于周围的一连串要塞，这样它就可以以敌军同样的威力抵挡敌军的入侵，同时为入侵他国提供坚实的基地。德军防御系统的最大弱点就是莱茵河西岸没有这样的防御工事。在后来的战争中，这种情况得到了扭转。德军组织了有效的防御，穿越了由一连串要塞组成的法国帝国防线，并将要塞据为己有。

1814 年入侵法国比 1794 年至 1795 年的规模要大得多，但二者有很多历史相似之处。法国因为远征俄罗斯而弹尽人亡，德累斯顿（注：德国中东部城市，位于莱比锡东南偏东河畔）是拿破仑的最后一场胜仗。莱比锡（注：德国中部偏东一城市，位于柏林的西南偏南）一役无情地摧毁了他常胜不败的神话。那时的德国摆脱了专制统治，百废待兴，复苏崛起；整个欧洲都联合起来对付法国。那时政治力量比现在反对法国帝国和王朝的政治力量还具有破坏力。拿破仑一世意气风发地将巴黎和它令人烦恼的阴郁抛在一边，又一次和士兵冲锋陷阵。盟军尽管拥有巨大的兵力优势，仍然不愿意和拿破仑正面交锋。甚至惠灵顿公爵都认为有一个拿破仑就顶由四万人组成的一个军的兵力。巴黎那时还没有席尔〔注：路易斯·阿道尔夫，1797—1877，法国政治家和历史学家，是拿破仑三世下台后建立的共和国第一任总统（1871年至1873年）〕先生后来用来反围攻的要塞。当时只有关卡，拿破仑命令用木栅加固，用大炮防御。1814年1月25日，拿破仑到了沙龙，抵御入侵的潮水。他的将军希望有大批卫戍部队保护他，但他冷冷地拒绝了，并说他的计划是如此大胆、如此深刻，足以让士兵鼓起勇气奋力作战。他打的那场仗充满了无比耀眼的军事天才和智慧，但胜败已成定局，他不可能扭转败局。盟军大量训练有素的军队最终打败了他。盟军共有三个军的兵力攻打他，还有大量的后备役，总数达到一百万之多。如果没有强大的兵力支撑，盟军是断然不会和拿破仑正面交锋的。尽管布鲁切一战拿破仑被击败，兵力损失不小，但他仍然相信他是天命神授，永远不会打败，甚至交给考兰古和谈全权委托书后又从他的手里抽了回来。他还想着就像当年在意大利平原上一样，在香槟平原给敌人以致命打击。为了求得巴黎政治局势的稳定，他又撒了个弥天大谎，说有他在，巴黎固若金汤。他撒谎的本事是无人能及的。他在第二天早上的《先生》报上发表评论，把事实夸大了五倍。布鲁切赢了洛蒂艾尔一役的胜利，这个粗鲁的普鲁士人立刻急切地用战刀打开了香槟酒的瓶塞，和所有的人痛饮，并预祝"到巴黎再干"！拿破仑不得不向内地撤退，计划把兵力集中起来。他率领士兵急行军，用令人难以置信的士气将一个军一个军的入侵者击败，取得了一个又一个胜利。他赢得了蒙特米瑞尔、南基斯和蒙特路的胜利。他后来高兴地说："别害怕，朋友们，任何人造的子弹都杀不死我。"布鲁切发现有拿破仑在，想靠近巴黎很难。盟军甚至提出停战，准备接受考兰古以个人名义提出的和谈条件。但拿破仑具有将才却没有帅才，他没能看出他的胜利和皮洛士国王（注：伊庇鲁斯国王，公元前306年至302年以及公元前297年至272年，不顾自身全军覆没的损失，打败了罗马军队）的胜利是一样的。皮洛士曾感叹："再打赢一场，我就不能完蛋！"他的胜利不能改变最终失败的命运。拿破仑率领的是一只毫无抵抗能力的欧洲部队，根本无法创造奇迹。他将武器、军旗和成千上万的战俘送往巴黎也是徒劳的，失败终将来临。

席尔和艾莉森的流行著作中以及为军校学生编写的书中都仔细研究过那场伟大战役。读着这些书，我一点一点地想起近期的战争。我从东北部和东部向法国盆地走，巴黎就在盆地的中心地带，马恩河（注：法国东北部一河流，流程约五百二十三公里，大致呈弧形向西北方向流，注入巴黎附近的塞纳河）和塞纳河（注：法国北部的一条河，流程约七百七十二公里，大致向西北注入塞纳湾，哈佛附近的英吉利海峡的入口）流经盆地，形成一个犄角，在巴黎交汇。在马恩河和塞纳河之间是奥布河（注：法国东北部一河流，流程约二百二十五公里，注入特鲁瓦西北偏北处的塞纳河）。就在这几条河之间，拿破仑实现了他作为战略家和军事家的天才。盟军认为从孚日山脉（注：法国东北部一个山脉，延伸约一百九十三公里，与莱茵河平行。山区有圆形或几乎平顶的山峰）到巴黎是战争最艰难的一段。拿破仑打赢了几场仗，好几次他都可以达成条件优厚的和平协议，但他被过高的希望迷惑，被胜利冲昏了头脑。他失败了，同时感受到巴黎动荡不安，波旁王朝（注：法国王室家族从路易一世开始）复辟势力又蠢蠢欲动。成功抛弃了他，本来可以撤退到拉昂就行，但现在却不得不撤退到巴黎附近。撤退时，他重新控制了兰斯（注：法国东南部一城市，位于巴黎东北偏东）。这是他最后一个城市，在这里他最后一次回顾战争。他现在感到将大批军队放到前线要塞是巨大的错误，他现在需要大批部队防卫帝国的心脏。没有任何战役比阿希思奥布战役更壮观了。两万法军在一天之内抵御了九万俄军和奥地利军。这也是拿破仑身先士卒打的最后一仗。他需要更多的士兵。他决定从奥布河沿梅斯方向向马恩河进发，期望能和梅斯、卢森堡、提永维尔、福丹以及斯特拉斯堡的卫戍部队会合。他还往回走到圣·迪采尔，停了下来。普佐·德·博顾说服亚历山大皇帝即便拿破仑有可能在背后用十万兵力袭击他，他也应该向巴黎挺进。亚历山大估计向巴黎进军具有重大的政治影响。拿破仑向前线进发，不过正如常常发生的那样，他错误地估计了形势，把自己弄得像瓮中之鳖。

　　1814 年 3 月，巴黎人谈话的焦点围绕如何保卫首都抵抗入侵。拿破仑犯了两大错误：一、巴黎没有防御工事；二、巴黎没有枪支弹药。席尔指出："敌人从塞纳河右岸进攻定会从樊尚（注：法国中北部一城市，位于巴黎以东，它的十四世纪的城堡曾是皇家居住地，后来成为国家监狱）到帕西，经过对巴黎呈半包围之势的高地，从莎朗荡附近的马恩河和塞纳河交汇处到帕西和欧特伊（注：从前的一座位于塞纳河与布伦园林区之间的城镇，现在是巴黎的一部分），经过对巴黎呈包围之势的高地。罗曼维尔是高原，蒙马特尔（注：法国巴黎北部一座小山和一个区，位于右岸地区。）地区是丘陵，这些有利地形都是抵抗入侵的绝佳地形，虽然拿破仑这位爱国皇帝并没有配置攻不可破的要塞。"但我们必须要问：爱国皇帝拿什么来爱国？要塞凭什么坚不可摧？巴黎的一小股部队在蒙马特尔和贝勒维尔英勇战斗（注：席尔在他的《巴黎之战》中写到了这件事）。可当第一颗炸弹在巴黎爆炸，巴黎就投降了。当拿破仑得知这个不幸的消息时，没什么比这在历史上更悲壮的了。他手里还有一支强大的队伍，如果坚守巴黎，他会解救巴黎的。他会在巴黎重现，让巴黎成为入侵者的坟墓。为政治形势所逼，他的元帅又给他极大的压力，说军队已经无血可流了，他最终不得不同意："退位也许是现在该做的了。"在签署退位诏告时他仍然说他能打赢盟军。他自我安慰说："英格兰的确伤害了我，而我也将毒箭射中它的肋骨。我给后辈子孙增加了国家债务，祖国负担不断深重但国民还没被压垮。"正是拿破仑说用毒箭射中英格兰肋骨的那天晚上，他服毒自杀未遂，仰天长叹："现在连想死都这么难，战死沙场多容易啊！我为什么没在阿希思奥布死了呢？"

我不知道读者们对伟大的马尔伯勒公爵的私人看法如何。有些人和阿奇博尔德·艾莉森爵士的观点一样将他奉为伟大的英雄；有些人和麦考利勋爵的观点一样把他当成历史上臭名昭著的恶棍，给法国抹黑，却给英国添彩，是总能制造事端的麻烦机器。"上帝不惜触怒人们褒奖他。"尽管马尔伯勒公爵一辈子没做过什么让上帝高兴的事，不过马尔伯勒公爵的一生确实受到的上帝的指引。马尔伯勒公爵早期的生活真够幸运的，好像受"历史上上帝之手"庇佑，才有这样的好运气。

大约1670年法国的独裁势力压迫了基督精神。路易十六是法国自私、残暴、固执的绝对独裁者，一个酒色之徒。邻国畏惧他的侵犯，在公属地区被他的威严吓得胆战心惊。只有一个国家——英格兰——公然与法国对抗，英国要么是孤军对抗法国，要么是领导欧洲盟军和法国打仗。在早期历史上英格兰曾多次在战争中将法国的骑士精神踩在脚下。就在十二年前，英格兰还在护国者狮心王理查一世的领导下重获了古老的威严。但英格兰那时的国王查尔斯二世性格脆弱、罪孽深重。他觉得身为法国国王的兄弟性格也这样。他和路易斯一起共同阴谋反对世界民权和宗教自由。1670年二人在多佛（注：英国东南部的港口）达成了一项臭名昭著的秘密条约，查尔斯拱手将英格兰卖给了法国。就为了法国的钱，他成了法国国王的弄臣。还不止这些，法国国王投入到镇压他憎恨已久的荷兰清教的战斗中。还在伊丽莎白一世时代，英国就是荷兰的主要赞助国，帮助荷兰建立和培养自由和宗教。而查尔斯却要和法国国王一道镇压荷兰的自由和宗教。他和法国缔结条约派兵帮助镇压荷兰。

伦敦宫廷出现了一位富有的士兵叫邱吉尔。他的母系血统高贵，祖上是著名的船长德雷克。他才华横溢，英勇无比，人格魅力超凡。他以前曾在臭名远扬的柯克上校手下干过，把守过非洲要塞丹吉尔（注：摩洛哥北部港口）。英国国王和布拉甘扎王室（注：自1822年至1889年间控制巴西的一个葡萄牙统治者王朝）的凯瑟琳联姻，丹吉尔作为陪嫁成为英国的一部分。邱吉尔后来回到伦敦，大受宫廷欢迎，用现在的话说就是"髦得合时"。他俘获了所有宫廷美人的芳心，国王最喜欢的情妇卡斯尔曼伯爵夫人爱上了他，给了他一笔钱。查尔斯国王嫉妒他相貌英俊，而他个性随意懒散也极易遭人嫉妒。国王给了他一个连的骑兵让他帮着法国打荷兰，借此把他从宫里赶走。

邱吉尔在法国很受欢迎，人们都叫他"漂亮的英国人"。战争对荷兰来说太残酷了，这些勤劳勇敢的人们最后彻底绝望了。邱吉尔的表现极为出色，可以说简直是太出色了，路易十四国王当着全军的面褒奖了他，并保证用自己的影响力帮助他升官。当时法国是世界上的第一帝国，并保持第一帝国的位置很长时间。英国国王和法国国王联盟，英国出兵帮助法国也说明了这点。然而这些情况后来却对法国产生了可怕的影响。英国军队由于岛国的偏狭僵化，并没有打大仗的经验，但却整个沿用了欧洲大陆军训体系。邱吉尔获得了世界上最好的军事教育。他向著名工程师沃邦学习了工事建筑知识，向著名的将领龚叠、杜海学习战争科学、包围技术、战略战术。后来在很多值得人们记忆的战争中他用所学反过来对付他的老师们。

神祇也许会说为了一己之私，一无是处的国王派英格兰最英勇的天才到世界上最好的军事学校学习可怕的战争技术不是很好吗？那些被胜利冲昏头脑的法国人雇佣了英国兵，训练他们最终培养了自己的掘墓人不也很棒吗？马尔伯勒从法国将军身上学到了很多东西，后来又将法军带进失败和耻辱不也挺有意思吗？法国的路易国王亲自想要提拔并许以高位的那个军官——马尔伯——后来成了他的死敌，并用法国的耻辱和失望换得了自己的顶戴花翎不也很有讽刺意味吗？

让时间倒退二十年，我们目睹马尔伯勒最著名的胜利和他多次临危逃生吧，看看那位精神抖擞的上尉是如何晋升为伟大的马尔伯勒公爵的。在很多场合、很多战役中，他显示了巨大的军事天才。在英格兰内战和低地国家（注：欧洲西北部的地区，包括比利时、荷兰、卢森堡）的战斗中，他无不才华毕现。欧洲国家组成了大同盟军打击了路易皇帝的嚣张气焰，马尔伯勒公爵出任大同盟军的总司令。战争第一枪打响后，接着一年内打了一些胜仗，像布伦海姆（注：德国巴伐利亚西部的村庄）、拉米利、伍登纳德、马尔普拉开之役等。尽管这些战争并不显著出名，但马尔伯勒公爵个人却是战功卓著。他占领了一些重要地区，尤其是占领了利雷。战役结束后，双方的一切仇视都因冬天来临而暂时放到一边，士兵们也进入冬季营地暂时休整。

马尔伯勒公爵从弗兰德斯出发去海格，他的连队里还有一些荷兰特派员。他决定一半沿默兹河（注：西欧的一条河流，长九百零一公里，源自法国东北部，流经比利时南部，在荷兰东南部注入北海）走水路，一半上岸走陆路。默兹河是莱茵河的一条支流，保有母亲河的美丽。尽管陆地和河流都披上了冬天的盛装，但船只仍可以在河中航行，两岸的美丽景色至今使游客流连忘返。周遭的一切平静安逸，根本不像一场欧洲大战正在上演。具有多重性格的马尔伯勒公爵一定很喜欢这平静祥和的景色。也许他期望着他的天才和野心能有广阔天地可以尽情施展，他为打了胜仗而欢欣不已，期待着、计划着将来的胜利。

如果他真是这么想的，那他的想法一定会被粗暴地打断。一群掠夺成性、喜欢冒险的法国人正胆大妄为地入侵默兹河。他们看到了马尔伯勒公爵乘坐的那条船，单从大小和装备来看绝不是一般的船。法国人看准并利用了机会，攻打那条船，船上的乘客和船员寡不敌众，全体投降，船被俘获，所有人都成了囚犯。

伟大的马尔伯勒公爵——盟军的大元帅——竟成了法国人的阶下囚，这无疑是奇耻大辱。伟大的军事首领不是在战场上光荣战败被俘的，而被一群小毛贼给抓住的，这可真够丢脸的。他可不能再在战场上兴风作浪了。当其他人都在冲锋陷阵，他也许会被关在坚固的堡垒里像个可鄙的囚犯一样度过余生。

法国人用一种凌厉的商人气势处理战利品，洗劫了整条船值钱的东西。让他们满意的是，战利品特别丰厚，有昂贵的盘子、毛茸茸的皮草和家具罩、一大堆钱和漂亮的衣服。搜完以后，他们才去检查俘虏。里面肯定有当官的，值得一抓。他们要是知道的话，有个俘虏值得上一船的金子，甚至是十船的金子。哎呀，如果法国国王有预知能力的话，如果那群抢东西的小分队队长能把马尔伯勒公爵抓回来的话，国王一定会让队长坐帝国的第三把交椅的。如果事情是这么发展的话，战争的命运和欧洲的历史一定会改写的。

法国人长得膀大腰圆、虎背熊腰，但脑子不够灵光，不过也能看出来周围的囚犯好像都特别关注马尔伯勒公爵，尽管他的真实军衔未被揭露。马尔伯勒公爵英勇无比，但面临这样的危险和恐惧也会不寒而栗。就在危急时刻，有个仆人悄悄地走到他身后，往他手里丢了一张字条。

他脑子反应很快，没有暴露这件事，找了个机会匆匆地扫了一眼纸条。

是一张很多年以前他自己的老护照，那时他只是邱吉尔将军。

轮到该检查他了。他出示了护照，上面没有马尔伯勒公爵的字样。否则，法国人会欢呼雀跃立刻把他抓起来。但他们太无知了。尽管马尔伯勒公爵的名字大名鼎鼎、如雷贯耳，但他们并不知道他从前的名字——邱吉尔。对于他们来说，护照仅仅是证实令人尊敬的身份的证件而已。

俘虏可怎么办呢？法国人讨论了一会儿。也许他们脑子里突然有了一个阴暗的想法把俘虏都杀掉。古代战争都是这么干的。感谢基督精神在最残酷的战争中减轻了战争的残酷性。把俘虏带到法国去？路上会很难办。把俘虏和战利品都带走可不是件容易的事。也许会惊醒附近的人，那么两样不能都拿走。不管怎么说，战利品已经够丰厚的了。最后他们决定不伤害俘虏，让他们继续走自己的路。

看着法国人渐渐远去的背影，马尔伯勒公爵长舒了一口气。他及时到达了海格。人们热烈地欢迎了他。当人们知道他死里逃生、意外脱险更加欢腾了。他后来又赢得了很多胜利，这些胜利使他成为英格兰家喻户晓的人物，他先前获得的胜利已经微不足道了。他的名字让敌人闻风丧胆，连法国保姆哄孩子睡觉都骗孩子再不睡马尔伯勒就来了。拿破仑说他是现代史上第一位将军，当他开始攻打俄罗斯时，他仰天长啸："马尔伯勒公爵上战场了！"一位著名的上尉回忆道。

席勒毫不犹豫地指出，只要上帝出手干预，人生就会出现转折点。在人生的危机时刻尤其如此，使人的情感和感情发生根本转变。但寒光烁烁的道德评判利剑不但指向个人，而且指向所有国家和时代，使他们不会犯错，摆脱对宗教的不信仰，将他们重新引领回真理。最后，它还可能指向整个世界和所有人类。

第十五章
逆 势 造 英 才

　　到目前为止，我们一直谈的都是努力奋斗光明的一面，但它也有阴暗的一面。有人度过了危机，却一路下滑；有人遭遇了人生转折点，但却转错了方向；有人来到了人生岔路口，驻足停留了一会儿，往前走了走，又撤了回来，想了想，最后下定决心，**朝着错误的方向走去**。我们还是好好想想为什么会这样吧。

　　年轻人挂在嘴边的一个词就是"废了"。我们得看看"废了"到底是什么意思。

　　首先，**很多人生来运气很好前途光明，但却无可救药地堕落了，这样的人不计其数，发人深省**。他们的命运与其经历有关，经历越丰富，越能预见到失败和堕落；经历越浅薄，越不能明辨是非。萨克雷相信每家的橱柜里都有骷髅，意思是说每个人的内心都有不想让别人知道的阴暗面。我想他是错的，这是对人性的恶语中伤。基督徒和绅士是不能容忍这种观点的。正因为无法容忍，他打开了橱柜的门窗，赶走了自己的心魔。如果萨克雷说的每家的橱柜里都有骷髅是指每家都有废物点心，都有败家子，我想他是对的。尽管家里的每个成员都爱他，但他仍无可救药地误入歧途。

也许，萨克雷有意添油加醋夸大了事实，不过确实每家都有一个酒鬼。

众所周知伦敦《泰晤士报》有个苦恼专栏。我想人们不会只为了花七先令将自己的烦心事登报而瞎编个烦恼故事。事实上，我们在这个专栏读到很多感人的真实的家庭故事。很多故事清楚地叙述或半遮半掩地讲述了很多误入歧途的故事。有很多故事大意都一样。

有很多人出身工人阶级（工人阶级实际上不单是一个阶级，而是一切阶级形成的物质来源），读他们的故事让人感到温暖、积极向上、精神振奋。工人阶级出身微寒却通过个人努力、技术和人格获得了名望和财富。我们这么讲但并不希望误导那些满怀希望的人。读进步故事确实能让人精神振奋。毕竟，生活的轮子是不断转动的，可以向前也可以向后。生于市井的人能飞黄腾达，而身居高位的人也可能失去地位、沉沦堕落，最后消失于茫茫人海中。

看看校友录，就会发现大多数毕业生都被生活淹没了。

在大学时，我就听说过谁谁"废了"。"废了"也许是最最令人伤心的一个词。这可能指他沦为了低级阶层而不是高级阶层，抑或是什么阶级都不是了。他也可能负债累累，最后竟噩梦连连，朋友都帮不了他。毫无疑问他一生办错了很多事，而前半生办的错事更严重。我们把顾前不顾后的大学生们比作两头烧蜡，他们根本没有料到情况的严重性，等到没蜡可点一片黑暗的时候又气急败坏、怨天尤人。冈宁在他的《追忆剑桥》中谈到了他经历的几件事。一次有位绅士在吃饭的时候被叫出去看个可怜的穷人，那个穷人毫无知觉地躺在车上。他认出这个穷人原来是他那时候学生社团的精英分子，备受追捧。可就是这么个人有天晚上突然不辞而别，离开学校。多年以后，人们再见到他时，他在最差的一所经济学校当看门的。毕业生中什么情况都有，有人因为债务所累，不能再念学位辍学了。有人拒绝了学校的求职推荐信，后来穷得都不能成家立业。他的亲属每星期给他一英镑，靠着这一英镑他过着流浪汉一样的生活。有人参了军，当了个小兵去了印度。有人当了警察；有人当了马车夫；有人当了消防员；有人移民去了美国，当了水手。那天，有个马车夫碰碰帽檐向一位绅士致意，那位绅士立刻认出他是老校友。我举这些例子并不是说他们都不幸。毫无疑问，这些人同大学时代相比确实沦落不少，但好在他们都是老老实实地给自己挣饭吃，活得干净。还有很多比这糟得多的例子。有人在伊斯灵顿的顶楼饿死了；有人在澳大利亚成了逃犯；有人死在了工作间；有人在奥德贝利的法庭上被判有罪；等等，不胜枚举。很多人的情况比那句俗语"废了"要糟得多。最普通的"废了"是喝酒喝死了，或因为自己得病死了。用另外一句俗语说就是自己挖坑往里跳，只不过他不知道坑到底有多深。

这些人都经历过人生转折点。他们的罪恶是一点一滴积累起来的。不知不觉中，关键时刻来临了，他们不得不选择向左或向右走。这种选择看起来比较随意，实际上受控于以前做过的事情，他们必将走向可以预见的结局。

再看看另外一些例子吧，那些例子并没有明显的道德沦丧的痕迹。有人突然很倒霉被捕了，可他根本没犯什么罪。这个打击太沉重了，虽然并没有沉重到摧毁他的人格。

银行倒闭了，有人一夜之间成了穷光蛋。而别人因为没钱所以也就没丢钱。

里德先生在他的小说中描写了一个因银行倒闭而一文不名的人。那人后来变成了无神论者，把家传的圣经给烧了。

比丢钱更惨痛的磨难是世人的冷漠和忽视。那些趋炎附势的朋友也叫夏日朋友，你得势时他们对你嘘寒问暖，失势时对你投来的只是冷漠的目光。

我认识一个人，他相当有钱而且名声不错，但是命运不济，他失去了所有财产。他到处找朋友帮忙，找到了后来成了麦考利勋爵的麦考利先生。可他造访的时机不合适，麦考利刚刚丢了爱丁堡的议会席位，也拒绝代表其他选民竞选，辞去了年薪五千英镑的工作。那时辉格党当政，他毅然放弃了大笔收入，也放弃了以后好多年高枕无忧的日子。他热情地接待了我那位可怜的朋友，给了他三十英镑。如果我记得准的话，还说了好多安慰的话，答应以后还会接济他。我那位可怜的朋友被麦考利的善良深深感动了。因为太穷，那位朋友竟突发奇想，想二十四小时只吃一顿饭。我知道有人这么干，不过不是因为没钱，而是为了减肥。我的朋友因为生活所迫逼不得已这么干，着实让我感到难过。他唯一的生活来源是教德语课。有家有钱人在他富裕的时候就认识他，现在叫他给家人上德语课。他们认为他的不幸是想当然的，特别冷漠、无情。他们对老朋友不再热情诚恳，对待这位德语老师是那么冷漠，这都使他心情倍感沉重。终于有一天，这位不幸的德语教师割喉自杀了。

我们很难说这些人倒霉是因为自己办错事造成的。不幸接踵而至，连续打击摧残他的意志，他就此沉沦了。但是人要是突然碰上特大好运，被天上掉下来的巨大馅饼砸中，也未见得是好事。有人告诉我他突然意外继承了一笔遗产，于是接连十一天没睡着觉。我想这么长时间没睡着觉，眼睛都不眯一会儿，显然是夸大其词。如果不睡觉，人活不了几天。一次，我坐火车在法国北部旅行，遇见了一个疯子和他的几个看护。看护们告诉我这个疯子是因为突然发了大财而失去理智的。福布斯·温斯洛大夫在他那部伟大著作《精神的不明疾病》中也提到了令人吃惊的故事。有人在股市一天挣了一万英镑。他怔了怔，然后开始不停地说："一万英镑！一万英镑！"越说越快，越说越快。在他疯掉了几个月中不停地说。我们不无遗憾地说发疯是他自己造成的。但如果他道德理智健全点儿，不那么爱财，也许会免于灾难，也许不会发疯。

是福不是祸，是祸躲不过。坦然面对，小心生存是上策。就像住在埃特纳火山脚下的山谷里一样，火山随时可能喷发，要时刻小心谨慎。

不幸和万幸就像地球的两极——南极和北极，两者都会给人造成毁灭性的打击。突然遭遇不幸和万幸，人都会崩溃、都会痛苦。光靠个人的哲学信仰是难以渡过难关的，我们要么采取享乐主义，要么采取禁欲主义。享乐主义是私欲的膨胀，将财富当成了基本需求。禁欲主义是对外在环境的傲视和非常人的轻蔑，当精神状况跌到谷底，为逃避痛苦可能会自杀。遇到任何事情都保持镇定自若，就像给船垫上了压舱石，纵然波浪翻滚、巨浪滔天船也不会偏离航向。我们从更远、更广阔的角度看这个问题，似乎只有宗教能解决这个问题。想到未来生活的广阔前景，就不会在乎小麻烦，使做事的一般动机得到升华。人们一旦身处逆境或顺境，很容易就忘掉原来对美好生活的愿景。我曾经读到一个故事，有人日复一日地向那白雪皑皑的阿尔卑斯山、安第斯山和喜马拉雅山进发。终于有一天，他来到了山脚下，大山耸立如云，俯瞰其他一切自然景观。因为某种奇怪原因他暂时忘记了他是干什么来的。有句成语叫一叶障目，不见泰山。叶子和山的大小根本不成比例，可他却只看见叶子没有看见泰山。人生亦是如此，宗教告诉我们人是永生的，那么今生今世的不幸和万幸都是微不足道的，用不着太在意。人生有时低潮有时高潮，很自然。一想到世界的浩瀚伟大，地表的高低不平又有谁会在乎呢？

当你悲伤地回首自己的一生，或许总会因为曾经的幸福而感到些许安慰。狄更斯（注：1812—1870，英国作家，他以描写维多利亚女王时代的生活和境况而出名，过去和现在都很受欢迎。他的作品有《匹克威克外传》《双城记》以及《大卫·科波菲尔》）笔下的人物说："一辈子过得太糊涂了！"有人晚年悲戚地回顾自己的一生说："青年时太盲从，壮年时太艰苦，老年时又太遗憾。"盲从、艰苦、遗憾都是生命的一部分。人要是说自己青年时很荣耀，壮年时很悠闲，老年时又很安闲，那他肯定脑子有毛病。人总要犯了错才知晓真理，通过斗争才赢得胜利，因为后悔才能感悟人生的悲伤。既做了后悔的事，就不要再做同样的事再后悔。人需要不断地自我提高，像圣·奥古斯丁的不断向上攀爬的阶梯或阿尔西弗龙的台阶。人要踏着由自己的尸体搭建的台阶，不断向高处走。享乐主义者最后只会一事无成。经过错误的洗礼会让我们思想更高尚，悔恨的泪水会使我们的精神开花结果，留下不朽的传奇。一个人曾经是什么样的人并不重要，重要的是他现在是什么样的人，他真实的快乐在哪里，他真实的位置怎样。如果在心灵的海洋中遭遇沉船，如果上帝拯救了我们，如果我们最终安全到达陆地，就根本不用在乎是抱着船桅活下来的，还是抱着沉船的碎片活下来的。人生有数不清的痛苦，也许一件事就毁掉了整个人生。然而，一次痛苦不足以使人丧失生活的信心，人总能找到安慰。剧痛总会消失，生活就是这样。外科手术就是个绝佳例子。外科大夫做手术可能会引起病人疼痛，甚至威胁生命。手术设备寒光逼人、锋利无比，外科大夫内心平静、大义凛然，似乎很残忍。但他却是用最娴熟的技巧、最高的聪明才智、最真诚的仁慈来动的手术。这也正是上帝对我们的态度。上帝亲手制造出来的人类是有自由意识的，人有了自由意识就有了犯罪条件。人生的伤悲就是要忍受神圣的上帝之手亲自切除疾病，这样我们才能获得永生。逆境是使我们脱胎换骨的利刃。因为今生经历了许多痛苦，今生遭遇了很多烦恼，所以我们能脱离凡胎肉体，超然于物外。

> 你想，通过自己的努力，
> 最后将每个刺耳的声音从你的
> 生命中剔除，让一切相会在
> 神圣、美妙的音乐中；
> 相信吧，善良的种子定会在
> 你的心田播种。
> 悉心浇灌，
> 热心服侍，它就会
> 发芽、开花、结果，
> 一颗种子会这样生长、繁荣；
> 除了技巧和勇气，
> 你什么也不需要，
> 就能探索你的内心深处。
> 心灵的源泉就在不远处，
> 源泉需要有水不断供给，
> 但不需要泥土阻塞水流，
> 阳光下，泉水汩汩而流。
> 感谢上帝赐予我们自由的种子，
> 它知道有比心田更肥沃的土地，

那条河的源头至高无上，

来自于上帝，又流回上帝那儿，

我们贫瘠的心灵无法滋养它，

上帝永不枯竭的河水却不断汇入，

永远、永远奔流不息。

——特伦奇大主教诗

在海岸的高潮线下有一眼泉水。潮水一天两次漫过它。咸涩的海水污染了纯净、甘甜的泉水。当海水退去，泉水冲掉了污浊，又重新恢复了洁净。只要退潮，泉眼就会在纯净、甜美的天空下重又变得纯净、甜美。这象征着和世界、和逆境做斗争的人生。一次又一次，人生处于纷乱的环境中，充斥着喧杂的声音，但一切终会过去，灵魂会依偎在上帝身旁。

第十六章
人 生 的 道 理

　　每个人或多或少都算是个哲学家，都在不断地总结实践经验概括经验，越来越将"故意或无意"作为评判行为道德的标准，觉得有必要依赖某种道德观念行事。哪怕遇到挫折失败，也能自我安慰，我已竭尽全力。人要非常乐观，相信每件事都会变成好事。即便变得非常悲观，认为每件事都会变坏，也要构建自己的人生哲学。

　　当然，自我培养的哲学观难免会有些粗制滥造。但也有很多人却能构建起精辟、复杂的人生哲学。无论你是否明确表明个人观点，你也有自己的人生哲学。上帝赋予了我们生命，问题是："如何对待生命？"我们总是这样不停地问自己。世上有各种各样的人生哲学，该拿怎样的人生哲学对待生命？凡事要刨根问底，这句谚语在当今很重要。当你还是无神论者的时候，你对生活不是太满意。通过广泛讨论和收集信息，你找到了活着的理由，使自己的生活增色不少，并能解释生活中的一些问题。一切问题的核心就是你是否相信上帝的存在。如果相信，是否愿意把他当作慈父，让他怜爱和关爱你。在物质世界中，他是否是你工作的缘由。你冷静并满意地看着信仰的种子一点点长大发芽，长成参天大树。

你必须对人生有个确切认识，你不应该总是学习却始终不了解事实真相。只有找到人生真谛，你才能过上一种平衡、井然有序的生活。你要不断增长知识，不断调整新观念、增长新知识、丰富你的信仰。一些人轻而易举地就形成了观点，然后，又像他们自己说的那样，束之高阁，不再继续验证。另一些人的观点则随时变化，随时可能因为出现的新情况而改变或抛弃。聪慧的人不会持有任何一种永不改变或随时可能改变的观点。人首先要热爱真理，你既要尊崇真理也要尊崇良知，认真地寻求真理和良知，通过深思熟虑和实践的千锤百炼，获得真理和良知，这样你的心就踏实了、安定了。你终于明白了，有纯洁、无私、艰苦的生活庇佑，你不会再误入歧途。你也会明白，不精确、不完整的观点终会澄清、会完整。你自己也在不断调整新、旧事物的关系；你会高举真理的伟大旗帜，无论事实与你的信念多么背道而驰，你会敞开胸怀拥抱事实，尽管你的信念也是经过不容否定的事实反复论证过的，是完全正确的。我们不能说你背弃了信念，事实上，你仍然坚守你的信念，将自己的信念大厦建立在陡峭的山崖上，将自己的信念大厦建立在深海中，建立在狂风暴雨中。你十分确定既然以前任何困难都未曾摧垮过你的信念，将来也不会有什么能摧垮你的信念。菲利普·万·阿特维尔德说出了宗教的真谛：

> 我的一生，
> 都在尊敬地审视着那个人
> 他了解自己，知道自己面前的路，
> 在众多的路中仔细地挑选一条，
> 既然选定了，就执着地
> 追求自己的目标。

现代科学研究注重物理学研究。通过观察、记录、检查和反复检查事实，从事物表象中获得科学规律。人们醉心于一成不变、毫无情感的科学规律。世界就像一个大工厂，工厂里尽是复杂机器的碰撞声和轰鸣声。制定科学规律的人隐身于科学规律背后，你看不出他制定科学规律的意图。制定科学规律的人隐身于科学规律背后，但又现身于科学规律之前——这句话听起来有些矛盾。这些科学规律是美丽心灵的表达，显示了制定科学规律的神的旨意。然而，科学规律也有其局限性。很多事实，抽象的和具体的，都不是物理科学规律能够概括的。正如帕尔格雷夫先生所说：

干扰或发力

万事万物都不受限，

万事万物有法；

心灵亦有法；

有人在山间、在太空宣告，

有人在内心宣告；

有时和谐统一、团结一致，

有时分崩离析、各执一词；

二者一起把我们带到这儿，

我们知道人类何时而生、为何而生。

科学规律告诉我们，

只用心灵学习就行；

但我们必须知道，

还要用灵魂学习；

灵魂用同样庄重的口吻说，

超越今生今世的阻隔，

我们仍可去触摸、去看见

来生来世；

把我们带到这儿的那个人，

手握钥匙，知道人类何时而生、为何而生的答案。

谢普校长尖锐地指出："人们反复念叨的事情一定要再做一遍。"人们根本没必要必须理解有序的物质世界，人们觉得有必要只是因为人为地、武断地自我约束，并且对自我约束的自然反抗罢了。任何灵活的头脑都会依从某种学习体系，审视物质世界的有序排列，并以理解有序排列为乐。但人们往往不能进一步探究它何时而来、何时稳定。思想永不停止地前进，当它看见物质排列，就会探究是什么使它排列成这样；当它看见物质存在，就会探究它是如何形成的。尽管一切现象理论持完全相反的观点，不过只要理性思考的人们不断追问，就要一直研究这个问题。

在本章我要表达我对谢普校长那本令人羡慕的小册子《文化与宗教》的感激之情，我在这里要向读者们强力推荐。

人总会自觉不自觉地从哲学角度讨论人生。当人最终下定决心采取某种人生哲理，并坚定地执行，没有什么比这更伟大的时刻了。赫胥黎教授阐述了他的著名观点："我想，那个受过自由教育、在青年时期接受过良好训练的人很乐意成为个人意志的仆人，很轻松乐意地干一切工作，像台机器一样。他的知识像一部清楚、冷峻、有理性的机器一样，每个部件都力量相当，工作效能良好，就像一部蒸汽机随时可以干任何工作一样，小到可以织网，大到能锻造思想的船锚。他的思想蕴含着大自然伟大的基础性真理和个人的实践法则。只要不是矮小的禁欲主义者，每个人都充满了生命力和火一样的热情。昂扬的意志能够驾驭火一样的热情，温柔的良知能驾驭昂扬的意志。他能欣赏一切美好的事物，无论是大自然的还是艺术上的。他憎恶一切邪恶，像尊重自己一样尊重被人。"这段文字优雅、流畅地表达了文化科学理论。但它只谈了生活现象，我们还得考虑一切生活事实。正如赫胥黎教授接着说的那样，要将生活看成一场游戏，爱拼才会赢。人是"温柔良知的仆从"。不过以这种人生哲理为指导，我们无从知晓温柔的良知是怎样形成的。上帝也不过是一部抑制人们思想的机器，是死亡规律的人性象征。这种人生哲学要想和自身的自私利益相和谐，就必须抛弃道德意识。但是还必须用一些高调的道德语句，看看它是怎样和自身的自私利益相和谐的。人生的全部意义在于如何赢得人生游戏。假如人类的知识能不断更新，假如社会能得到净化，假如基督的影响能够扩大，没有人生长期目标的人们是否能了解人生的意义呢？满足于抛弃人生普通目标的人们是否能了解人生的意义呢？满足于辛勤劳作、遭受痛苦和死亡的人们是否能了解人生的意义呢？文化这个词既新颖又做作，哲学家们赋予了它太多的内涵，一些人也认为人性的建设取决于文化的建设。自歌德（1749—1832，*德国作者和科学家。精通诗歌、歌剧和小说。他花了五十年时间写了两部戏剧长诗《浮士德》*）之后，也许是马修·阿诺德最好地阐述了这个问题。我们首先要弄清楚文化的确切含义。"文化，"谢普校长说，"并不只是学习的产物。它是进步的过程，要求学生随时合上书本，走出书房，和同学们一起交往。他既要和活生生的人交流也要和死呆呆的书交流。尤其要和同龄人交往，他们的思想和品格能够教导、提高和美化他的思想和品格。每个人还需要不断约束自我，学会控制自我，养成习惯，努力战胜邪恶，使天性中真善美的东西更真、更善、更美。文化涵盖各个方面，像世界一样广阔，我们没有必要一一列举。文化培养的过程从摇篮开始，到走进坟墓也不会结束。"能言善辩的谢普校长接着说："从普通人的标杆开始走，诚实彻底地走过人生路，最终会到达神圣的地方。从神圣的标杆开始走，做一切神指示我们做的事，就能回到普通人的标杆，成为完美的人。从完美的角度思考，文化的顶点是宗教，宗教的顶点则是文化。"但是很多人觉得难以将二者协调起来，将文化和宗教的要求协调起来。我们不愿意用任何狭隘的定义将文化限定起来，拒绝将文化限制在实证论的小圈子里，让它充分地拥抱人性，文化使超脱文化的理论定义达到一个新的高度。

歌德是文化定义的魁首，他将文化完全限定在人类发展的层面上。在《浮士德》第二部中他也没有违背这个定义，虽然人们像为莎士比亚那样为歌德注入了很多个人理解，而且还是在二者都不知情的情况下。歌德是个多侧面的立体人物，一想到他在个性发展中经历的各种各样的事件，不能不令人惊叹。他的一生似乎并不令人满意，结局也有些灰暗。他完全自私的人生哲学没有超越感官的界限。如果说莎士比亚的作品蕴含人生哲学，那么他的人生哲学则像康德的、像歌德的、像培根（注：1561—1626，英国哲学家、随笔作家、朝臣、法理学家和政治家）的，仅限于今生今世的事件，完全忽略了更高的精神层面，尽管不可衡量、不可考量、不能看透，但却和自然现象一样是真实的。

我忍不住想起坦尼森先生的那首名诗《艺术宫殿》，诗中描绘灵魂无处不在，感激感官和学识使它得到了升华，但却因为最后的考验而导致完全崩溃、一败涂地。寓言中的傻子说："灵魂，你已经多年保持美德了，可以给自己放放假了。"我不太明白只是吃、喝、玩、乐算不算美德。美好的灵魂应该相信自己的力量，相信自己的才能，相信上帝的爱和意志。

在宽大的皇家宫殿里，灵魂尽情地欣赏着文学和艺术作品。它欣赏高贵的高加索人创造和发明出来的一切高雅作品，鄙视一切低等人的作品。

> 一切美好的东西都能满足我的双眼！
> 各种各样的形状和色彩使我欣喜无比！
> 伟人和哲人的沉静面庞，
> 我与我的神同在！
>
> 我像上帝一样孤独，
> 我只能数数你完美的收藏；
> 我看着那边平原上一代远山，
> 夕阳中，一群群的牛羊。
>
> 她空谈着道德本能，
> 空谈着起死回生，
> 正如自己功成名就，但不能摆脱死亡，
> 最后，她说：
>
> "我控制了人的思想和行为；
> 我不在乎宗教纷争怒骂；

> 我像上帝那样袖手旁观，没有什么信条，
>
> 但却鄙视一切。"

诗人用最优雅的人类寓言宣告了灵魂的堕落。

我非常理解为什么对很多人来说追求知识就是一切。在灵魂获得美德后，诗人也用优美的语句展示是如何光辉利用知识的：

> 不要摧毁宫殿的尖塔，它们是
>
> 如此精巧、如此美丽；
>
> 当我净化了心灵，
>
> 碰巧和别人回来，会一眼看到。

那天我读到有个叫罗伯特·霍尔的人四十岁以后开始学习德语。他上了岁数，病痛缠身，开始读麦考利的散文。他还开始学习意大利语，评判米尔顿和但丁（注：1265—1321，意大利诗人，《神曲》的作者）。我记得有些美国人凭一时的超自然敏感曾说，世界审判日即将到来。他们断定审判日到来之际，他们都会点亮蜡烛，做该做的事。还有个关于英国法官的类似故事。通过收集科学新事实、总结新结论，人能好好地活到生命的最后一天。据说，我们离开这个世界时是什么样，到了下辈子还是什么样。也许事实就是如此。我们的知识观念和我们将要做的事有直接关系。

除了反基督教哲学体系，还有很多生活的实际计划和理论，它们尽管还算不上是哲学理论，但主宰了很多人的思想。这些生活的实际计划和理论，尽管很普通，但能衡量出人类意识的不同。有人完全致力于培养知识和根除邪恶；有人则完全被骄傲、自私和暴富的美梦所包围；有人感到骚动不安，因为无法理解邪恶的根源，也不知该如何面对上帝的意旨；有人因为股票价格的上上下下而惶惶不安。普通小说粗俗地表达了人生的含义。法国小说家认为人生的最好活法就是及时行乐，有用不完的钞票和喝不完的美酒，然后醉倒在丰盛的桌子下面一直睡到第二天中午。

1666年全国都流行着一种观点，说世界末日会在那一年来临。那年西部马戏团正在巡回演出，黑尔法官碰巧主持立法会议，突然可怕的暴风雨不期而至，电闪雷鸣，那年像那样的暴风雨并不多见。立刻人群中就传出流言说世界末日到了、审判日到了。几乎所有立法会议的与会者都惊恐万状，完全忘掉了他们是来干什么的，立刻祷告起来。这比暴风雨引起的恐慌还要阴森可怕。那个记录下这件事的人原本很坚强，也说那件事让他吓坏了。不过他也说法官黑尔并没有受到一丝影响，像往常一样主持着法庭秩序。他的意志非常坚定，说即便世界末日真的来了，也不会对他造成多大干扰。（摘自《马修·黑尔爵士的生活》）

也有人认为最普通的小说也有道德和心理教益。如果小说本身内容空洞，但它至少透露很多作者的信息。小说是人类思想最普通和最奇怪的作品。我们并不同情故事主角或演员的境遇。作者的思想像匹脱缰的马带着可爱的重负飞奔，故事主角能不能成功地拦住它无所谓。小说中法官进行发言，正义还是非正义都无所谓；恶棍在忏悔自己的罪恶后是死是活也无所谓。就我们来说，这些故事没能勾起我们的兴趣。但是到底是什么样的思想创造了小说倒值得我们仔细审视。我们要学会将故事中的人物同矫揉造作的语言区别对待。小说家要避免读者对小说的质疑。他真诚地述说生活中的每个细节，剥去灵魂的外衣，坦诚地面对读者，尽量不让读者觉得情节是凭空想象的，尽管我们都知道小说就是这么写出来的。很多小说都带有自传色彩。刚开始读这种自我忏悔式的小说觉得挺有趣，可后来就觉得过于接近作者本人，有点儿可怕。而且小说体现的自我控告谴责多带有否定含义。小说缺乏热情缺乏情感，缺乏真正的人物批评和真实细腻的思想，对生活和人物的评价也显得单薄，过于世俗，毫无价值。小说缺乏博爱、崇高的目标和足以感动人心的宗教动机。但小说表现了粗俗人的普通渴望，将他们的白日梦和幻想展示给读者。他们对强加于身的责任不满意，对不得不做的工作不满意，在获得巨额财富和无比快乐后依然仰天长叹，因为正是这些梦寐以求的东西毁了他们，得到了这些梦寐以求的东西后他们再无所希望，再无所快乐。没人知道他们心中的极乐世界究竟是什么样的。商人认为如果有几千块金币，没有天堂能比得上尘世。土耳其人和印度人持有非基督教观点，相信后生后世会比今生今世拥有更高级的感官快乐。小说家和上面提到过的公正的商人也有相同的观点，但这并不是全部。轰动一时的小说无一例外地描绘了繁华渐渐消逝，激情和奢华稍纵即逝，这很可能是作者思想的反映。家庭妇女也可能将写作作为副业，写出轰动一时的小说，但她的大部分时间仍用来干家务，为孩子们切黄油面包。总的来说，全世界的读者都认为作者和作品之间存在着某种联系，虽然他们痛恨并强烈抗议这种联系，认为它破坏了小说的独立性和客观性。

当然，我们并不是说小说内容对读者来说轻易失去了情感补偿价值。事实上，小说是男人婆和娘娘腔们最喜欢的消遣。对大多数读者来说，它应该具有好的影响力，像柔和的兴奋剂和柔和的镇静剂一样，可以使人抑郁时兴奋、亢奋时平静。对很多读者来说，它使读者抒发了过分积郁的情感，表达了温柔的怀旧之情，彻底忘掉无法理解的人和事，在虚构世界中实现和完成现实中不能完成的心愿。很多小说极其自然地表达了人的天性，就像土地开出美丽的花朵，鸟儿唱出动听的歌曲一样自然。但大多数情况下，小说只展示了丑陋、虚伪的理想生活。在小说家写完小说，从中获得了极大快感之后，最好将这些废纸付之一炬。

> 用平静的双眼，可爱的双眼
> 看着它们，直到化成灰烬。

还有另外一个主题和本章的内容十分契合，我们不能谈太多，但也不能只字不提，尽管一带而过也许和主题的真实价值不太对称。这个问题就是是否有个特殊的神主宰了人生的种种事件。这个问题，我们还是引证他人的观点吧，据说他已经解开了这个难解之谜。

上帝主宰一切，人类的意志和能力又要求独立，这两种信仰似乎很难协调。人们继而想到那个难题：邪恶从何处而来？科普尔斯顿博士，也就是已故的兰达夫主教认为，人一辈子都受上帝的控制，但他也并不认为相信上帝能完全控制一切和相信人类行动自由有什么冲突。在他的《必须和预言》中，他说道："这并不是说，因为我们有自由行动的权利，行使自由行动权就要非得排斥其他影响不可。为适应人们的观念和经验，行使自由行动权应该有所保留，应该依具体情况而定。首先要制订行动计划和大纲，然后将行动的次要内容交给低级执行人。为了激发执行人的忠诚和热情，上级不应过分行使个人的自由行动权。但有时，为了让执行人全力以赴，还要发挥上级的自由行动权，避免让执行人办傻事和凭想象办事。如果执行人办事努力受挫，他们很可能会变得依赖上级，如果执行人有自主意识，很可能克服困难和恐惧，树立积极目标，轻易地履行职责。如果他们自主意识过强、过于倔强，执行人应该知道倔强的后果，应该明白不恰当的倔强只会使他们一败涂地，继而追求其他善良有益的目标。犯错后自我改正了，有助于他的发展，有助于提高团队的忠诚度。他有可能是突然邪气上身，犯了不服从命令的错误，也有可能犯了极端错误，像自甘堕落、自我毁灭，最后走上犯罪道路。"

他继续解释说："宗教认为上帝的最高智慧计划、安排、监督、指导、完成一切。上述观念是从这个观点发展而来的吗？人类的观念和上帝的旨意就是让人放松精神、疏于勤奋、混淆正误、削弱职责和接受一切吗？"

我们不得不承认这句话千真万确，科普尔斯顿博士的观点认为，上帝如何处置我们，我们就是什么样子。通过观察上帝的特点就能得出凡人的品性和情况，弄清上帝是何许人也，就能确定他为我们安排的困境到底有多难，没有什么比这更荒谬、更异想天开的了。

科普尔斯顿主教说："人类的能力仅仅能在很小的范围内和很短的时间内了解上帝作品的一小部分。我们和上帝的作品有着亲密的、千丝万缕的联系，各种各样的联系是普遍存在的。就拿我们的上述观点来说吧，也认为事物的各组成部分不论多么遥远彼此之间都有着千丝万缕的联系。有看见的就有看不见的，谈到甲，却不触及乙，就像想画个圆却画成半圆一样。在探究自然界的同时，我们的思维总是由此及彼，永不停歇。道德世界也是如此。人类历史事件无论多么微不足道，都与其他重大历史事件有着千丝万缕的亲密联系。这种联系凑在一起构成更大事件，不断累加直到无穷大。考虑到联系的问题，就想到作家也许并不十分熟悉他思考的问题，他的困惑可能源于鲁莽、空洞的推理，只不过他自己不承认罢了。事实干扰了他的推理，而他却凭空想象出了不可能的情况，这无疑破坏了思考是为了求真的目的。

"那好，我们就此可以总结一切问题了，上帝是万能的和人的自由行动权并不矛盾，除非你能提出一个指证二者矛盾的观点。很多很难解释的事情实际上是其他事情存在的必要条件，而完全相反的二者共同存在就要有矛盾。所以'不可能'并不是绝对的，'不可能'意思是'有困难'。我们理解上帝时'有困难'，但想要排除困难，是绝对不可能的。"

那位可敬的形而上学学者亚伯拉罕·塔克也说过同样的话："上帝无处不在，他处理一切事物，没有给我们留下自由空间；有上帝就没有自由。换一种说法，没有自由，也就没有上帝。双方都放弃了大方面，毫不犹豫地承认对方的小方面。自由和上帝二者都有证据证明其存在，迷惑了冷静而细心的人们，但他们也没宣称二者是矛盾的，这种观点也使他们不能二选一。不过我们无法解释，但又必须承认二者的神秘和谐。"

总结问题，不难看出，"对于科普尔斯顿博士（也就是《类比》作者）提出的上帝主宰世界的观点，我们不得不抱观望态度。我们一旦认为做出的判断是正确的就意味着可能是错的。我们拥有选择的力量，在对与错之间找平衡，希望选择的结果是正确的。上帝和我们订立了有条件契约，在短暂的人生旅途上让我们先体验成功，再忍受痛苦，先暂时忍耐，再感受快乐。考验我们的生存能力就是考验我们的宗教信仰是否坚贞，生存能力有多强，宗教信仰就有多坚。如果我们今生的乐趣能延续到来世，在来世的考验中能更多地表现美德而不是审慎该有多好！我们在生存能力和宗教信仰两方面都面临很多困难和危险的考验，二者相似彼此和谐。哪怕我们深陷困境、迷惘痛苦，万能的上帝也能看到一切终会过去。我们为什么要经历危险和困境？为什么邪恶会控制世界？难道这一切与上帝的仁慈和谐吗？科普尔斯顿博士并没有告诉我们答案，而把这作为难题让我们思考。

只有变得更加智慧才能理解这些难题，才能把它们作为生活的一部分，享受它们。我们不能思考，因为有时思考也无用。科普尔斯顿博士特别指出，我们唯一明白的就是上帝和人的关系，上帝是我们仁慈的天父，关爱我们，指引我们。聪明的人能体会到答案，愚钝者只能失望和困惑。

关于这个问题，让我们再次引用谢普校长的话吧。

"我知道，很难做到心无杂念、公正无私。坦率正直不是人的第一品格，而是完美的最高品格。要想行善事，必先修心智，培养坦率正直的品格是第一步。没有坦率正直的品格，人不会做一丁点儿的善事。我们对自己一定要诚实，了解自己，希望自己向善、向好。如果心怀这种愿望，一切美德就会在我们身上开花结果。诚实就是要有良知，在上帝的光芒指引下漫步人生，行善莫迟延，上帝就会用更多的光芒照耀到我们身上。

"信仰宗教就不但要在观念上信仰，还要在实际生活中实践。让上帝评判我们的是非观念，在按照我们的是非观做事的时候，相信这是上帝的旨意。当我们按良心做事的时候，相信我们内心有错，而且自己无力改正，只有上帝能帮我们改正。我们越是诚实做事，越能感到自己完全无力改正。只有基督的启示录才能告诉我们这种力量从何而来。"

第十七章
生 命 的 哲 学

　　我们完全有可能构建一整套人生哲学。通过前面几章的陈述我们能得出人生哲学的真谛。事实上，人们可以要么采纳宗教理论要么采纳长期的人生哲学。人一旦采纳某种哲理，就会逐渐变得老练，自如应对人生的各种细节问题。人要么过得特别好；要么过得特别糟；要么把人生毁得惨不忍睹，提早结束。救世主指引人们走完人生，并引导灵魂走到上帝的面前，可人生并没有就此完结。任何这样看待生命的宗教都是不完美的。事实上，生命才刚刚开始，目的地又变成了起跑线。用宗教的话来讲就是信我主者后世必虔诚神圣。他将生活富裕、知识渊博，因为他此生的德行使他的灵魂更加神圣。我们都得相信这是事实。不过我们还要接受和解释更多的事实。不这么做，就会使我们思想狭隘、度量狭小。上帝让我们来到这个世界上，就是让我们在爱中成长，在错综复杂的关系网中成长，像他那样了解他的伟大作品，了解人们，即他最伟大、最可爱的作品。

　　每一种知识研究都出自于某种宗教动机，知识研究是对神圣生活的补充。知识的两个组成部分，一个与自然有关，一个与人类有关。研究自然，我们窥视到了上帝的神圣精神。自然界的每一件事实都是上帝的旨意。如果万能的上帝在制造有机物的时候乐意展示他完美的技巧和智慧，我们或许可以说研究和重建有机体就是跟随上帝的脚步。如果相信历史和当代生活是道德法规的发展和上帝旨意监督的结果，观察和研究历史这种知识活动在宗教光辉的照耀下则更加神圣。获得学术知识就成了一种宗教责任。

"人生的蓝图，"一位著名的法国作家说道，"就是事实，事实是最伟大的！"

"谁能完全理解生命的全部含义呢？谁能理解生命中出现的所有事情呢？生命就是你活也得活，不活也得活。生命是严肃的，它反复无常，但你不能随意丢掉。"

"生命是漫长的，在漫长的岁月中，人要承担无数的职责，因为承担职责而担负无数的责任。"

"人生多坎坷，它并不总是青春和快乐。有考验、有斗争、有辛劳、有矛盾。这就是生活的基本构成，娱乐和快活不过是光鲜蒙人的表象。"

"年少无知时，生命像一段令人愉快的冒险经历飞纵即逝。年轻人不必为现在忧虑、不必为将来犯愁，没有什么计划。等年纪大了，我们才明白了，可明白得太晚了，又痛心。"

这方面的论述没有哪本书比得上奥尔良主教杜潘路普的书更有趣、更精彩。他的那本《女学士》法国人该读，英国人也该读。他对社会琐事、好逸恶劳、愚蠢无知和日常错误有敏锐的洞察力。他对那些无所事事女性的头脑弱点也有专门研究。"生活！对人来说既不是游戏也不是小说。对于你们——全世界的女性——来说尤其如此，你们因为失误和痛苦明白了这一点。请相信我的生活经历，我的生活循规蹈矩，每时每刻都利用得很好。我能很准确地预知人们未来的痛苦，我愿解救他们于苦难。"他引用了斯维切恩夫人的话："光是虔诚的人是难以满足我的，他还必须有智慧的光芒。"主教认为十七世纪的教育理念"反思、比较和正确推理"比现代教育更能达到教育目的。他强烈要求妇女也接收教育。他坚决要求妇女在做完日常工作后，还要学习。比如说做饭也有学问。当她为丈夫、孩子做完了一切，算完了家庭收支账目，处理好了一切家庭细务以后，一有时间她就应该从事研究和学习文学。他赞同菲莱隆的老式观点（尽管您也许认为不太合适），妇女们要首先学会读书写字。莫里哀曾经把他那个时代的妇女和下一代妇女做过比较，抨击过《可贵的人们》《女学士们》，他如果活得更长一点儿的话，他会后悔的。妇女应该很仔细地挑选她们读的书。"所有的基督教妇女都应该耻于读那些粗制滥造、低俗下流的东西。在她们业余时间，要么不读书，要读就读最好的。她们首先要摒弃一切邪恶的有害的东西。良知不会让她们碰一切不健康的书籍。这样的书只会使她们迷失精美的思想和纯洁的灵魂。她们活泼好动、聪明绝顶、喜欢阅读，会很轻松地培养优秀品质，同样也会养成难以避免的令人痛心的缺点。"仁慈的主教列了个书单，很值得我们一读，我们也可以再续添上一些书目。他甚至还关怀到了细节，说女士们可以在午饭前，利用清爽的上午时间来读书。"总体来说，女士们可以利用上午的空闲时间。也就是说，早晨起床到吃早饭的那段时间，那段时间很方便，她可以随便利用。然后是稍晚一点儿的时间，一直到十一点，她都可以随意支配。在上午，她们不一定非得待在客厅不可，而应该好好利用这段自由时间，做一些有意义的事情。而下午，她们则可以上一堂课，设计一个图案，欣赏一段音乐，出去郊游一下。上午，在做完祷告后，也不应忽视照顾孩子、照看房子、做她平时轻松就能做好的家务。如果必须加班加点，她也得把这些活全部干完。她必须挤出两三个小时做她的课业，学习她喜欢的学科知识。一旦学习时间固定下来，她就必须坚持，不能终止、不能废弃、不能荒废。我已经和她们的丈夫说过了，在这里我要再说一次：那些没有在上午认真学习神圣知识的人，时间只不过是随随便便地打发掉了，她们永远不会生活得好。"

我们还应该很认真地谈谈生活的实际目的。生命之初我们随意浪费了很多时间。我们总是定下一些好高骛远的目标，哪怕这目标在六七十年后才能实现。很多作家有了灵感以后，制订下写作和研究计划，哪怕这计划要三辈子才能完成。很多学者都知道有很多研究项目值得他们倾注心力，这些研究项目值得让他们用心力、用智慧、用天赋来完成。但可做的事太多，他们必须做出选择。如果性格使然，会选择特别适合自己的职业。他们会运用全部的知识、所有的热情、高尚的品位、特殊的天赋来完成自己的理想。在很大程度上，他以前的经历和教育、生活范围和努力精神决定了这一切。一旦做出决定，他就会一往无前，直到听到集结号或休息号才罢休，他坚定不移，一心一意培养自己的人格和力量，成为高尚的人，成为让上帝骄傲的人。这种力量使他做事干劲十足、全力以赴。诚然，它会使生活有点儿过于严肃，但它也会使死亡更加辉煌。它打开了一片广阔明亮的视野，无比灿烂，无比耀眼，无比荣耀。

回首人生，我们发现人生与人生的区别在于，有的人生多姿多彩，有的人生枯燥乏味。那些无所事事、生活富裕不用工作的人是体会不到多姿多彩的人生的，只有那些忙得不可开交的人才能收获最瑰丽的人生。性情平和的人能感受到环境要求他们保持大度豁然的态度和责任心。不过，在英国，工作最努力的人是那些从长远角度来说根本不需要辛勤工作的人。我们在生活中担任什么角色并不重要，重要的是如何扮演我们的角色。看剧时没有观众注意谁演国王谁演农夫，而是谁演得怎么样，不管他演的角色身份高还是身份低。

人们对生活的要求就是要有美好的人生结局。构建平衡和谐、法制严明的世界的目的就为了这样的人生结局。当今的人生哲学研究的光辉成果就是对人生结局的研究成果。光说事物多么有价值多么美好是没用的，还要发掘它的成果和用途。从这个角度来说，我们无法衡量生命与生命的区别。大多数人每年付五镑来完成五千英镑的慈善事业，出于谨慎、出于安全，完成自己那份小小的慈善责任。下一个例子不那么特别重要。有个人们的房子始料不及被毁了，他只能临时搭建房子或盖新房。可他偏偏没保房屋意外险，也没钱盖房子。很容易明白这种人故意忽略了人生中超自然力的存在，不相信房子会被毁掉，没有做到防患于未然。不过这种人也很奇怪，就是会相信上帝能帮忙解决问题。

毫无疑问，如果对生活祈求不多，那么即便生活不是那么快乐，至少也会特别舒服，这种生活也算是明白了生活的真谛。有一种生活艺术，就是要避免沟沟坎坎，远离悲伤和痛苦，吃喝玩乐要有节制不要损害身体，心态要坚强不要动不动就动情。二十世纪将这种生活艺术发展到了极致。我们能轻易看到人们为了获得低级人生目标，舍弃了高级人生目标，学术方面亦是如此。舒伯特悲伤地说："增强了理解力，锻炼了意志，而快乐对前者丝毫不起作用，也使后者更加脆弱。"贪于享乐的人必定肮脏下流。哲学没有权力谴责舒适安逸、舒适娱乐。聪明的人能恰如其分地享受，而不会过分享受，非常清楚世事无常，不知道到底能享用多久。别人说适可而止，适时停手，聪明的人完全能明白。有个约克郡的老话说人不知该如何搬玉米，意思就是说不知道该如何享受荣华富贵，不知该如何坐江山。我相信所有的基督徒都知道如何享受，没有享不了的福。当人们糟蹋幸福和富裕的时候，幸福和富裕就没了，而人们还不知道是怎么糟蹋的。我指的是那些自我感觉良好的人，觉得现在拥有幸福和富裕将来就一定还有的人。如果他们的眼光仅限于此生此世，他们尽可以掏光用尽，因为他们自愿放弃下辈子的一切幸运。

聪明的人愿意接受挫折的考验，在挫折中寻求快乐。诚然，挫折本身并不能使人快乐，挫折是痛苦的，但挫折使他们平和、正直，使他们今后也一如既往地生活下去。我们用"一如既往"这个词，就是说这种品质是恒久的，而非暂时的。有时心绪所致，会突然焦虑忧伤，让我们热切地祷告吧，即便一时间迷失了自我，我们也能重新找到人生的方向。让我们抛却强烈的打击所致的痛苦，让热切的祈祷永驻心田，让苦涩的懊悔随风逝去。我们要修德正身，彻底地修德正身。像所有的工作一样，土地开垦也要一步一步慢慢来。惩罚肉体的刑棍还没有拔去，命运也未改变。也许上帝会补偿你，让你恢复心理平衡，会赋予你力量承担人生重负。但我们必须经过挫折的锻炼。它会搜遍我们性格中每个小角落，找到弱点打击我们。用一个医学术语，就是"疾病突发"，让一直蚕食我们身体的精神疾病突然爆发出来。在漫长艰难的人生旅途上，逐步实现人生目标是多么精彩的华章啊！很难看出人生挫折和挫折要达到的目标有什么必然的联系。但随着时间的推移，我们终于寻求到了人生善果。人生最大的精神危机终将过去。也许上帝不允许生命堕落到荒芜的泥潭，必须将它推举上明亮祥和的天堂。灵魂必须在高于灵魂之所安息，远离尘世的忧虑和悲伤，满怀忠诚和宽慰在慈爱的上帝身旁安歇。生命本该摆脱焦虑和恐惧，它绝不惧怕邪恶挫折，把邪恶挫折全当作生命的偶然考验，这样邪恶挫折就根本伤害不了我们，因为上帝绝不允许这样。正如杰里米·泰勒所说："我们生活在世上，就像是玩一场游戏，我们无从选择，只有玩下去，如果输了，也要挺着，不要让任何事情影响我们。但上帝也给予我们干坏事、说蠢话、想坏事的能力。不过这种能力在撒旦的掌控之中，完全不受我们左右。因此，不要让它玷污我们的热情。"让我们一起祈祷："无论此生此世经历如何沧桑变化，我心永恒，我心弥坚，只有真正的快乐才能常驻我心。"

人的天性本能地期盼有个美好的未来，但美好的未来不见得人人都有。有种说法说人能永生。我们现在拥有的情感、智慧、意志和人类灵魂也将永存。热爱现在的真理也将热爱以后的真理。永远热爱真理者、永远信仰人生者也必是永恒的智慧天使，不生不灭。此生的精神和道德能勾画出后世的人生。无论条件怎样变化，我们会永远深思熟虑、仔细观察，合理利用时间，适当表达情感。也许人这辈子经历得越多，下辈子的收获就越多越丰富。

第十八章
生活是等待我们成熟的果园

　　谈论过人生的各个方面后，我们又回到了问题的核心——生命的价值和意义何在。我们有必要建立人生理论，并根据这条理论建立人生哲学，处理人生的各个细节。关于这一点有必要多说几句，算是以前观点的自然流露和总结：生活是等待我们成熟的果园。这种想法给予我们安慰，使我们感到生活有意义。它使纷繁琐碎的生活和谐一致，让复杂深奥变得纯洁统一。如果我们连这种想法都没有的话，人生对于我们就太难以忍受、太乏味、太繁杂了。我听过一件事，说有个人自杀了，在遗嘱中说，他受不了每天总要穿衣、脱衣，太烦了，所以要自杀。还有位著名外科大夫攒了一笔钱，买了一所漂亮的别墅，过起了退休隐居的生活。有一天看着漫山遍野繁茂的树木，他突然喃喃自语地说，他有一天一定要在一棵树上吊死。有位公爵在泰晤士河边有一所非常壮丽优雅的别墅。有一天，他看着潺潺的河水流经河岸的草坪说："啊，这条河太讨厌了，它能不能不流啊！"

　　也许那些人和神仙对未来持同样的观点，就是一切皆虚无，我对这种观点不置可否。但我要勇敢地说，今生今世的所为和后生后世是有关系的。今生今世对我们的影响后生后世也会体现。今生今世的经历、知识和想法与后生后世直接相关。我们在后生后世会在今生今世的基础上累积知识、累积荣誉。通常基督徒能够理解这种职责和信仰,他能理解同时也能放弃宗教责任。也许他能从更广阔的角度、更理智的高度理解他的职责,他所信仰的宗教也会及时地影响他的生活细节。也许他能超越宗教,在冗常琐碎的生活中发现生活的神圣含义和对人的神圣教诲。当然,也许只有道德情操更加高尚的人才能声称他们的生活更加庄严神圣。很多人都是在刚刚了解人生、刚刚认识到可以好好生活的时候就离开了人世。世事往往如此。当我们积累了丰富的人生经验,摆脱了稍纵即逝的激情和偏见,人格变得更加高尚优雅,当一切美好的事情都有可能随时出现的时候,发生了一些突发事件,比如说突然被足球绊倒,偶然得了传染病,身体突然出现了某种异常现象,我们就突然死了。可以这么说,死亡离我们越近,我们越是积极热情地生活。我们的一切感官更加聪敏,精神更加矍铄。现在我们很容易理解为什么诗人期盼着死亡、期盼着和早年去世的深爱的朋友们相见:

> 无论你在做什么,
> 你都会骚乱不安。

灵魂总是在日常的约束和焦虑中期待着能从无谓的生活斗争中解脱出来,甚至想象着天堂或来世的平静和安逸。我们变得越来越讨厌责任和负担,总想着要摆脱掉。如果我们将生活看作是考验,看作是培育我们成长的学校,我们就会积极上好每一堂课,充分利用每一分、每一秒好好学习。生活对我们的考验是痛苦、单调和长期的,不过没有考验就没有好士兵、好公仆。百炼成钢、千炼成人。每个上过道德文化课的人都知道,只有不断努力才能根除人性中的邪恶本性和倾向,培养对身心都有益的好习惯。只有苦难才能结出和平、正义之果,我们才能平静、高贵地活着。正如我们以前所说的,很多人没受过什么挫折,一旦遭受一点儿小挫折,就非得立刻摆脱不可。如果这样,人就无法明白为什么要遭受挫折。那种认为生活是智慧的发展过程的观点,眼界有点儿狭小。生活应该是人性各种因素平衡、和谐的发展过程。它也是人生各种关系所蕴含的自然情感的发展过程。它包括了内心世界的各种冲突、悲伤和悔恨。它是道德观技巧性、纪律性的实施过程。人生如果只学到了知识，而在情感和良知上一无所获，那他终究是真正意义上的侏儒。人生处处存在能量守恒定律。那些心智发展迟滞的人，也许在身体的其他方面会得到补偿，会发展得很突出。

世界就是人生大教室，每个人都是学生，学习着如何才能永恒。萨克雷先生在他最开心也是最悲惨的作品中，写到托马斯·纽科姆在生命弥留之际，回忆起在天主教加尔都西会当教士的日子。当他站在上帝的面前，他说了声："到！"也许他觉得自己这辈子无愧于心、无愧于上帝。金斯利先生说，好好努力工作的回报就是会有更多的工作能做。"工作是绅士和上帝之子们真正的、痛快的休息。"这位桂冠诗人在他的《工资》一诗中，召唤美德女神，"赋予他永生的荣耀，永远不要死去。"

人生的每个小细节：每次考验、每次斗争、每次努力、每次挫折、每次失意，无不透露出这一真理。乍一看，这些人生小细节我们大可不必在意，然而就是这些人生小细节足以摧毁生活的安逸，使人生充满苦涩。它们影响、磨炼和培养了我们的灵魂。记住这句话吧："上帝是如此强大和耐心，我们每天都要向上帝祈祷，祈求他赐予我们力量。"如今上帝的形象在我们心中日渐模糊，还是让我们重新皈依到他的怀抱吧。我们天性脆弱，必须学会坚强，有耐心和克制愤怒。这些神圣的品格，毫无疑问，是能过上幸福生活的基本因素，是能结出永恒生命之果的种子。

这种人生哲理适合绝大多数人，虽然有些人理性从事，有些人感性从事。感情是上帝赋予人类指导人类行为的。即便是不具备理性思维能力的人，依赖后天的培养也可以对事物做出正确的判断。女性尤其如此，她们能本能地、简单直接地感知事物的本质，而理性绕了一大圈也不过如此。诚然，情感有时会使我们走歪路，但不正确的理性思维也同样会使我们陷入盲目的境地。

有一种社会哲学适用于我们所有的人，那就是知性生活。知性生活的实质是艺术地生活、充分地享受生活。人能自己构建起某种人生哲学，他们懂得有必要将某种道德观念作为生活基础，用自己的人生哲学指导自己的日常生活。歌德曾说，人应该每天读一本好书、观赏一幅好画、欣赏一个好人。歌德尽管终日繁忙，但因为他的生活充满了美的享受，所以总是很快乐。没有人想整天无所事事、没有计划地生活。

我们要做的第一件是就是要制定行为准则、构建生活基础。第一步做完以后，生活就会不停地教育我们该如何才能理智愉快地生活，在错综复杂的人际关系中正确办事，在文化和谐和生活平衡中进步，获得自己的那一份幸福，充分享受这个世界的祝福和进步。

任何一种社会哲学都阐明，生存于世最最需要的是对未来生活充满明确的美好希望。我们很生动地将这种希望比喻成"挂在枯枝上的暖巢"，意思是说并不保靠、并不实际。这句话不但对那些享受终生年薪的人适用，对那些没有年薪的教士和军官也同样适用。枯枝突然断了，掉到了地上。暖巢被人抢走了，小鸟各奔东西了，只落得大地白茫茫一片真干净。不过对大多数人来说"挂在枯枝上的暖巢"仍是一个美好的希望。身家丰厚、生活轻松惬意的人也许突然一夜之间发现钱全没了，心也没着落了。也许人不可能今生来世都过得很好。今生虽然就在眼前，但稍纵即逝，而来世遥不可期。也许绝对有必要做出更多牺牲才能保证来世活得更好。基督徒的生活就是如此。上帝并不禁止他们享受，允许他们享受一切，但要适可而止，而且为了来世过得更好，今生也许最好禁欲。所以尽管他们自己想要，但一想到上帝就会禁止自己享受，克制自己不去享受。为了来世过得更好，他们甚至饱经考验、挫折和贫穷以取悦上帝，正如士兵要冒生命危险才能攻下城池，政治家要经过艰苦工作才能获得权力的荣耀一样。我们要非常清楚自己最想要的是什么，为了得到它甚至可以扔掉其他的一切。只要能获得它就能拥有整个世界。

活着就可以避免愚蠢和不幸。单是计划每天做什么事，干什么活儿就为我们提供了大量的机会让我们审慎地施展才华。很多人极为克己禁欲，失去了本应属于他们的幸福和快乐。现在过分克己禁欲的人不多，可过分纵欲的人却数不胜数。有很多时候是纵欲过度自己找罪受。迷信时代发生了很多这样臭名昭著的例子。那时候，对人极为严厉苛刻，一切行为都是邪恶、世俗的。有些人称那个时代是"黑暗时代"，有些人称那个时代是"信仰时代"，不过正是宗教矫枉过正的错误造成了那个时代极端地克己禁欲。在天国，我们的天父希望他的孩子们快乐，快乐到永远，享受在尘世间赐予他们的快乐。有人确实享受到了快乐，因为他们湛蓝宁静的天空不曾飘过一丝阴霾。其实，我们每个人内心都应该怀有宁静和阳光。

每个人都必须工作，但工作规则灵活多变。很多人是因为所处的社会地位不得不工作，如果他们不必承担这种社会责任，他们就能很快进步。他们的工作实际上是上帝赋予的，他们诚心实意地工作就能得好报，反之则会遭报应。工作不但能让人健康，还能带给人真正的快乐。不工作，整个社会发展就会迟滞不前，不会进步，没有价值，没有尊严。

人能和工作产生和谐关系会给他带来最大的快乐。他有工作能力，并能感到自己有能力很好地彻底地完成工作。当然也有人认为工作就是劳累、付出辛苦。我们得好好认识这个问题。对很多人来说工作是谋生和生存的手段，不劳动者不得食。还有比这个更深层的原因。工作者认为是他们使世界运转起来了。不工作，世界将是一片荒野，或者很快回到蛮荒状态。任何一种工作都有其价值，每一份工作最终都会在世界得到反馈。没有一份工作是白干的。一想到天生我材必有用，就会刺激、鼓励我们更好地工作。工作与工作者一道使世界变得更美好。可以这么想，工作是为了生存，为了道德更加高尚，工作还为我们带来了祝福。我们为人文建设作出了贡献，为个人发展作出了贡献。工作者首先惠及的是自己，而不是他人。讲道者讲道首先是讲给自己听的。大众作家收集了大量的事实和理念，他写的书似乎是要写给大众，实际上是写给自己的。我们在工作中获得了满足是因为我们履行了上帝的意志。他屈尊就驾让我们做了他的随从。工作是他的行为法则，也成了我们的行为法则。他能给予人的最高荣誉是"优秀而忠诚的仆人"。怀着这种思想去工作，再苦再累也不觉得，只会使我们更加坚毅快乐，带给我们希望。工作时要学会聪明合理地安排时间，做到劳逸结合。生活中我们会遭遇很多问题，工作、娱乐、深厚的友谊、淡淡的交往、贫富、读书、旅游和社会关系等，从某种角度来说，这都是学校教育的延续和拓展。人必须运用头脑处理日常事务、做出各种判断。

我们很容易犯或左或右的错误。事实上，我们犯了很多错误，通过在生活艺术中不断实践，我们变得越来越智慧。当然我们必须目标坚定、个性坚毅。不过即便目标坚定、个性坚毅也难免会流于脆弱。打个比方，有人制定了行为准则，并且一丝不苟地履行准则。可是行为准则不但没有帮助他做事，他反倒成了一成不变准则的可怜奴仆。现在遭受的一切伤害都是为了以后不再遭受伤害。人们努力工作但干得并不聪明。聪明人在认真开始工作之前，总要溜溜达达地闲逛半天，然后一下子就把工作做完了，当然你也不能说他这么做是对的。上午有上午的工作要干，不能推到傍晚。每个人都会觉得随便浪费掉一个上午很好，可是过后就会感到深深的懊悔。上午总能收到有意思的、值得我们关注的信。因为知道你肯定在家，人们也愿意在上午造访。报童送来了报纸，里面尽是些可怕的吸引人的报道，让你看了不忍撒手。当你处理要务的时候，更需要熟练和果敢。一天之计在于晨，应该在上午处理棘手的事情，轻松的事情留到下午轻松地处理。不过，如果人过于投入地工作，那么一旦有突发事件发生，他也不能及时处理。生活的艺术就是抓住机遇，人应该有足够的洞察力发现和抓住机遇。

在人生的很多关键时刻，我们要实行决疑法。工作塑造了基督徒的性格和行为，人生的不变真理就是坚持基督教信条。即便是世上最谨慎的行为有时难免会和更高一级的基督哲学产生冲突。有人说，世界是一枚牡蛎，需要自己动手打开，有人严格挑选朋友看看对自己办事是否有用、升官是否能帮上忙。对于比自己社会地位低的人他们是不屑于结交的，他们才不会结交穷人或根本没什么社会影响力的人呢。他们根本不可能在意低级的东西，脑子里全是高级的东西。就拿发誓赌咒来说吧，很多人常常轻易地赌咒发誓，但是根本不做。轻易地赌咒发誓是人最猥琐的天性。发誓的人满足于立刻说出潮水般的感激的话，因为让对方高兴了，自己也高兴了，甚至被自己的豪言壮语感动了。可他让人产生幻想，让人满足又不用履行责任，往往会使对方鄙视甚至憎恨他。如果一时冲动、头脑发热赌咒发誓，他就应该尽全力实现他的诺言。如果向邻居许了愿，哪怕伤害到自己也得去做。也许说话小心点儿、谦卑点儿，就不用付学费了，不用发钱也能轻松获得满足感。再说一遍，千万要提防不真诚的承诺。人们会很快察觉你的不真诚，很容易就漠视你、讨厌你。深思熟虑的话才会被人重视。与豪言壮语、海誓山盟相比我们越来越相信简单的"是"和"不"。

人生很难获得黄金分割般的完美平衡，只有真正拥有人生智慧的人才能做到。我们有工作的积极性，同时也爱好休闲，在两者之间，我们要保持完美平衡。既不能过于关注，也不能完全不在意世俗爱好；既不能过于沉溺于享乐，也不能毫无情趣；既要避免遁世脱俗，又要避免过于殷勤虚伪。看书时，既不能只是洞察反思，也不能只读书而不洞察反思。总而言之，尽量在一切相对行为中获得平衡。不过在处理矛盾事物的过程中，人往往显得特别软弱无力，很容易就犯错误，一失足成千古恨。但是人完全可以接受特殊教育，避免这种错误。他能不断磨炼自己的意志，不停地比较各种人生旅途。渐渐地他的选择能力提高了，可以对事物做出本能的正确反应，在选择人生旅途时，哪怕选错了，也可以及时悔改。一旦我们习惯于谨慎从事，充分自省生活细节，做每一件事都能遵从人生哲理，就能培养正确的判断能力。

我们可以给科学生活细节提供很多小建议。比如说，充分利用每一天，尤其是上午的零散时间高效率地做事。德·阿盖索大法官说："我每天利用等着夫人吃完饭的五分钟时间，用二十年写成了这么多书。"还有一个类似的例子，也是把时间积少成多最后写成一部重要的宗教著作。一日之计在于晨，但如果头天晚上休息得不好也不行。如果头天晚上睡得很晚，或睡眠质量很差，则很难胜任第二天的艰苦工作。头昏脑涨的，最多只能把每天该干的事干完而已。有学术追求的人可不敢这么干，他可不敢因为头天晚上熬夜影响工作质量。在这种情况下，他应该根据他的精力和体力状况量力而行。如果无法到达最高标准，那就按第二条标准要求自己。如果第二条还达不到，那就按第三条。如果读书时不会编辑整理，就记笔记或缩写；如果不会记笔记或缩写，就单纯地读书。就这么静静地、执着地读书，即便条件很差，也要坚持把书读完。

有时会突然间灵感突现、醍醐灌顶，整个人生似乎都突然亮丽起来。我们很清楚该走什么样的人生路，该肩负什么样的责任。我们做各种工作使人生旅程更加充实、更加完美。但生命之光总会有暗淡的时候，阴霾遮蔽了曾经如此灿烂的阳光。人生由快乐的季节过渡到犹豫的季节，就像四季交替一样。华兹华斯在他的《快乐的勇士》中写道：

> 激烈的斗争中，法律平静地建立，
> 见证了它所预见的一切。

可以把他的诗句同本·琼生的比较一下：

> 勇敢的人，
> 不会去轻易冒险，
> 他理性冒险，不会任意为之；
> 他的勇气是其他美德的基础；
> 没有勇气，一切美德都会化为乌有。身边追随着勇敢的
> 侍女或仆从，他耐心、
> 宽容和自信、
> 执着、安全和平静。
> 他能避免一切流言蜚语，
> 永不绝望，嘲笑别人的傲慢无礼，
> 他知道自己已经到达一个高度，
> 没什么可以伤害他，也没什么能
> 恶语中伤他。

有些人有时会丧失意志的力量。思想没有勇气做决定，没有能力做出

独立的行为路线。在悲伤失意的时候，要多想想快乐的时光。当心智未被阴霾遮蔽，我们制定了很多行为路线，那么失意时请坚持。正如伯克所说："永不绝望，如果绝望，也要在绝望中工作！"

上帝培育我们的学校有很多教室，每个人都有机会上学，每个人都会受到欢迎。在这所学校，我们会受到各种褒奖、经历各种境遇。这所学校允许人犯错，尽管犯错是这个世界的常事。在这所学校上学即便是毫无文学气息的人也能到达一个新高度。有些处在社会底层的人，没有知识，不了解社会，从来没听过伟大诗人和伟大哲学家的名字。然而，经过一条秘密通道，即便没有任何人帮助，也能获得最沉静、最美丽的品格。是的，这所学校有很多教室。有些人在那些教室受教育走向人生终点，而我们在另外一些教室受教育走向人生终点。对那些像我们一样有更好的机会受文化教育的人来说，这所学校是教诲他们的神圣地方。接受教育使他们获得大量机会。利用机会还是不用，取决于他们。他们不一定非得考虑机会不可。学习和自我提高的机会来了，你不及时抓住，它们就会溜走。时间的车轮无法逆转，机会不会重来。一旦放弃机会，今生今世就会永远失去机会，而且说不准还会失去什么。当机会来了，充分利用，就能学会一课神圣教诲，无论在行动上还是耐力上为后来更好地做准备。

第十九章
行 善 不 辍

　　我们坚持前面那些章提出的做人原则，最后再说说什么原则才是人生的最基本原则；什么原则最适合人类理性生活的目的。哲人用富有激情的语言教育我们要认识和尊重上帝的教诲，告诉我们追求荣誉、尊严和永生是至高无上的责任。人生的全部工作和意义就在于此。这是人类心灵和智慧的最高追求。追求荣誉、尊严和永生的办法就是行善不辍。当我们仔细审视和分析这个词语的时候，或多或少总对自己有些失望。追求荣誉、尊严和永生的目标是如此宏大，而实现它的办法却是如此平凡，幽幽的如散文一般。想要实现它，并不需要突发的冒险精神、崇高的信仰、英雄壮举和极高的智慧，而要行善不辍，这就意味着一生的单调重复、付出精力和忍耐顺从。

　　要将我们熟知的耐心的美德发挥到极致。基督教义特别看重耐心有两个原因：第一，耐心对所有人的要求一视同仁；第二，实施耐心必须公正公平。人们常说人生是由转折点决定的，转折点是时代的产物，发生重大转折是时代的特征。耐心可以解决人生的重大问题，只有通过时间和经历才能成功地培养耐心。但很多人在关键时刻往往失去了耐心，一是可能因为没有养成耐心的习惯；二是在艰巨的考验面前耐心不足，终于崩溃了。最后，迫不得已，慢慢地、痛苦地重新开始；不得不虚弱无力地在黑暗中重新寻找出发点。耐心就是考验自己能否承受一生一世的压力；耐心是一种道德力量，须臾不可放弃。我们要永远学习培养神圣的耐心。人生自始至终考验着我们的耐心，我们也必须用耐心公平公正地对待一切。无论人们的身份如何、状况如何都一律耐心对待。有教养、会体贴人的人比那些性格和个性倾向截然相反的人在耐心测试中更有优势胜出。可以说耐心测试是对那些教养更好、学识更高的人的更高级考验。这些人经过洗礼之后更有耐心，就能更好地承受人生漫长的考验。最高尚的人也表现得更为成熟和优美。这种美德是真和善的结合，是道德和智慧的结合。只要有耐心，我们就能持之以恒地发挥我们的学术才能，付出努力搞学术研究。

行善也要有耐心。阿诺德博士过去总说："每个学生如果不能和纯真的孩子们一起交流，不能和穷人接触，不能经受挫折，就不能保持一颗温柔的心，不能保持健康的宗教心理。任何虔诚信教的人都会认同这句话的。他们这样行善积德，自己就会越幸运、越幸福。教士这么教诲人们，不过他们也清楚，经历生死才能让人们学会最深刻的教训。只有在那时，才能加倍付出怜悯和慈悲，人才能真正为自己付出的仁慈而感动。知识分子犯的最大的人生错误莫过于认为人生的主要任务就是增长才学。搞体育的人同样会认为机体力量在于肌肉发达、结实有力的四肢和跳动强劲、营养充足的心脏。人真正的全面发展在于各种能力的平衡协调发展。体力和脑力发展均衡，道德情感发育良好。有些人只有聪明的头脑，却没有健康的身体和高尚的灵魂。真正的人不应该只聪明，其他什么也没有，要不然我们还不如撒旦；也不应该只有强健的体魄，其他什么也没有，要不然我们还不如原野上的动物。我们尽可能地像基督那样，他既是完美的神，也是完美的人。按照阿诺德博士说的那样行善积德、慰问病人、和小孩子们玩耍，我们就能有一颗温柔、同情和慈悲的心。慰问病人会使我们回忆过去、展望未来，会让我们想起自己虚弱无助、危险不安的时候，让我们想起焦急等待、翘首期盼的时候。曾经的足球英雄如今挂靴退役，曾经的舞台明星如今灯息散场，往日的繁华荣耀不再，终有一天会与平静、痛苦和忍耐相伴。只有在悲伤的沉寂中，才能学会人生最仁慈、最有价值的一课。滴水之恩当涌泉相报，然而施恩莫图报。自己遭受痛苦才能学会同情，在痛苦中才能学会耐心地等待、忍耐和克制。理智和信念在疲劳和疾病面前将永远立于不败之地。人终将超越肉体的羁绊，获得至高无上的灵魂。人在还活着的时候，就能拥有上天堂的纯洁灵魂。只有畅流温柔的泉水、开启神秘的心门，才能和孩子们打成一片。上帝使我们养育子女，就是以更可贵的方式为了让我们继续教育自己、教育子女。可事实上，只有没有孩子或失去孩子的人才能充分领略这种教育的全部含义和美丽。我们明白要像孩子那样纯洁无瑕；我们明白他们对我们的爱、信念、依赖和温柔，正如我们对上帝的情感。我们爱病人、爱孩子，所以我们身上才有永不枯竭的同情和爱意，哪怕是风刀霜剑也决不枯萎。我们有耐心才能预见到他们需要什么，温柔地帮助他们摆脱软弱、无知和缺乏经验，时时刻刻监督和指导他们，帮助他们成长，一如上帝同情和耐心地帮助我们成长一样。

　　帮助病人、教育孩子就是行善。行善的方式不尽相同，基督徒行善就是努力做好事。行善还包括在生活各个方面都做得很好，期盼最终获得善果。从上帝那里获得力量和灵感，我们实现人生的最高目标，理解人生的最高意义。如果长期自私自利，不为他人着想，最终只能崩溃。行善积德，就是有失才有得，有得就有失，人必须学会超越自我。纽曼说："人们费尽心力地想何为道德，道德其实很简单。美德和仁慈赋予人力量，而只想获得力量的人却失去了美德。"又说："善有善报，行善获得了至真至纯、至高无上的快乐。但为了快乐而行善是自私的、不虔诚的，以后将永远不能获得快乐，因为他们永远再也无法拥有美德。"这句话对生活比对思想更重要。在令人尊敬的日常生活中，很多人都能做到高尚善良，但不是为了获得美德和善良，而是为了获得大家的一致公认和好评。人们互相批评指责，无疑最终会毁了对方。人们伪装自己，让自己的行为合乎社会要求。他们也许会获得社会影响力，但却永远无法获得美德；他们能赢得他人的尊敬，却会永远鄙视自己。他们做事符合阶级要求，符合亲朋的观点，但因为总怀疑自己太伪善而有些闷闷不乐，一旦没有了外界约束，就会走到截然相反的另一面。让噩梦赶快过去，春天快些来临吧！好好生活，因为我们的生活是上帝赐予的，是神圣的。我们是上帝的孩子，本应是快乐的源泉、幸福的种子。"在我身上你看到了你播种的希望！""我美丽的春天都是你！"

只有拥有神圣的、富有活力的爱的力量才能行善。爱，不可磨灭、不可摧毁，高尚而纯洁，"体现了一切祥和和美德"。它是人内心的行为准则，与一切邪恶和不公平格格不入，爱永远追寻人生的最高情怀。爱必须由信任、希望和慈悲辅助，爱就是仅信仰一个上帝、一个主和一次生命。"我斗胆宣称，"席勒说，"人的意识生时有，死时无，是完全不和谐的，充满了不可调和的矛盾。是信任、希望和慈悲使人摆脱了矛盾纷争，摆脱了犯错和认死理的天性，摆脱了永不妥协的倔强，使人逐渐变得完美，变得和谐统一。爱是最大的动力，信任和希望也是最大的动力。

席勒在谈到知识和信仰的关系时，也谈到了信仰、爱心和知识的关系，他说："知识使我们不会自轻自贱，不会漠视信仰和爱心的重要性。我们必须首先充满信仰和爱心才能深入观察，纵览物理和历史学科的宝贵财富，才能景仰知识的崇高地位。否则，只会一个错误接着一个错误地犯，由一个深渊堕入更深的深渊。"

我相信这个道理，所以我单纯执着地相信上帝，相信上帝昭示的真理，相信宗教的真实性。人类的思维、意识和思想体系一定要以事实为基础，而事实也以超自然的方式展示给我们。我们必须坚信我主的存在。无处安息的灵魂一定会从它的源头——上帝——那里找到安息之所。相信天父说的那句话："我对你的爱一如既往、无休无止。"自从有了世界，上帝就以他无尽的爱审视着他制造的生命，爱他们，为他们而高兴。对于人类来说，上帝不是抽象的概念，而是活生生的、爱意无穷的人。我们太脆弱、总犯错，那就让我们遵从神圣的旨意，这样生活中的不和谐就此消失。相信救世主——上帝吧；相信耶稣的丰功伟绩；相信耶稣宣传和倡导的正义；相信耶稣是我们仁慈的朋友和兄弟；相信他像仲裁者和调停人那样帮助我们，为我们祈求。让我们卑微地、坚定地依赖神灵护佑。我们将超越今生今世寻求真正的启迪和安慰。从天堂的金门，而非俗世凡尘传来的飘飘仙乐将会净化、鼓舞我们的灵魂，使我们的灵魂得到重生。圣灵是安逸祥和之源，是灵魂宁静的核心。它照亮了黑暗，让灵魂重新到达上帝的道德标准。

诚然，信仰就是相信并接受上帝的精神，让人类的灵魂和上帝的意志相和谐、相一致。即便在凡尘俗世，信仰也是人的最大力量。我们依赖人类对生命的证言，相信有记载的科学事实，制订神圣的计划，终将获得幸福和解放。

精神的第三大力量是希望，我们将希望描绘成动人的希望，希望明天会更好。人生充满了幻想和失意，一说到、一想到它们就让人难过。但要相信，青年人的热情那么热情洋溢，人生的幻想那么耀眼夺目，一定会在遥远的未来实现！人们常说："干涸的土地会变成池塘，海市蜃楼也会变成真正的湖泊。"哪怕是幻想也会实现，也会变成现实。人的内心总是充满神圣的失望和高尚的憧憬。"怀着高尚的希望憧憬，美丽的心灵之花才能绽放最美丽、最炫目的花朵。"然而眼睛看见了不满足，耳朵听见了也不满足，我们的幸福梦想总是模模糊糊的，搞不清到底是什么。也许在人世间，我们永远也得不到满足。我们总是骚动不安、永不知足，期冀着、盼望着、渴望着游离于生活之外的我们根本得不到的东西。

> 日复一日，年复一年，
> 像飞蛾期盼着飞往月亮，
> 期盼着遥不可及的东西，
> 空留遗恨。

神圣的希望就是希望实现真实而美好的梦想。我们相信这希望不会落空，因为它以上帝作为坚实的船锚。"是他完美了我们的不完美，平息了我们的不平息。"我们寄希望于他，痛苦、疾病、错误、误解、罪恶和欲求都消失了。美好的希望能点石成金，化腐朽为神奇，将痛苦、疾病、错误、误解、罪恶和欲求都变成好事。人类永恒的希望啊！

我们常常会变得疲劳不堪、软弱无力。清新的早晨逐渐为炎热、漫长、沉闷、苍白的下午所取代。生活就是单调，我们被烦心琐事和普通责任所包围。我们意识不到我们的工作有多重要，会给这个世界带来多么大的不同。这种生活根本不值得拥有，它烦闷、冷漠、一成不变、了无生趣——总能听到人们这么抱怨。事实上，很多思想高尚、养尊处优的人也常常宣布，如果能选择他们宁愿死去，如果能选择他们宁愿不出生。他们都需要真正的人生哲学指引。上帝赋予我们的伟大生命不应该是毫无生趣的荒原、毫无同情的冰川，若是这样，只能昭示我们的内心和灵魂都出了问题。我们的思想和感情应该像泉水一样清新不绝。我们可以爱朋友、爱孩子、爱亲人，而基督徒的爱要比这更广博，它能接纳最孤独的人、最疏远的人、最堕落的人和最遥远的人，超越国家和年龄的界限。更加用心地生活能从生活里获得更多，能够做到劳逸结合、动静平衡。我们能拥有新的学习情趣，赢得"一片片幼林和嫩草原"，始终让我们耳聪目明。要相信道德和宗教的努力终将开花结果，要学习一切直到生命的最后一天。

人生最关键的转折点就是生和死的转折，从某种角度来说，整个生命过程就是为这个伟大的转折点做准备。很明显，转折点是由以前的生活决定的。整个生活（不但包括宗教生活，还包括宗教以外的生活）最终将走向这个伟大的转折点。我们潜心等待重要时刻的到来，并能预见它的发展方向。我们历练自己就是为等待它的到来。曾经有人十年磨一剑完成了一件事。他潜心准备，当他终于有机会一展身手，他毫不费力。他完成的并非难事，谈不上困难，也说不上危险。入夜睡觉就像死亡，清晨起床就像重生。诚然，如果一个人将睡眠当死亡，终有一天会将死亡当睡眠。我们视死如归，死亡就不会令我们毫不知觉地来，无论它什么时候降临，那都将会是"一个方便时间"。

正如迪安·米尔曼说的那样：

无论是一天的什么时候都无所谓，

正直的人要入睡了，死亡不会

不合时宜地来到那个已经学会死亡的人，

此生越短，天堂生涯越长，

此生越短，永生越长。

伟大的改变终于来了，那是幸福的改变，是人生最幸福、最伟大的转折点。灵魂，拒绝生命的低级目标，渴望光辉、荣耀和永生。相信救世主，跟随他爱的步伐，行善不辍，经历人世间的沧桑变化、沉浮多舛，去获得福中之福、幸中之幸——也就是永恒的生命。

（完）